普通高等教育土木工程专业新形态教材

U0368559

建筑材料

（第2版）

周文娟　李崇智　主　编

王华萍　王　林　副主编

清华大学出版社

北京

内 容 简 介

本书是在第 1 版的基础上修订而成,主要介绍了建筑材料生产工艺、技术性能、工程应用及试验检测等基本理论和技术,编写中采用新标准、引入新材料。内容包括:绪论、建筑材料基本性质、无机胶凝材料、混凝土与砂浆、建筑钢材、墙体与屋面材料、防水材料、建筑塑料、木材、装饰材料、常用建筑材料性能检测试验、课程实训、典型问题应对及习题。本书知识体系简明扼要,易于理解掌握,实用性强,并能反映当代建筑材料发展新趋势。

本书专业适用面宽,可作为土木建筑工程、工程管理等相关本科专业教学用书,也可用作高等职业教育、自学考试、技术人员培训等用书,还可供工程领域的科研、设计、施工及管理人员参考。

图书在版编目(CIP)数据

建筑材料/周文娟,李崇智主编. —2 版. —北京:清华大学出版社,2023.3
普通高等教育土木工程专业新形态教材
ISBN 978-7-302-63217-7

Ⅰ. ①建… Ⅱ. ①周… ②李… Ⅲ. ①建筑材料—高等学校—教材 Ⅳ. ①TU5

中国国家版本馆 CIP 数据核字(2023)第 052445 号

责任编辑:秦 娜
封面设计:陈国熙
责任校对:欧 洋
责任印制:丛怀宇

出版发行:清华大学出版社
      网 址:http://www.tup.com.cn,http://www.wqbook.com
      地 址:北京清华大学学研大厦 A 座 邮 编:100084
      社 总 机:010-83470000 邮 购:010-62786544
      投稿与读者服务:010-62776969,c-service@tup.tsinghua.edu.cn
      质量反馈:010-62772015,zhiliang@tup.tsinghua.edu.cn
印 装 者:三河市龙大印装有限公司
经 销:全国新华书店
开 本:185mm×260mm 印 张:15.5 字 数:376 千字
版 次:2014 年 6 月第 1 版 2023 年 4 月第 2 版 印 次:2023 年 4 月第 1 次印刷
定 价:48.00 元

产品编号:094621-01

前 言（第2版）
PREFACE

本书第 1 版自 2014 年出版后被多所学校选作教材，受到广大师生和读者的欢迎与厚爱。近年来，建筑材料及其生产、施工工艺都在向着新方向不断更迭，建筑材料朝着轻质高强化、功能复合化、绿色节能化和生产工业化的方向发展，建筑材料相关标准也在逐步修订，亦有新的标准颁布实施。同时高等教育人才培养模式也在变化，不仅要培养知识与技能，还要提高综合素质。为此我们在坚持教材原有特色基础上，立足新技术、新标准，与时俱进，响应工程建设行业转型升级和人才培养需求，对本书进行全面修订。

本书在内容上尽可能系统全面地反映土建类专业建筑材料学科基本知识及新成果，并编写了建材试验、综合实训、面试时典型问题应对及习题等，力求兼顾基础理论与工程实用，并注重知识传授与育人有机结合。目的在于使学生掌握土木建筑材料的性能、制备、使用方法及质量检测与控制方法，最大限度满足试验人员培训、土木建筑工程各种上岗证考核的要求。

本书知识体系简明扼要，满足教学需求，知识点浅显易懂，可供土木建筑工程相关专业的本科生、高等学校自学考试学生使用，也可供水泥与混凝土企业及土木建筑工程的技术人员参考使用。

本书由周文娟、李崇智主编，周文娟修订第 1～3 章、第 7～10 章；王林、李崇智修订第 4、12、13 章及习题，王华萍修订第 5、6、11 章，全书由周文娟、王华萍统稿。

由于编者水平有限，书中不当及错漏之处在所难免，敬请广大师生、读者批评指正。

编 者

2022 年 8 月

前 言
PREFACE

我国普通高等教育院校的教学改革提倡减少理论教学课时,增加实践教学课时,目的在于培养应用型、技能型人才,以更大程度满足我国社会主义建设发展的社会需求。建筑材料是建筑工业的物质基础,随着科学技术的快速发展,各种新材料、新工艺、新标准和新规范不断出现,因此建筑材料课程必须紧跟材料发展的步伐,不断更新。

本书重点阐明建筑材料基本性质,如胶凝材料、混凝土与砂浆、建筑钢材、墙体与屋面材料、防水材料、建筑塑料、木材及装饰材料等。内容上尽可能系统全面地反映土建类本科专业建筑材料学科基本知识及新成就、新技术和新标准,并编写了建材试验、综合实训、面试典型问题应对等内容;本书还收录近年来全国建筑材料本科生考试、自学考试及研究生入学考试试题及参考答案并提出应试方法,目的在于使学生掌握主要土木建筑工程材料的性质、制备和使用方法以及质量检测与控制方法,同时最大限度地满足试验人员培训、土木建筑工程各种上岗证考试以及全国建筑材料高等教育自学考试、本科考研等基本要求。

本书具有如下特点:知识体系简明扼要,知识点浅显易懂,便于学习。每章设有小结及思考题等,可供土木建筑工程相关专业的本科学生、高等学校自学考试学生参考使用,也可供水泥与混凝土企业以及土木建筑工程的技术人员培训使用。

本书配有全部课件供教师参考,由李崇智编写第 1、2、3、8、9、10、13、14 章,周文娟编写第 5、6、7、11、12 章,王林编写第 4 章,李崇智统稿。

鉴于编写人员水平有限,书中不当及错漏之处在所难免,敬请读者批评指正。

编　者
2013 年 5 月

目 录
CONTENTS

第1章

绪　论

本章介绍建筑材料的分类、常用标准、绿色建筑材料等概念及本课程学习方法。

1.1　建筑材料定义及其分类

建筑材料是指所有用于土木建筑工程中的材料,它是一切土木工程的物质基础,也称土木工程材料。简言之,"建筑材料"加"结构"就是"建筑物",建筑材料包括水泥、混凝土、钢材、沥青、塑料、玻璃、陶瓷、石材、铝材、木材、涂料等。在我国现代化建设中,土木工程材料占有极为重要的地位,由于组分、结构和构造不同,土木工程材料品种门类繁多,性能各不相同,价格相差悬殊。由于在土木工程中用量巨大,因此正确选择和合理使用土木工程材料,对土木工程的安全、实用、美观、耐久及造价都有重要意义。建筑材料除用于建设普通民用住宅、商场大厦、办公大楼、宾馆饭店、车站码头、电站、隧道桥梁、运输管道外,还用于工业、农业、国防建设,如工业厂房、污水处理工程、采矿采油工程、海洋矿井工程、农林水利灌溉工程、国防军事工程、通信工程等。土木工程材料的分类方法很多:

(1) 按化学组成分类。建筑材料可分为无机材料、有机材料和复合材料。无机材料又分为金属材料和非金属材料。金属材料主要有建筑钢材、铝合金、不锈钢、铜、铸铁等;非金属材料包括天然石材、砖、瓦、水泥、混凝土、建筑陶瓷、建筑玻璃等,又称矿物质材料。有机材料包括天然有机材料与合成有机材料。天然有机材料如木材、竹材、沥青、植物纤维等,合成有机材料如塑料、涂料、合成树脂、黏结剂、密封材料等。复合材料指两种或两种以上材料复合而成的材料,如钢筋混凝土、钢纤维混凝土、聚合物混凝土、沥青混凝土等。

(2) 按使用功能分类。建筑材料可分为结构材料、装饰材料、绝热材料、防水材料、吸声材料、防火材料等。

(3) 按使用部位分类。建筑材料可分为基础材料、结构材料、屋面材料、地面材料、墙体材料等。

1.2　建筑材料的技术标准与规范

建筑材料的技术标准是产品质量的技术依据,也是供需双方对产品质量进行验收的依据。标准内容大致包括材料的质量要求和检验两大方面,具体包括产品规格、分类、技术要求、检验方法、验收规则、标志、运输和储存等方面的内容。

我国建筑材料的技术标准由标准名称、标准级别代号、标准编号及颁布年代等组成，分为国家标准、行业标准、地方标准、团体标准、企业标准。

（1）国家标准。如《通用硅酸盐水泥》（GB 175—2007），其中"通用硅酸盐水泥"为该标准的技术（产品）名称；"GB"为国家标准的代号；"175"为标准编号；"2007"为标准颁布年代号，上述标准为强制性国家标准，任何技术（产品）不得低于此标准。此外，还有推荐性国家标准，以"GB/T"为标准代号。

（2）行业标准。如《建筑生石灰》（JC/T 479—2013），其中"JC"为建材行业的标准代号；"T"表示推荐标准；"479"为此类技术标准的顺序号；"2013"为标准颁布年代号。

（3）地方标准、团体标准和企业标准。地方标准代号为"DB/T"；不同团体标准有不同的代号；如中国工程建设协会标准"T/CECS"、中国建筑材料联合会标准"T/CBMF"；企业标准代号为"QB"。

另外还有国际标准。如：①团体标准和公司标准，指国际上有影响的团体和公司的标准，如美国材料与实验协会标准，代号为"ASTM"；②区域性标准，如德国工业标准，代号为"DIN"；③国际标准化组织标准，代号为"ISO"。

1.3　建筑材料的发展趋势

建筑材料是随着社会生产力的发展而发展的。远古时期人类居住在洞穴中，而石器时代人类开始挖土凿石、伐木搭棚。中国早期生产的建筑材料，如公元前7世纪的长城大量使用砖石材料，战国时期（公元前475年—公元前221年）人类学会用黏土烧制砖瓦，用岩石烧制石灰、石膏，广泛使用筒瓦、板瓦、大块空心砖和墙壁装修用砖等。公元前2世纪在欧洲已采用天然火山灰、石灰、碎石拌制天然混凝土。18—19世纪欧洲工业革命引发了水泥、钢材、玻璃的相继发明。自1824年英国人Joseph Aspdin发明了水泥以来，建筑材料的生产和应用发展空前迅速。1850年法国人制造了第一只钢筋混凝土小船，1872年在纽约出现了第一座钢筋混凝土房屋，随后建造了高层建筑和桥梁。到了20—21世纪，化学建材蓬勃发展，以高分子材料、复合材料为代表，土木工程材料在性能、质量、品种上得到了快速发展。

建筑材料的大量生产，消耗了自然界中大量的原材料，材料的生产制造要消耗大量的能量，并产生废气、废渣，对环境构成污染。如生产水泥要使用石灰石和黏土类原材料，占混凝土体积大约80%的砂石骨料要开山采矿、挖掘河床，严重破坏了自然景观和自然生态。木材取自森林资源，而森林面积的减少加剧了土地的沙漠化。烧制黏土砖要取土，毁掉大片农田，对于人均耕地面积很少的我国不容忽视。每烧制1 t水泥熟料消耗标准煤178 kg，同时放出1 t二氧化碳气体。建筑材料在运输和使用过程中，也要消耗能量，并对环境造成污染和破坏。在建筑施工过程中，由于混凝土的振捣及施工机械的运转产生噪声、粉尘、妨碍交通等现象，对周围环境造成了各种不良影响。

随着人类的进步和社会的发展，资源短缺和环境保护的双重需求，要求建筑材料在原材料、生产工艺、性能及产品形式等方面实现健康可持续发展，建筑材料的高性能化和绿色化已是必然选择。高性能建筑材料是指比现有材料的性能更优异的建筑材料，其具有高强、高耐久、力学性能稳定等特点。绿色建筑材料又称生态建筑材料，是指在原料选取、产品制造、应用过程和使用以后的全生命周期内对地球环境负荷小且对人体健康无害的建筑材料。2021 年,"碳达峰""碳中和"首次写入政府工作报告,双碳目标已升级为国家战略。建材生产历来是碳排放的主要来源,水泥、石灰行业的二氧化碳排放量分别位居建材行业前两位。2019 年中国水泥行业碳排放约占全国总碳排放的 16%,低碳已成为时代发展的迫切要求。绿色生态化的建筑材料要符合循环经济的 3R 原则,即减量化、再利用和再循环,具体来说就是要采用清洁生产技术,少用天然资源和能源,建筑材料要尽可能循环利用。高性能、多功能的建筑材料具有更好的价值,而材料的智能化更多的是材料的自我诊断和自我修复。装配式建筑要求在工厂里预先生产梁、柱、墙板、阳台、楼梯等部件部品,在施工现场简单组合、连接、安装,在与建筑材料的融合中,必将促进材料的标准化、绿色化和部品化。

以水泥、钢材为代表的建材工业蓬勃发展,为国家基础设施建设和国民经济高速发展提供了物质基础。随着社会的发展进步,特别是环保节能和双碳目标的迫切需要,低碳化、生态化已经成为建筑材料可持续发展的必然选择。

1.4　本课程学习目标

建筑材料是土木工程的物质基础,合格的工程技术人员要掌握建筑材料的知识。本课程是土木工程有关专业的基础课程,其教学目标有:

(1) 熟悉常用建筑材料的组成、基本性质、质量要求和检验方法,为后续有关专业课程学习打好基础;

(2) 了解材料性能与组成、结构的关系,掌握其特性及其应用,基本具备选择材料、合理使用材料及解决应用中出现的问题的能力;

(3) 掌握主要建筑材料的试验方法,能对材料进行合格性评价;

(4) 将课堂理论教育与综合素质提高联系起来,培养严谨求实的学习、工作态度和职业素养。

1.5　本课程学习方法

建筑材料是建筑工程、建筑施工与建筑工程管理等专业必修的一门专业基础课。本课程的任务是使学生获得有关建筑材料的性质与应用的基本知识和基本理论,并获得主要建筑材料试验的基本技能。

建筑材料是一门实用性很强的专业课,一般要从原材料、生产、组成、性质、技术标准(质量要求和检验)、工程应用特点、运输与储存等方面进行了解。其内容看似容易,实则不易,应避免"一听就能懂,一用就不会"的现象。为适应现代土木工程的发展,学生在学习建筑材料课程时,要听好课,多练习,在理解材料性能特点的基础上,自觉拓宽知识面,及时了解建筑材料的最新标准与发展情况,为今后从事专业技术和管理工作时能够合理选择和使用建筑材料打下基础。实验课是本课程的重要教学环节,其任务是验证基本理论,学习试验方法,培养科学研究能力和严谨缜密的科学态度。做试验时,要严肃认真,一丝不苟,即使对一些操作简单的试验也不应例外。要了解试验条件对试验结果的影响,要能对试验结果做出正确的分析和判断。

教材各章小结对知识点按了解、理解和掌握三个层次提出考核要求。

了解是最低层次的要求，凡是属于了解的内容，要求对它们的概念、理论及计算方法有基本的认识。

理解是较高层次的要求，凡是属于理解的内容，要求理解有关内容的基本概念、基本理论、基本方法，并能在理解的基础上对相关问题进行分析和判断，得出正确结论。

掌握是高层次的要求，凡是需要掌握的知识点，都是今后实际工作中需要应用的重要内容，要求熟练掌握。这些内容，不仅要深入理解，还要能够综合应用所学，解决实际建筑工程中涉及的问题。

1.6　本章小结

要求理论联系实际，掌握建筑材料课程的学习方法，重点理解建筑材料的分类、有关标准与发展特点。

思考题

1. 简述建筑材料的分类。
2. 我国建筑材料的技术标准分为哪几级？
3. 何谓绿色建筑材料？
4. 未来建筑材料的发展趋势如何？

第2章

建筑材料基本性质

本章介绍材料的基本物理性质、材料与水和热有关的性质、材料的力学性质与变形性能、材料的耐久性等。

建筑材料承受不同的作用,就须具备不同的性质,如结构材料承受外力,要求具备必要的力学性质;围护材料须满足房屋建筑的保温、隔热、防水及必要的环境要求;道路桥梁材料经受风吹、雨淋、日晒、冰冻而引起的温度变化和湿度变化及反复冻融等的破坏作用,要求材料具备一定的耐久性以满足长期暴露的大气环境或与侵蚀性介质相接触的环境。建筑材料的基本性质包括物理性质、力学性质以及耐久性,为了在工程设计与施工中正确选择和合理使用材料,必须熟悉和掌握各种材料的基本性质。

建筑材料是建筑工程的物质基础,其质量直接影响建设工程的质量,同时也是工程造价的主要组成。建筑材料的技术进步可以促进建筑形式的变化和结构设计、施工技术的革新。全面认识建筑材料的性能,是正确选用、科学施工的基础。

2.1 材料的组成与结构

建筑材料的性能受外界因素的影响,但外因要通过内因才能起作用,因此对材料性能起决定作用的是内因,也就是材料的组成与结构。

2.1.1 材料的组成

1. 化学组成

化学组成指构成材料的基本元素与化合物。习惯上,金属材料的化学组成以主要元素的含量来表示;无机非金属材料则以各种氧化物含量表示。

2. 矿物组成

矿物是具有一定化学成分和一定结构特征的化合物或单质。矿物组成是指构成材料的矿物种类和数量。

2.1.2　材料的结构

材料的结构同样决定着材料的性质。一般从宏观、细观和微观三个层次来分析研究材料的结构与性质的关系。

1. 宏观结构

宏观结构（或称结构）是指材料宏观存在的状态，即用肉眼或放大镜就可分辨的粗大组织，其尺寸在 10^{-3} m 级以上。

2. 细观结构

细观结构（也称显微或亚微观结构）是指用光学显微镜所能观察到的材料结构，其尺寸范围在 $10^{-6} \sim 10^{-3}$ m。

3. 微观结构

微观结构是指材料原子、分子层次的结构，其尺度范围在 $10^{-10} \sim 10^{-6}$ m，可借助电子显微镜、X 射线衍射仪等手段来分析研究该层次的结构特征。

材料的微观结构可分为晶体、玻璃体和胶体三类。

（1）晶体是由其内部质点（离子、原子、分子）按一定规则在空间有序排列所形成的结构。因此晶体具有以下特征：有一定的几何外形，各向异性，有固定的熔点和化学稳定性，结晶接触点和晶面是晶体破坏或变形的薄弱部分。

（2）玻璃体是熔融物在急速冷却时形成的无定形体。其质点呈无规则空间网络结构，微观结构为近程有序、远程无序，故具有化学不稳定性，亦即存在化学潜能，容易与其他物质反应或自行缓慢向晶体转换。另外，由于质点排列无规律，具有各向同性，因此没有固定的熔点。

（3）胶体是物质以极微小的质点（粒径为 $1 \sim 100$ nm）分散在介质中所形成的结构。胶体具有较强的黏结力，胶体可以经脱水或质点的凝聚作用而形成凝胶。

2.2　材料的基本物理性质

2.2.1　密度、表观密度和堆积密度

1. 密度

材料的密度 ρ 是指在绝对密实状态下单位体积材料的质量，计算式如下：

$$\rho = \frac{m}{V}$$

式中：m——绝对干燥状态下的质量，g；

V——绝对密实状态下的体积，cm^3。

土木工程中常用材料密度见表 2.1。绝对密实状态下的体积指不包含孔隙体积在内的

固体实物体积,密度仅由材料的组成和材料的结构决定,它是材料的特征指标,与材料所处的环境、材料干湿和孔隙无关,能用于区分不同的材料。

表 2.1　常用建筑材料的密度

材料名称	密度/(g·cm^{-3})	表观密度/(kg·m^{-3})	堆积密度/(kg·m^{-3})
钢材	7.85		
铝合金	2.7		
碎石(石灰石)	2.6~2.8	2 300~2 700	1 400~1 700
碎石(花岗石)	2.6~2.9	2 500~2 800	
砂	2.5~2.8		1 450~1 650
粉煤灰	1.95~2.40		550~800
水泥	2.8~3.1		1 600~1 800
普通混凝土		2 400~2 500	
空心砖	2.6~2.7		1 000~1 400
玻璃	2.45~2.55	2 450~2 500	
红松木	1.55~1.60	400~600	
石油沥青	0.96~1.04		
泡沫塑料		20~50	

2. 表观密度

材料的表观密度 ρ_0 是指在自然状态下单位体积材料的质量,计算式如下:

$$\rho_0 = \frac{m}{V_0}$$

式中: m——绝对干燥状态下的质量,kg;

V_0——自然状态下的体积(含开口、闭口孔),m^3。

表观密度也称为体积密度,计算时不包括或者忽略开口孔隙体积。表观密度有干表观密度和湿表观密度之分,必须注明含水情况,未注明者常指气干状态。

土木工程中用的粉状材料,如水泥、粉煤灰、磨细生石灰粉等,其颗粒很小,与一般石料测定密度时所研碎制作的试样粒径近似,因而它们的表观密度,特别是干表观密度值与密度值可视为相等。砂石类散粒材料自然状态下的表观密度测定是将其饱水后在水中称量,然后按排水法计算其体积。体积包括固体实体积和闭口孔隙体积,而不包括其开口孔隙。块状材料体积采用几何外形计算体积,或用蜡封置换法求体积,包括材料全部体积即实体积与所含全部孔隙体积之和,测得结果为体积密度。

3. 堆积密度

材料的堆积密度 ρ_0' 是指粉状或颗粒材料在自然堆积状态下单位体积的质量,计算式如下:

$$\rho_0' = \frac{m}{V_0'}$$

式中：m——绝对干燥状态下的质量，kg；

V'_0——堆积状态下的体积（颗粒体积＋空隙体积），m^3。

按自然堆积体积计算的密度为松堆密度，以振实体积计算的则为紧堆密度。对于同一种材料，由于材料内部存在孔隙和空隙，故一般密度大于表观密度，表观密度大于堆积密度。注意：密实状态下的体积是指构成材料的固体物质本身的体积；自然状态下的体积是指固体物质的体积与全部孔隙体积之和；堆积体积是指自然状态下的体积与颗粒之间的空隙之和。

2.2.2　密实度与孔隙率

密实度指材料中密实状态体积占材料在自然状态体积的百分率，用符号 D 表示，反映固体材料密实的程度，计算式如下：

$$D = \frac{V}{V_0} \times 100\%$$

另外，材料的密实度也可写成

$$D = \frac{\rho_0}{\rho}$$

材料的孔隙率是指材料内部孔隙的体积占材料自然状态体积的百分率。孔隙率 P 与密实度的关系为

$$P = \frac{V_0 - V}{V_0} \times 100\% = \left(1 - \frac{\rho_0}{\rho}\right) \times 100\% = 1 - D$$

材料的孔隙特征包括材料孔隙开口与闭口状态和孔隙的大小。如图 2.1 所示，材料的开口孔隙对材料的强度、抗渗、抗冻和耐久性均不利，闭口孔隙在材料内部，是封闭的，微小而均匀的闭口孔隙对材料抗渗、抗冻和耐久性无害，可降低材料表观密度和导热系数，使材料具有轻质绝热的性能。

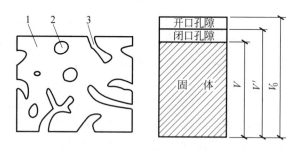

1—固体；2—闭口孔；3—开口孔。

图 2.1　含孔材料的体积组成图

2.2.3　填充率与空隙率

填充率 D' 表示散装材料颗粒填充的程度，是颗粒体积占堆积体积的百分率。材料的空隙率 P' 是指散粒状堆积状态下，颗粒间空隙的体积占材料堆积体积的百分率。它们的计算

公式如下：

$$P' = \frac{V'_0 - V_0}{V'_0} \times 100\% = \left(1 - \frac{\rho'_0}{\rho_0}\right) \times 100\%$$

$$D' = \frac{V_0}{V'_0} \times 100\% = \frac{\rho'_0}{\rho_0} \times 100\% = 1 - P'$$

空隙率的大小反映了散粒材料的颗粒互相填充的致密程度。在配制混凝土、砂浆和沥青混合料时，为了节约水泥和沥青，基本思路是粗骨料空隙被细骨料填充，细骨料空隙被粉体填充，粉体空隙被胶凝材料（水泥或沥青）填充，以达到节约胶凝材料的效果。

2.2.4　材料与水有关的性质

1. 亲水性与憎水性

当材料与水接触时，能被水润湿的材料具有亲水性，不能被水润湿的材料具有憎水性。材料具有亲水性或憎水性的原因在于材料的分子结构。材料与水接触时，材料分子与水分子之间的亲和作用力大于水分子间的内聚力，材料表面易被水润湿，表现为亲水性；反之，当接触的材料分子与水分子之间的亲和作用力小于水分子间的内聚力，材料表面不易被水润湿，表现为憎水性。

亲水性和憎水性材料用润湿角区分，见图 2.2。当材料与水接触时，在材料、水和空气的三相交点处，沿水滴表面的切线与水和固体接触面所形成的夹角 θ，称为润湿角。θ 角越小，浸润性越好。如果润湿角 θ 为零，表示材料完全被水浸润。工程上，材料润湿角 $\theta \leqslant 90°$ 为亲水性材料；材料润湿角 $\theta > 90°$ 为憎水性材料。

土木工程中的多数材料，如骨料、墙体砖与砌块、砂浆、混凝土、木材等属于亲水性材料，表面能被水润湿，水能通过毛细管作用被吸入材料的毛细管内部；多数高分子有机材

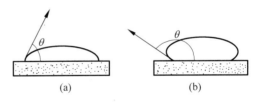

图 2.2　材料润湿角
（a）亲水性材料；（b）憎水性材料

料，如塑料、沥青、石蜡等属于憎水性材料，表面不易被水润湿，水分难以渗入毛细管中，适宜作防水材料和防潮材料，还可涂覆在亲水性材料表面，以降低其吸水性。

2. 吸水性与吸湿性

材料在水中吸收水分的能力为吸水性，用吸水率表示。材料在潮湿的空气中吸收水分的能力为吸湿性，用含水率表示。

吸水率分为质量吸水率和体积吸水率。质量吸水率是材料吸水饱和时，所吸收水的质量与材料干燥质量之比，质量吸水率 W_m 的计算式为

$$W_m = \frac{m_b - m_g}{m_g} \times 100\%$$

式中：W_m——材料的质量吸水率，%；

m_b——材料吸水饱和状态下的质量，g；

m_g——材料干燥状态下的质量，g。

体积吸水率是材料吸水饱和时，所吸收水分的体积占材料干燥状态体积的百分率。按下式计算：

$$W_v = \frac{m_b - m_g}{V_0} \times \frac{1}{\rho_w} \times 100\%$$

式中：W_v——材料的体积吸水率，%；

V_0——干燥材料在自然状态下的体积，cm^3；

ρ_w——水的密度（常温下取1），g/cm^3。

土木工程材料一般采用质量吸水率。质量吸水率与体积吸水率有以下关系：

$$W_v = \rho_0 W_m$$

一般孔隙率越大，吸水性越强。材料具有闭口孔隙，水分不易进入；粗大开口孔隙，水分易渗入孔隙，但材料孔隙表面仅被水湿润，不易吸满水分；微小开口且连通孔隙（毛细孔）的材料，具有强的吸水能力。材料吸水会使材料的强度降低、表观密度和导热性增大、体积膨胀，因此，材料中水对材料性质产生不利影响。

例 2-1 质量为 3.4 kg、容积为 10 L 的量筒装满干燥石子后的总质量为 18.4 kg。若向筒内注入水，待石子吸水饱和后，再注满此筒，共注入水 4.27 kg。将上述吸水饱和的石子擦干表面后，称得总质量为 18.6 kg（含筒重）。求该石子的质量吸水率、体积吸水率、表观密度和堆积密度。

解：石子的质量：$m = (18.4 - 3.4)$ kg $= 15.0$ kg，石子的堆积体积为 $V_0' = 10$ L

石子所吸水的量：$m_w = (18.6 - 18.4)$ kg $= 0.2$ kg，故水的体积为 0.2 L

开口孔隙体积为石子吸收水的量，即 $V_k = 0.2$ L，注入筒内水的体积为 $V_w = 4.27$ L

石子的干燥状态体积：$V_0 = (10 - 4.27 + 0.2)$ L $= 5.93$ L

故石子的质量吸水率：$W_m = m_w/m = (0.2/15.0) \times 100\% = 1.3\%$

石子的体积吸水率：$V_v = V_k/V_0 = (0.2/5.93) \times 100\% = 3.4\%$

石子的堆积密度：$\rho_0' = m/V_0' = (15.0/10.0)$ kg/L $= 1.5$ kg/L $= 1\,500$ kg/m^3

石子的表观密度：$\rho_0 = m/V_0 = (15.0/5.93)$ kg/L $= 2.53$ kg/L $= 2\,530$ kg/m^3

3. 材料的耐水性

材料的耐水性是指材料吸水后抵抗破坏作用的能力，常用软化系数表示：

$$K_R = \frac{f_1}{f_0}$$

式中：K_R——材料的软化系数；

f_1——材料在吸水饱和状态下的抗压强度，MPa；

f_0——材料在干燥状态下的抗压强度，MPa。

一般材料遇水后，内部质点的结合力被减弱，强度都有不同程度的降低，如花岗岩长期浸泡在水中，强度将下降3%，黏土砖和木材吸水后强度降低得更多。

软化系数的大小是选择耐水材料的重要依据。材料软化系数为0~1，钢铁、玻璃、陶瓷近似于1,石膏、石灰的软化系数较低。通常认为软化系数大于0.85的材料为耐水材料。长期受水浸泡或处于潮湿环境的重要建筑物必须选用软化系数不低于0.85的材料建造;受潮较轻或次要建筑物的材料的软化系数也不宜小于0.75。

4.材料的抗渗性

材料的抗渗性是指材料抵抗压力水渗透的性质,材料的抗渗性用渗透系数或抗渗等级表示,渗透系数越小,表示材料抗渗性越好。

$$K = \frac{Qd}{AtH}$$

式中:K——材料的渗透系数,cm/h;

Q——透水量,cm^3;

d——试件厚度,cm;

A——透水面积,cm^2;

t——时间,h;

H——静水压力水头,cm。

材料抗渗性与材料的孔隙率和孔隙特征有密切关系。开口大孔,水易渗入,材料的抗渗性能差;微细连通孔也易渗入水,材料的抗渗性能差;闭口孔,水不能渗入,即使孔隙较大,材料的抗渗性能也良好。抗渗性是决定材料满足使用性能和耐久性的重要因素。对于地下建筑、压力管道和容器、水工构筑物等,常受到压力水的作用,所以要求选择具有抗渗性的材料。抗渗性也是防水材料产品检验的重要指标。材料抵抗其他液体渗透的性质,也属于抗渗性,如储油罐要求材料具有良好的抗渗(不渗油)性。

5.材料的抗冻性

抗冻性是指材料经受若干次冻融循环而不破坏的性质(质量损失率不大于5%,材料强度损失不大于25%)。冰冻作用的主要原因是由材料孔隙内的水分结冰、体积膨胀引起的,冰膨胀对材料孔壁产生巨大的压力,由此产生的拉应力超过材料的抗拉强度极限时,材料内部产生微裂纹,强度下降。材料抗冻性以抗冻等级来表示。抗冻性良好的材料,具有较强的抵抗温度变化、干湿交替和风化作用的能力,所以抗冻性常作为考查材料性能的一个指标。寒冷地区和寒冷环境的建筑必须选择抗冻性材料;处于温暖地区的建筑物,虽无冻害作用,为抵抗大气的风化作用,确保建筑物的耐久性,对材料也常提出一定的抗冻性要求。

2.2.5 材料的热工性质

1.材料的比热容

材料受热(冷却)时吸收(放出)热量的性质,以比热容表示,即单位质量材料温度变化1K时所变化的热量。比热容大的材料,保温效果好。比热容c计算式如下:

$$c = \frac{Q}{m(T_1 - T_2)}$$

式中：c——材料的比热容，J/(kg·K)；

　　　Q——材料在温度变化时吸收或放出的热量，J；

　　　m——材料的质量，kg；

　　　T_1-T_2——材料受热或冷却前后的温度差，K。

2．导热性

材料传导热量的性质，用导热系数 λ 表示：

$$\lambda = \frac{Qa}{At(T_1-T_2)}$$

式中：λ——导热系数，W/(m·K)；

　　　Q——传导的热量，J；

　　　a——材料厚度，m；

　　　A——材料面积；

　　　t——热传导时间，s。

孔隙率大，连通孔较多，则材料强度较低，吸水性较大，抗渗性差，导热性也较差。材料的导热系数越小，表示其绝热性能越好。各种材料的导热系数差别很大，工程中通常把 $\lambda <$ 0.23 W/(m·K) 的材料称为绝热材料。

建筑物墙体、屋顶以及门窗等围护结构材料需要具有保温和隔热性质，以达到节约建筑使用能耗、维持室内温度的目的，这就需要材料比热容较大，导热系数较小。建筑材料常考虑的热工性质有导热性、比热容以及温度变形性。

2.3　材料的力学性质

建筑物要达到稳定、安全、适用性要求，材料的力学性质是首先要考虑的基本性质。材料的力学性质是指材料在外力作用下的变形性质和抵抗外力破坏的能力。

2.3.1　强度与比强度

1．强度

材料抵抗在外力（荷载）作用下而引起破坏的能力称为强度。材料在外力作用下，其内部就产生了应力，随着外力的增加，应力相应加大，直至质点间结合力不足以抵抗所作用的外力时，材料破坏。这个应力极限就代表材料的强度，也称极限强度。

根据外力作用方式不同，材料的强度可分为抗压强度、抗拉强度、抗剪强度和抗弯强度等，如图 2.3 所示。

材料的抗压强度、抗拉强度、抗剪强度和抗弯强度是通过材料破坏试验测得的，前三种强度的计算公式为

$$f = \frac{P}{A}$$

式中：f——材料的抗压（抗拉或抗剪）强度，MPa；

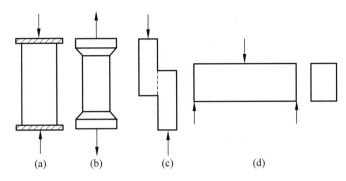

图 2.3 材料受力情况示意图

(a) 受压；(b) 受拉；(c) 受剪；(d) 受弯

P——材料能承受的最大荷载，N；

A——材料的受力面积，mm^2。

材料抗弯试验有不同的加载方法，抗弯强度计算公式也有不同。当外力在试件两支点的中间点集中加载时，抗弯强度计算公式为

$$f_m = \frac{3Pl}{2bh^2}$$

式中：f_m——材料的抗弯（抗折）强度，MPa；

P——材料能承受的最大荷载，N；

l——两支点间距，mm；

b、h——试件截面的宽度、高度，mm。

当外力在试件两支点间的三分点处作用两个相等的荷载时，抗压强度的计算公式为

$$f_m = \frac{Pl}{bh^2}$$

强度通常以强度极限表示，即单位受力面积所能承受的最大荷载。强度值是表示材料力学性质的指标，强度等级或标号是根据强度值划分的级别。脆性材料（混凝土、水泥等）主要以抗压强度来划分等级或标号，塑性材料（钢材等）以抗拉强度来划分。材料的强度大小是通过试验得到的，其值主要取决于内因，但试验条件等外界因素对材料强度试验结果也有很大影响，如环境温度、湿度，试件的含水率、形状、尺寸、表面状况及加荷时的速度等，所以必须严格遵照试验标准，按规定试验方法测试材料强度。常用建筑材料的强度见表 2.2。

表 2.2 常用建筑材料的强度　　　　　　　　　　　　　单位：MPa

材　　料	抗压强度	抗拉强度	抗弯强度
建筑钢材	215～1 600	215～1 600	215～1 600
普通混凝土	7.5～60	1～4	0.7～9
烧结普通砖	10～30	—	1.8～4
松木（顺纹）	30～50	80～120	60～100
花岗岩	100～300	7～25	10～40
大理石	50～190	7～25	6～20

2．比强度

比强度是按单位体积质量计算的材料强度指标,其值等于材料的强度与其表观密度的比值。比强度值大小用于衡量材料是否轻质高强,比强度值越大,材料轻质高强的性能越好。这对于建筑物保证强度、减小自重、向空间发展及节约材料有重要的实际意义。表 2.3 列出几种土木工程结构材料的比强度,由表中数据可见,钢材的比强度比普通混凝土的比强度大 2 倍。

表 2.3　常用结构材料的比强度

材　　　料	强度/MPa	表观密度/(kg·m⁻³)	比 强 度
低碳钢	420	7 850	0.054
普通混凝土（抗压）	40	2 400	0.017
松木（顺纹抗拉）	10	50	0.200
玻璃钢（抗弯）	450	2 000	0.225

2.3.2　弹性与塑性

材料在外力作用下产生变形,当去掉外力作用时,它可以完全恢复原始的形状,此性质称为弹性,由此产生的变形称为弹性变形,弹性变形属于可逆变形。还有些材料,在外力作用下也产生变形,但当去掉外力后,仍然保持其变形后的形状和尺寸,并不产生裂缝,这就是材料的塑性,这种不可恢复的永久变形称为塑性变形。

材料在弹性范围内,弹性变形大小与其外力的大小成正比,应力与应变的比值称为弹性模量,其计算公式为

$$E = \frac{\sigma}{\epsilon}$$

式中：E——材料的弹性模量,MPa；

　　σ——材料的应力,MPa；

　　ϵ——材料的应变。

弹性模量是反映材料抵抗变形能力大小的指标,弹性模量值越大,外力作用下材料的变形越小,材料的刚度也越大。材料变形总是弹性变形伴随塑性变形,如建筑钢材,当受力不大时,产生弹性变形,当受力达到某一值时,则主要为塑性变形；混凝土受力后,同时产生弹性变形和塑性变形。

2.3.3　韧性与脆性

外力作用于材料并达到一定值时,材料并不产生明显变形即发生突然破坏,材料的这种性质称为脆性,具有此性质的材料称为脆性材料。脆性材料具有较高的抗压强度,但抗拉强度和抗弯强度较低,抗冲击能力和抗振能力较差。砖、石、陶瓷、混凝土、生铁和玻璃等都属于脆性材料,混凝土的抗压强度是其抗拉强度的 8～12 倍。

材料在冲击、动荷载作用下能吸收大量能量并能承受较大的变形而不突然破坏的性质称为韧性。韧性材料破坏时能吸收较大的能量,其主要表现为在荷载作用下能产生较大变

形。作为受冲击或振动荷载的路面、吊车梁、桥梁等结构物的材料都应具有较高的韧性。材料韧性用冲击试验来检验,以材料破坏时单位面积吸收的能量作为冲击韧性指标。

2.3.4　硬度与耐磨性

1. 硬度

硬度是指材料表面抵抗硬物压入或刻划的能力。土木工程中的楼面和道路材料、预应力钢筋混凝土锚具等为保持使用性能或外观,须具有一定的硬度。工程中有多种表示材料硬度的方法。混凝土、砂浆和烧结黏土砖等材料的硬度常以重锤下落回弹高度计算求得,回弹值与材料强度有关,能用于估算材料强度值。金属、木材等材料常以压入法检测其硬度,如洛氏硬度和布氏硬度。

2. 耐磨性

材料的耐磨性是指材料表面抵抗磨损的能力。材料硬度高,耐磨性就好。材料耐磨性可用磨损率表示:

$$N = \frac{M_1 - M_2}{A}$$

式中:N——材料的磨损率,g/cm^2;

M_1, M_2——材料磨损前、后的质量,g;

A——试样受磨面积,cm^2。

2.4　材料的耐久性

材料在长期使用过程中,能保持其原有性能而不变质、不破坏的性质,统称为耐久性。材料在使用过程中,除受到各种外力作用外,还长期受到周围环境和各种自然因素的破坏作用,这些作用包括物理作用、化学作用、生物作用和机械作用。要根据材料所处的结构部位和使用环境等因素,综合考虑其耐久性,并根据各种材料的耐久性特点,合理地选用。

物理作用,如环境温度与湿度的交替变化,即冷热、干湿、冻融等循环作用。材料经受这些作用后,将发生膨胀、收缩或产生应力,长期的反复作用将使材料逐渐被破坏。

化学作用,如大气和环境水中的酸、碱、盐等溶液或其他有害物质对材料的侵蚀作用,以及日光、紫外线等对材料的化学破坏作用。

生物作用,如菌类、昆虫等侵害导致材料发生腐朽、虫蛀。

机械作用,如荷载的持续作用、交变荷载作用等引起的材料的疲劳、冲击、磨损。

材料耐久性的好坏反映材料在具体的气候和使用条件下能够保持工作性能的期限,因此,材料的耐久性是材料的一项综合性质。不同材料组成、不同结构,耐久性考虑的项目也不相同,例如钢材易受氧化和电化学腐蚀,无机非金属材料有抗渗性、抗冻性、耐腐蚀性、抗碳化性、耐热性、耐溶蚀性、耐磨性、耐光性等要求,有机材料多因腐烂、虫蛀、老化而变质。

为了延长建筑物的使用寿命,减少维护费用,必须采用耐久性良好的材料。优质外墙涂料使用寿命超过 10 年,普通混凝土的耐久性年限一般为 50 年以上,花岗岩的耐久性寿命可高达数百年。

2.5　本章小结

材料的基本性质是学习建筑材料的基础,是正确理解、合理选用建筑材料的依据。通过认真学习,要求了解材料的组成结构和构造及影响材料强度与导热性的因素,了解材料的硬度和耐磨性以及热容等性质。重点掌握以下基本性质和技术指标表达式。

基本物理性质:密度、表观密度、堆积密度、孔隙率、空隙率、孔隙特征。

与水和热有关的性质:亲水性与憎水性、吸水性与吸湿性、耐水性、抗渗性、抗冻性、导热性、比热容。

力学性质与变形性能:强度、比强度与强度等级、弹性和塑性、脆性和韧性。

耐久性:耐久性含义与影响因素。

思考题

1. 名词解释:密度、体积密度、堆积密度、孔隙率、空隙率、吸水率、含水率。

2. 已知某种建筑材料试样的孔隙率为 24%,此试样在自然状态下的体积为 40 cm^3,质量为 85.50 g,吸水饱和后的质量为 89.77 g,烘干后的质量为 82.30 g。试求该材料的密度、表观密度、开口孔隙率、闭口孔隙率、含水率。

3. 什么是材料的强度? 根据外力作用方式的不同,各种强度的计算公式如何表达?

4. 材料的耐久性包括哪些内容?

第3章

无机胶凝材料

本章介绍胶凝材料的基本概念,阐述石灰、石膏、水玻璃和通用硅酸盐水泥等无机胶凝材料的组成、特性及使用范围,并简要介绍其他特性水泥。

凡经过一系列物理、化学作用,能把散状材料或块状材料黏结成整体的材料称为胶凝材料。胶凝材料包括有机胶凝材料和无机胶凝材料。有机胶凝材料如各种沥青、树脂、橡胶等,无机胶凝材料按硬化条件分为气硬性胶凝材料和水硬性胶凝材料。

气硬性胶凝材料是指只能在空气中凝结硬化的胶凝材料,而水硬性胶凝材料是指不仅能在空气中凝结硬化,而且能在水中更好地硬化并保持和发展其强度的胶凝材料。气硬性胶凝材料有石灰、石膏、水玻璃和菱苦土等,水硬性胶凝材料有各种水泥等。

古代,中国有过辉煌的胶凝材料发展历史。近代,中国在水泥的发明、发展中落后于世界。但是新中国成立后特别是改革开放后,我国的水泥工业发展迅速,已步入国际先进行列。同时我们还要认识到水泥是能源、资源消耗型建材,但目前在工程中又不可或缺,因此通过科技创新降低水泥生产能耗,大量利用固废都是水泥绿色发展的重要途径。

3.1 气硬性胶凝材料

3.1.1 石灰

石灰是不同化学成分和物理形态的生石灰、消石灰的统称,原料为石灰石材料,可利用含有碳酸钙成分的天然物质或化工副产品生产,主要化学成分是碳酸钙($CaCO_3$),其次是碳酸镁($MgCO_3$)。由于其原材料资源丰富、生产工艺简单、成本低廉,故石灰在建筑工程中的应用很广。

1. 石灰的生成

生产石灰所用的原料主要是含 $CaCO_3$ 为主的天然岩石,常用的是石灰石和白垩等。石灰一般是天然岩石在立窑中进行煅烧而成。煅烧后生成生石灰,其主要成分为氧化钙(CaO),反应式如下:

$$CaCO_3 \xrightarrow{900℃} CaO + CO_2 \uparrow$$

$$MgCO_3 \xrightarrow{700℃} MgO + CO_2 \uparrow$$

为加快分解速度,煅烧温度常控制在 1 000～1 100 ℃。温度过低或时间不足,会生成欠火石灰;温度过高或时间过长,则生成过火石灰;欠火石灰分解不完全,产浆量低,降低了石灰的利用率;过火石灰表面致密,延缓了熟化速度,其过烧成分可能在石灰应用后熟化,这时硬化的灰浆中会产生膨胀而引起崩裂或隆起,直接影响工程质量。

2. 石灰的熟化与硬化

1) 石灰的熟化

石灰的熟化,又称消化。它是生石灰(CaO)与水作用生成熟石灰($Ca(OH)_2$)的过程。石灰熟化的化学反应式如下:

$$CaO + H_2O = Ca(OH)_2 + 64.9 \text{ kJ}$$

根据用水量不同,石灰可消化为粉或膏状,即消石灰粉或熟石灰、石灰膏。使用生石灰粉加水,使之消解为熟石灰(消石灰)粉——$Ca(OH)_2$;石灰膏是将块状生石灰用过量水(为生石灰体积的 3～4 倍)消化,或将消石灰粉和水拌合,所得的一定稠度的膏状物,主要成分为 $Ca(OH)_2$ 和 H_2O。为了消除过火石灰的危害,需将石灰浆置于消化池中 2～3 周使之充分消化,这就是陈伏。

2) 石灰的硬化

石灰的硬化包括干燥硬化和碳化硬化。

(1) 干燥硬化

干燥硬化是石灰浆体在干燥过程中,毛细孔隙失水。由于水的表面张力的作用,毛细孔隙中的水面呈弯月面,从而产生毛细管压力,使得 $Ca(OH)_2$ 颗粒间的接触紧密,产生一定的强度。

(2) 碳化硬化

碳化硬化是 $Ca(OH)_2$ 与空气中的 CO_2 化合生成 $CaCO_3$ 晶体,促进结构致密。反应式如下:

$$Ca(OH)_2 + CO_2 + nH_2O = CaCO_3 + (n+1)H_2O$$

石灰的硬化主要依靠结晶作用,结晶作用快慢又主要取决于水分蒸发速度。由于自然界中水分的蒸发速度是有限的,因此石灰的硬化速度很缓慢。

3. 石灰的分类及性质

《建筑生石灰》(JC/T 479—2013)规定,生石灰按加工情况分为建筑生石灰和建筑生石灰粉。按生石灰的化学成分分为钙质生石灰和镁质生石灰,MgO 含量小于或等于 5% 时为钙质生石灰,MgO 含量大于 5% 时为镁质生石灰。按(CaO+MgO)总量及 CO_2 含量不同又有不同等级之分,其中钙质生石灰有 90、85、75 三个等级,镁质生石灰有 85、80 两个等级。《建筑消石灰》(JC/T 481—2013)规定,按消石灰的化学成分分为钙质消石灰和镁质消石灰。按(CaO+MgO)总量及 CO_2 含量不同又有不同等级之分,其中钙质消石灰有 90、85、75 三个等级,镁质消石灰有 85、80 两个等级,在进行含量计算时,以扣除游离水和化学结合水的干基为基准,因此分类方法与生石灰相同。

石灰具有以下性质特点:

(1) 保水性、可塑性好。石灰熟化生成的 $Ca(OH)_2$ 颗粒极其细小,比表面积(材料的总表面积与其质量的比值)很大,使得 $Ca(OH)_2$ 颗粒表面吸附有一层较厚水膜,即石灰的保水性好。

(2) 凝结硬化慢、强度低。石灰的凝结硬化很慢,且硬化后的强度很低。如石灰砂浆 28 d 抗压强度只有 $0.2 \sim 0.5$ MPa。

(3) 耐水性差。潮湿环境中石灰浆体不会产生凝结硬化。硬化后的石灰浆体的主要成分为 $Ca(OH)_2$ 和少量的 $CaCO_3$。

(4) 硬化时体积收缩大。$Ca(OH)_2$ 颗粒吸附的大量水分在凝结硬化过程中不断蒸发,并产生很大的毛细管压力,使石灰浆体因收缩而开裂,因此石灰除做粉刷墙面外一般不宜单独使用。

4. 石灰的应用

(1) 利用熟化石灰拌制砂浆,如制成石灰砂浆或水泥石灰混合砂浆,用于抹灰和砌筑。

(2) 利用石灰与石英砂、粉煤灰、矿渣等为主要原料,生产硅酸盐制品,如灰砂砖、加气混凝土砌块。

(3) 熟化后的石灰与黏土拌合成灰土或石灰土,如加砂或石屑、炉渣等形成三合土(石灰+黏土+砂石、砖等块状材料),广泛用于建筑工程的基础和道路的垫层或基层。

(4) 磨细生石灰、纤维状填料(如玻璃纤维)或轻质骨料加水搅拌成型为坯体,然后通入 CO_2 进行人工碳化($12 \sim 24$ h)而成的一种轻质板材,作为非承重的内隔墙板以及天花板等。

例 3-1　图 3.1 为两种已经硬化的石灰砂浆,请观察其裂纹有何差别,并讨论成因。

解:图(a)的石灰砂浆为凸出放射性裂纹,这是由于石灰浆的陈伏时间不足,致使其中部分过火石灰在石灰砂浆制作时尚未水化,导致在硬化的石灰砂浆中继续水化成 $Ca(OH)_2$,产生体积膨胀,从而形成膨胀性裂纹。图(b)的石灰砂浆为网状干缩性裂纹,是因石灰砂浆在硬化过程中干燥收缩所致,尤其是水灰比过大,石灰过多时,易产生此类裂纹。

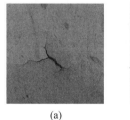 

(a)　　　　　　(b)

图 3.1　两种已经硬化的石灰砂浆

3.1.2　石膏

石膏是以硫酸钙($CaSO_4$)为主要成分的常用气硬性胶凝材料。我国的石膏资源极其丰富,分布很广,自然界存在的石膏主要有天然二水石膏($CaSO_4 \cdot 2H_2O$,又称生石膏或软石膏)、天然无水石膏($CaSO_4$,又称硬石膏)。建筑中使用最多的石膏胶凝材料是建筑石膏,其次是高强度石膏。

1. 石膏的生产

生产石膏的原料主要是含 $CaSO_4$ 的天然石膏或含 $CaSO_4$ 的化学石膏(又称工业副产石膏)等。石膏的生产过程主要是破碎、加热与磨细三个步骤。

2.石膏的主要品种

1）建筑石膏

将天然石膏或化学石膏在石膏炒锅或沸腾炉内煅烧且温度控制在 $107\sim170\ ℃$ 范围时，$CaSO_4\cdot2H_2O$ 脱水为细小晶体的 β 型 $CaSO_4\cdot\frac{1}{2}H_2O$（又称熟石膏或半水石膏），再经磨细制得建筑石膏。

2）高强石膏

将 $CaSO_4\cdot2H_2O$ 在 $0.13\ MPa$，$124\ ℃$ 的密闭压蒸釜内蒸炼脱水成为半水石膏，再经磨细制得高强石膏，又称 α 型半水石膏。与 β 型半水石膏相比，α 型半水石膏的晶体粗大，比表面积小，达到一定稠度所需的用水量小（35%～40%），大约只有建筑石膏的一半。因此这种石膏硬化后结构密实、强度较高，硬化 7 d 时的强度可达 $15\sim40\ MPa$，主要用于要求较高的抹灰工程、装饰制品和石膏板。另外掺入防水剂还可制成高强度防水石膏和无收缩的黏结剂等。

3.建筑石膏的水化、凝结和硬化

1）建筑石膏的水化

建筑石膏 $\left(CaSO_4\cdot\frac{1}{2}H_2O\right)$ 加水拌合后，与水发生水化反应。首先溶解于水，然后发生反应生成 $CaSO_4\cdot2H_2O$，即建筑石膏的水化。

2）建筑石膏的凝结和硬化

当水化继续进行，$CaSO_4\cdot2H_2O$ 胶体微粒的数量不断增多，它比原来的 $CaSO_4\cdot\frac{1}{2}H_2O$ 颗粒细得多，可吸附更多的水分。浆体中的水分因水化和蒸发而逐渐减少，浆体的稠度逐渐增加，颗粒之间摩擦力和黏结力逐渐增大，浆体的可塑性降低，石膏凝结并硬化。

4.建筑石膏的性质

（1）凝结硬化快，强度较低。由于凝结快，在实际工程中使用时往往需要掺入适量的缓凝剂，如动物胶、亚硫酸盐、酒精溶液、硼砂、酒石酸、柠檬酸等。

（2）硬化时体积微膨胀。建筑石膏在硬化时具有微膨胀性，体积一般膨胀 0.05%～0.15%。

（3）孔隙率大，体积密度小，保温隔热性能好，吸声性能好。

（4）耐水性差，抗冻性差。石膏是气硬性胶凝材料，水会削弱其晶体粒子间的结合力，从而导致破坏，因此在使用时应注意所处环境的条件。

（5）防火性能良好。建筑石膏硬化后的主要成分是二水石膏（$CaSO_4\cdot2H_2O$），当其遇火时，$CaSO_4\cdot2H_2O$ 释放出部分结晶水，而水的比热容很大，蒸发时会吸收大量的热，并在制品表面形成蒸汽幕，可有效地防止火势的蔓延。

（6）具有一定的调温、调湿性能。由于石膏制品具有多孔结构，且其比热容较大，吸湿性强。当室内温度、湿度发生变化时，石膏制品能吸入或呼出水分，吸收或放出热量，可使环境的温度和湿度得到一定的调节。

（7）石膏制品具有良好的可加工性，且装饰性能好。石膏制品可锯、可钉、可刨，便于施工操作，并且其表面细腻平整，色泽洁白，具有典雅的装饰效果。

5. 石膏的应用

石膏及其制品具有许多优良性能，如轻质、防火、隔声、绝热、装饰性好等，是一种比较理想的高效节能材料。

（1）以石膏为主要胶凝材料制备粉刷石膏，可替代传统水泥砂浆用于内墙及屋顶表面的抹灰，石膏粉刷层表面坚硬，光滑细腻，不起灰，便于进行表面装饰，如贴墙纸、刷涂料等。

（2）建筑石膏板及装饰件。石膏板轻质、保温隔热、吸声、防火、尺寸稳定性好、施工方便，广泛应用于建筑物的隔墙。常用的有纸面石膏板、纤维石膏板、空心石膏板、穿孔石膏板和装饰石膏板等。建筑石膏还广泛用作室内吊顶、角线、灯圈等装饰件。

例 3-2 在光滑的天花板上用石膏浆粘贴石膏饰条，大约刷完石膏半小时后粘贴完工。几天后，最后粘贴的两条石膏饰条突然坠落，分析其原因，并提出解决方法。

解： 石膏浆一般在数分钟到半个小时左右凝结，后来黏贴石膏饰条的石膏浆已凝结导致黏结性能差；且在光滑的天花板上粘贴石膏饰条，黏结性能不能保证。可以考虑在石膏浆中加入适量缓凝剂、增加黏结能力的胶或对板面打刮糙化处理等措施予以解决。

3.1.3 水玻璃

水玻璃是硅溶胶与碱反应获得的可溶硅酸盐，由碱金属和二氧化硅（SiO_2）组成，俗称泡花碱。水玻璃可分为硅酸钠水玻璃（$Na_2O \cdot nSiO_2$，简称钠水玻璃）和硅酸钾水玻璃（$K_2O \cdot nSiO_2$，简称钾水玻璃），分别是无色、淡黄色和透明、半透明的黏稠液体。n 为 SiO_2 与金属氧化物的摩尔比，即模数，其范围一般是 1.5～3.5。模数越大，水玻璃的黏结性越高，溶解性越小。建筑工程中最常用的水玻璃 n 为 2.6～2.8，密度为 1.36～1.50 g/cm^3。

1. 水玻璃的凝结硬化

液体水玻璃在空气中与 CO_2 发生反应，生成无定形硅酸胶体，并逐渐干燥、硬化。空气中硬化化学式如下：

$$Na_2O \cdot nSiO_2 + CO_2 + mH_2O \longrightarrow Na_2CO_3 + nSiO_2 \cdot mH_2O$$

由于空气中的 CO_2 含量低，这个过程进行缓慢，为了加速硬化，加入促硬剂（固化剂）氟硅酸钠（Na_2SiF_6），其适宜掺量为 12%～15%。反应化学式如下：

$$2(Na_2O \cdot nSiO_2) + Na_2SiF_6 + mH_2O \longrightarrow 6NaF + (2n+1)SiO_2 \cdot mH_2O$$

2. 水玻璃的特性

（1）黏结力强，强度较高。水玻璃硬化后析出的硅酸凝胶有填塞毛细孔，防止液体渗透的作用，硬化后具有较高的黏结强度。如水玻璃胶泥的抗拉强度大于 2.5 MPa，水玻璃混凝土的抗压强度为 15～40 MPa。对于同一模数的液体水玻璃，其浓度越稠，黏结力越强。不同模数的液体水玻璃，模数越大，其胶体组分越多，黏结力也随之增加。

（2）耐酸性好。硬化后的水玻璃，因其主要成分是 SiO_2，所以能抵抗大多数无机酸和有机酸的作用，但水玻璃不耐碱性介质的侵蚀。

（3）耐热性高。水玻璃硬化后形成 SiO_2 空间网状骨架，具有良好的耐热性能。

3．水玻璃的应用

（1）配制耐酸、耐热砂浆和混凝土。水玻璃具有很高的耐酸性和耐热性，在建筑工程中以水玻璃为胶结材料，加入促硬剂和耐酸、耐热粗细骨料，可配制成耐酸、耐热砂浆或混凝土。

（2）作为灌浆材料，加固地基。使用时将模数为 2.5～3.0 的液体水玻璃和氯化钙溶液交替灌入地下，两种溶液发生化学反应，析出硅酸凝胶，将土壤包裹并填充其孔隙，使土壤固结，从而大大提高地基的承载能力，而且还可以增强地基的不透水性。

（3）作为涂刷或浸渍材料。将液体水玻璃直接涂刷在建筑物的表面，可提高其抗风化能力和耐久性。而用水玻璃浸渍多孔材料后，可使其密实度、强度、抗渗性均得到提高。

3.1.4 镁质胶凝材料

镁质胶凝材料又称菱苦土或氯氧镁水泥，是由菱镁矿经轻烧、粉磨制成的轻烧氧化镁与一定浓度的氯化镁溶液调和制成的。硬化后的镁质胶凝材料主要产物为 $x\mathrm{Mg(OH)}_2 \cdot y\mathrm{MgCl} \cdot z\mathrm{H}_2\mathrm{O}$，其快硬、轻质高强、腐蚀性低、黏结性能好、耐磨，但吸湿性大、耐水性差，遇水或吸湿后易产生翘曲变形，表面泛霜，强度大大降低。因此镁质胶凝材料制品不宜用于潮湿环境。使用玻璃纤维增强的氯氧镁水泥制品有很高的抗折强度和抗冲击能力，其主要产品为玻璃纤维增强氯氧镁水泥板和波镁板/瓦，也可用于制备隔墙板、墙体保温板、砌块、烟道等建筑装饰材料和工艺品等。

3.2 水硬性胶凝材料——水泥

3.2.1 水泥的分类

水泥是建筑工程中最重要的建筑材料之一。随着我国现代化建设的高速发展，水泥的应用越来越广泛。水泥不仅大量应用于工业与民用建筑，而且广泛应用于公路、铁路、水利、电力、海港和国防等工程中。水泥可分为硅酸盐水泥、铝酸盐水泥、硫铝酸盐水泥、铁铝酸盐水泥、氟铝酸盐水泥等系列，其中硅酸盐系列水泥的应用最广。按用途和性能又可将水泥划分为常用水泥、专用水泥和特性水泥三大类。建筑工程中常用水泥即通用硅酸盐水泥，根据现行国家标准《通用硅酸盐水泥》(GB 175—2007)，以硅酸盐水泥熟料、适量石膏及规定的混合材料磨细制成的水硬性胶凝材料，称为通用硅酸盐水泥。通用硅酸盐水泥包括硅酸盐水泥、普通硅酸盐水泥、矿渣硅酸盐水泥、火山灰质硅酸盐水泥、粉煤灰硅酸盐水泥和复合硅酸盐水泥六种，各品种及代号应符合表 3.1 规定。

表 3.1　常用水泥的品种、代号和水泥组分　　　　　　单位：%

品　　种	代　号	组　　分				
		熟料＋石膏	粒化高炉矿渣	火山灰质混合材料	粉煤灰	石灰石
硅酸盐水泥	P·Ⅰ	100				
	P·Ⅱ	≥95	≤5			
		≥95				≤5
普通硅酸盐水泥	P·O	≥80 且＜95	＞5 且≤20			
矿渣硅酸盐水泥	P·S·A	≥50 且＜80	＞20 且≤50			
	P·S·B	≥30 且＜50	＞50 且≤70			
火山灰质硅酸盐水泥	P·P	≥60 且＜80		＞20 且≤40		
粉煤灰硅酸盐水泥	P·F	≥60 且＜80			＞20 且≤40	
复合硅酸盐水泥	P·C	≥50 且＜80	＞20 且≤50			

1. 硅酸盐水泥

以硅酸钙为主的水泥熟料，掺适量石膏和 0~5% 的石灰石或粒化高炉矿渣磨细制成的水硬性胶凝材料，就是硅酸盐水泥（也称波特兰水泥）。其中，不掺混合材料的硅酸盐水泥称为Ⅰ型硅酸盐水泥，代号 P·Ⅰ；掺混合材料不超过 5% 的硅酸盐水泥称为Ⅱ型硅酸盐水泥，代号 P·Ⅱ。

2. 普通硅酸盐水泥

由硅酸盐水泥熟料加石膏含量区间为[80%,95%)，掺混合材料含量区间为(5%,20%]的硅酸盐水泥称为普通硅酸盐水泥，简称普通水泥，代号 P·O。普通硅酸盐水泥中掺入少量混合材料的作用，主要是调节水泥强度等级，其性能、应用范围与同强度等级硅酸盐水泥很相近。

3. 矿渣硅酸盐水泥

由硅酸盐水泥熟料加适量石膏及粒化高炉矿渣，磨细制成的水硬性胶凝材料称为矿渣硅酸盐水泥（简称矿渣水泥），代号 P·S。含量区间[50%,80%)，粒化高炉矿渣含量区间(20%,50%]，为 A 型矿渣硅酸盐水泥，代号 P·S·A。含量区间[30%,50%)，粒化高炉矿渣含量区间(50%,70%]，为 B 型矿渣硅酸盐水泥，代号 P·S·B。

4. 火山灰质硅酸盐水泥

由硅酸盐水泥熟料和适量石膏，含量区间[60%,80%)，火山灰质混合材料含量区间(20%,40%]，磨细制成的水硬性胶凝材料称为火山灰质硅酸盐水泥（简称火山灰水泥），代号 P·P。

5. 粉煤灰硅酸盐水泥

由硅酸盐水泥熟料和适量石膏，含量区间[60%,80%)，粉煤灰混合材料含量区间

（20％，40％］，磨细制成的水硬性胶凝材料称为粉煤灰硅酸盐水泥（简称粉煤灰水泥），代号P·F。

6. 复合硅酸盐水泥

由硅酸盐水泥熟料和适量石膏，含量区间［50％，80％），粒化高炉矿渣、火山灰质混合材料、粉煤灰、石灰石中两种以上混合材料，含量区间（20％，50％］，磨细制成的水硬性胶凝材料称为复合硅酸盐水泥（简称复合水泥），代号P·C。

3.2.2 硅酸盐水泥的基本知识

1. 硅酸盐水泥的生产工艺流程

生产硅酸盐水泥的原料主要是石灰质原料和黏土质原料。石灰质原料可采用石灰石、白垩、石灰质凝灰岩等，它们提供氧化钙。黏土质原料可采用黏土、页岩等，它们主要提供氧化硅、氧化铝及少量的氧化铁，有时还需配入辅助原料，如铁矿石等。

将几种原材料按照适当的比例混合后在磨机中磨细，制成生料，然后将生料入窑进行煅烧，煅烧后获得黑色的球状物即为熟料。通过高温煅烧后，氧化钙与氧化硅、氧化铝、氧化铁相结合，形成新的化合物，称为水泥熟料矿物。熟料与少量石膏混合磨细即成水泥。所以，水泥生产工艺流程可概括为"两磨一烧"，具体过程如图3.2所示。

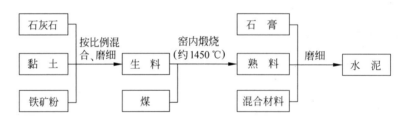

图 3.2 硅酸盐水泥生产的主要工艺流程

2. 硅酸盐水泥熟料组成

（1）硅酸三钙（$3CaO \cdot SiO_2$），简式为 C_3S，其质量百分数通常在50％左右，是硅酸盐水泥中最主要的矿物成分。

（2）硅酸二钙（$2CaO \cdot SiO_2$），简式为 C_2S，质量百分数为10％～40％。

（3）铝酸三钙（$3CaO \cdot Al_2O_3$），简式为 C_3A，质量百分数通常在15％以下。

（4）铁铝酸四钙（$4CaO \cdot Al_2O_3 \cdot Fe_2O_3$），简式为 C_4AF，质量百分数为5％～15％。

除以上主要矿物组成外，硅酸盐水泥中还含有少量游离氧化钙、氧化镁及含碱（Na_2O、K_2O）矿物以及玻璃体等。

3. 硅酸盐水泥主要矿物特性

硅酸盐水泥主要矿物成分本身具有独立的性能，水泥的特性主要取决于这些矿物成分的性质，如表3.2所示。

表 3.2　水泥熟料矿物的特性

矿物化学式	水化速度	水化放热量	强　　度
$3CaO \cdot SiO_2$	快	大	高
$2CaO \cdot SiO_2$	慢	小	早期低、后期高
$3CaO \cdot Al_2O_3$	最快	最大	最低
$4CaO \cdot Al_2O_3 \cdot Fe_2O_3$	快,仅次于 C_3A	中	中

4. 硅酸盐水泥的主要特性及用途

（1）凝结硬化快,早期及后期强度高。适宜配制早期强度要求高的混凝土、冬施混凝土及高强混凝土、预应力混凝土工程。

（2）抗冻性好。适宜用于严寒地区遭受反复冻融循环的混凝土工程。

（3）耐腐蚀性差。不宜用于有流动软水、压力水和环境中含硫酸盐等腐蚀介质较多的混凝土工程。

（4）水化热高。不宜用于大体积混凝土工程。

（5）耐热性差。不宜用于长期受高温作用的环境（如工业窑炉）的混凝土工程。

（6）抗碳化性好。适宜用于环境中 CO_2 浓度高的混凝土工程。

（7）耐磨性好。适宜用于对耐磨性有较高要求的混凝土工程。

3.2.3　硅酸盐水泥的水化、凝结和硬化

硅酸盐水泥加水拌合成可塑性浆体,随着水化反应的进行,浆体逐渐变稠失去流动性而具有一定的塑性强度,称为水泥的"凝结";随着水化进程的推移,水泥浆凝固具有一定机械强度并逐渐发展成坚固的人造石——水泥石,这一过程称为硬化。凝结与硬化是一个逐渐复杂的物理化学过程。为了延长水泥的凝结时间（即缓凝）,以使施工有足够的时间,生产硅酸盐水泥时要加入适量的石膏。

硅酸盐水泥的水化反应及水化产物如下:

1. 硅酸三钙水化

$$3CaO \cdot SiO_2 + nH_2O \longrightarrow xCaO \cdot SiO_2 \cdot yH_2O + (3-x)Ca(OH)_2$$

简写

$$C_3S + nH \longrightarrow C-S-H + (3-x)CH$$

2. 硅酸二钙水化

$$2CaO \cdot SiO_2 + nH_2O \longrightarrow xCaO \cdot SiO_2 \cdot yH_2O + (2-x)Ca(OH)_2$$

简写

$$C_2S + nH \longrightarrow C-S-H + (2-x)CH$$

3. 铝酸三钙水化

在纯水中:

$$2(3CaO \cdot Al_2O_3) + 27H_2O \longrightarrow 4CaO \cdot Al_2O_3 \cdot 19H_2O + 2CaO \cdot Al_2O_3 \cdot 8H_2O$$

简写

$$2C_3A + 27H \longrightarrow C_4AH_{19} + C_2AH_8$$

C_4AH_{19} 在低于 85% 的湿度时，即失去 6 mol 的结晶水成为 C_4AH_{13}。C_4AH_{19}、C_4AH_{13} 在常温下处于介稳状态（亚稳状态），有转化为 C_3AH_6 的趋势。在温度较高（35 ℃以上）的情况下，甚至直接生成 C_3AH_6 晶体。

在 $Ca(OH)_2$ 中：

$$3CaO \cdot Al_2O_3 + 12H_2O + Ca(OH)_2 \longrightarrow 4CaO \cdot Al_2O_3 \cdot 13H_2O$$

简写

$$C_3A + 12H + CH \longrightarrow C_4AH_{13}$$

在石膏与碱存在条件下先生成 C_4AH_{13}，但很快转为钙矾石（AF_t），三硫型水化硫铝酸钙：

$$4CaO \cdot Al_2O_3 \cdot 13H_2O + 3(CaSO_4 \cdot 2H_2O) + 14H_2O \longrightarrow 3CaO \cdot Al_2O_3 \cdot 3CaSO_4 \cdot 32H_2O + Ca(OH)_2$$

石膏数量不足，则生成单硫型水化硫铝酸钙（AF_m）：

$$3CaO \cdot Al_2O_3 \cdot 3CaSO_4 \cdot 32H_2O + 2(4CaO \cdot Al_2O_3 \cdot 13H_2O) \longrightarrow 3(3CaO \cdot Al_2O_3 \cdot CaSO_4 \cdot 12H_2O) + 2Ca(OH)_2 + 20H_2O$$

石膏数量极少，则形成单硫型水化硫铝酸钙和 C_4AH_{13} 的固溶体：

$$3CaO \cdot Al_2O_3 \cdot CaSO_4 \cdot 12H_2O + Ca(OH)_2 + 12H_2O + 3CaO \cdot Al_2O_3 \longrightarrow 2\{3CaO \cdot Al_2O_3 \cdot [CaSO_4 、Ca(OH)_2] \cdot 12H_2O\}$$

4. 铁铝酸四钙的水化

在纯水中：

$$4CaO \cdot Al_2O_3 \cdot Fe_2O_3 + 7H_2O \longrightarrow 3CaO \cdot Al_2O_3 \cdot 6H_2O + CaO \cdot Fe_2O_3 \cdot H_2O$$

简写

$$C_4AF + 7H \longrightarrow C_3AH_6 + CFH$$

在氢氧化钙溶液中：

$$C_4AF + 4CH + 22H \longrightarrow 2C_4(A, F)H_{13}$$

在石膏充足时，铁置换钙矾石中部分铝，变成 $C_3(A, F) \cdot 3C\bar{S} \cdot H_{32}$ 固溶体，但铁铝酸钙的水化速度较铝酸三钙、硅酸三钙慢很多，放热量较少。

硅酸盐水泥水化生成的主要水化产物有：水化硅酸钙、水化铁酸钙凝胶；氢氧化钙、水化铝酸钙和水化硫铝酸钙晶体。在充分水化的水泥中，C-S-H 凝胶约占 70%，$Ca(OH)_2$ 约占 20%，水化硫铝酸钙约占 7%。

水泥颗粒的水化从其表面开始。水和水泥一经接触，水泥颗粒表面的熟料与水反应生成相应的水化产物，包裹在水泥颗粒表面逐渐形成膜层。在水化初期，水化反应快，单位时间内生成的水化产物多，但水化产物总量不多，包有水化物膜层的水泥颗粒之间是分离的，水泥浆具有可塑性。随着时间的推移，水泥颗粒不断水化，水化产物增多，膜层增厚，颗粒间的空隙逐渐减小，包有膜层的水泥颗粒逐渐接近，以致相互接触。随着水化反应的进行，颗粒间的接触增多，结晶体和凝胶体互相贯穿形成的网络结构不断加强。固相颗粒之间的空隙不断减少，结构逐渐致密，水泥浆体完全失去可塑性，开始硬化，具有一定的强度。水泥进入硬化期后,水化反应仍然继续进行,但水化速度逐渐减慢,水化物总量持续增加,扩展到毛细孔中,使结构更加致密,强度相应提高,成为硬化的水泥石。若温度、湿度适宜,水泥水化可以持续几年,甚至数十年,水泥石的强度仍然可以缓慢增长。

水泥的水化凝结硬化,开始水化速度快,因而强度增长快、水化热多;随着水泥水化的进行,堆积在水泥颗粒周围的水化产物不断增多,阻碍水和未水化的水泥颗粒接触、反应,水泥水化速度减慢,强度增长也逐渐减慢,水化放热量减少。

影响硅酸盐水泥水化热的因素主要有硅酸三钙(C_3S)、铝酸三钙(C_3A)的含量以及水泥的细度。C_3S和C_3A的含量越高,水泥的水化热越高;水泥的细度越大,放热速度越快。水化热高的水泥不得在大体积混凝土工程中使用,否则会使混凝土的内部温度大大超过外部温度,从而引起较大的温度应力,使混凝土产生众多裂纹,严重降低混凝土的强度和其他性能。但水化热对冬季施工的混凝土工程较为有利,能加快早期强度增长,使其抵御初期受冻的能力提高。

水泥石结构是由未水化的水泥颗粒、水化产物及孔隙组成。水泥石的强度主要取决于水泥熟料的矿物组成、水灰比、养护条件及龄期等。在保证成型质量的前提下,水灰比越小、温度适宜、湿度越大、养护时间越长,则水泥石的凝胶体越多、毛细孔隙越小,水泥石强度越高,水泥的其他性能也越好。影响水泥凝结硬化的外界因素很多,除水泥的熟料矿物组成、石膏掺量、水泥的细度外,还受外界条件的影响,主要有以下两方面:①养护时间(龄期)。时间越长,水泥水化越充分、硬化程度越高、强度越高,硬化速度尤以早期为快。②温度、湿度。温度升高,水泥水化反应加速,凝结硬化加快、强度增长快。温度的影响主要对水化的初始阶段影响大,对后期影响不大,但温度过高时,对后期水化不利。湿度越大,水泥的水化越易进行、凝结硬化越充分、强度越高。

3.2.4 通用硅酸盐水泥的技术要求

水泥的技术性能包括化学性质和物理力学性质两大方面。一方面,为保证水泥的使用质量,必须控制水泥中有害化学成分的含量。另一方面,还要根据其物理力学性质控制好水泥的细度、水泥净浆标准稠度、凝结时间、体积安定性等。

国家标准《通用硅酸盐水泥》(GB 175—2007)对硅酸盐水泥的化学指标(不溶物、烧失量、氧化镁、三氧化硫等)、碱含量(选择性指标)、物理指标(凝结时间、安定性、强度、细度)等提出了技术要求。

1. 化学指标

1) 不溶物

不溶物是指经盐酸处理后的残渣,再以氢氧化钠溶液处理,由酸碱中和过滤后所得的残渣再经高温灼烧所剩的物质。不溶物含量高对水泥质量有不良影响。Ⅰ型硅酸盐水泥中不溶物不得超过0.75%;Ⅱ型硅酸盐水泥中不溶物不得超过1.50%。

2) 烧失量

烧失量是用来限制石膏和混合材中杂质的,Ⅰ型硅酸盐水泥中烧失量不得超过3.0%,Ⅱ型硅酸盐水泥中烧失量不得超过3.5%,普通硅酸盐水泥中烧失量不得超过5.0%,其他水泥不作要求。

3）氧化镁

因氧化镁水化生成氢氧化镁,体积膨胀,而其水化速度慢,需以压蒸的方法加速其水化,方可判断其安定性。硅酸盐水泥及普通硅酸盐水泥中氧化镁的含量一般不宜超过 5.0%,如果水泥经压蒸安定性试验合格,则水泥中氧化镁的含量允许放宽到 6.0%。A 型矿渣硅酸盐水泥、火山灰硅酸盐水泥、粉煤灰硅酸盐水泥、复合硅酸盐水泥中氧化镁的含量不宜超过 6.0%,大于 6.0%时需经压蒸安定性试验并合格。

4）三氧化硫

水泥中过量的三氧化硫会与铝酸三钙形成较多的钙矾石,容易体积膨胀,危害安定性。矿渣硅酸盐水泥中三氧化硫的含量不得超过 4.0%,其他通用硅酸盐水泥中三氧化硫的含量不得超过 3.5%。

5）氯离子

水泥中氯离子是导致钢筋混凝土中钢筋锈蚀的重要因素,钢筋锈蚀容易体积膨胀,危害构件使用安全。通用硅酸盐水泥要求氯离子的含量(质量分数)不得超过 0.06%。

2. 碱含量

水泥中碱含量按 Na_2O 与 $0.658 K_2O$ 之和的计算值来表示。若使用活性骨料,用户要求提供低碱水泥时,水泥中碱含量不得大于 0.60% 或由供需双方商定。

3. 物理力学指标

1）细度

硅酸盐水泥和普通硅酸盐水泥的细度以比表面积表示,要求比表面积大于 $300 \ m^2/kg$。矿渣硅酸盐水泥、火山灰质硅酸盐水泥、粉煤灰硅酸盐水泥和复合硅酸盐水泥的细度以筛余表示,$80 \ \mu m$ 方孔筛筛余不大于 10% 或 $45 \ \mu m$ 方孔筛筛余不大于 30%。

2）凝结时间

水泥凝结时间是以标准稠度的净浆,在规定温度、湿度下,用凝结时间测定仪进行测定。水泥浆体达到标准稠度所需的水量(即水泥标准稠度需水量)需要试验确定。水泥的凝结时间分初凝时间和终凝时间。初凝时间为水泥加水拌合至标准稠度净浆开始失去可塑性所需的时间;终凝时间为水泥加水拌合至标准稠度净浆完全失去可塑性并开始产生强度所需的时间。为使混凝土和砂浆有充分的时间进行搅拌、运输、浇捣和砌筑,水泥初凝时间不能过短。施工完成后则要求尽快硬化,保证强度,故终凝时间不能太长。

硅酸盐水泥初凝时间不得早于 45 min,终凝时间不得迟于 390 min;普通硅酸盐水泥、矿渣硅酸盐水泥、火山灰质硅酸盐水泥、粉煤灰硅酸盐水泥和复合硅酸盐水泥初凝时间不得早于 45 min,终凝时间不得迟于 600 min。

3）安定性

安定性是指水泥在凝结硬化过程中体积变化的均匀性。当水泥浆体硬化过程发生不均匀的体积变化,会导致水泥石膨胀开裂、翘曲,即安定性不良。安定性不良的水泥会降低建筑物质量,甚至引起严重事故。引起水泥安定性不良的原因有三种:①熟料中游离氧化镁(MgO)过多。水泥中的 MgO 在水泥凝结硬化后,会与水生成 $Mg(OH)_2$。该反应比过烧的氧化钙与水的反应更加缓慢,且体积膨胀,会在水泥硬化几个月后导致水泥石开裂。②石膏掺量过多。当石膏掺量过多时,水泥硬化后,在有水存在的情况下,它还会继续与固态的水化铝酸钙反应生成高硫型水化硫铝酸钙(俗称钙矾石,简写成 AF_t),体积约增大 1.5 倍,引起水泥石开裂。③熟料中游离氧化钙过多。水泥熟料中含有游离氧化钙,其中部分过烧的氧化钙(CaO)在水泥凝结硬化后,会缓慢与水生成 $Ca(OH)_2$。该反应体积膨胀,使水泥石发生不均匀体积变化。氧化镁和石膏引起的体积安定性不良不宜采用快速检测,在国家标准中对其含量做出限制。国家标准要求安定性合格,该规定针对的是游离氧化钙引起的体积安定性不良,安定性的测定方法有试饼法或雷氏夹法。试验中,可通过沸煮加速氧化钙的熟化。

4) 强度

我国现行国家标准《水泥胶砂强度检验方法(ISO 法)》(GB/T 17671—2021),即 ISO 法规定,以 1:3 的水泥和标准砂(标准砂满足级配要求),采用 0.5 的水灰比,用标准制作方法制成 40 mm×40 mm×160 mm 的棱柱体标准试件。按照《通用硅酸盐水泥》(GB 175—2007)标准,规定龄期的抗压强度和抗折强度来划分水泥强度等级,通用硅酸盐水泥的强度等级有 8 个,即 32.5、32.5R、42.5、42.5R、52.5、52.5R、62.5 和 62.5R。不同品种不同强度等级的通用硅酸盐水泥,其不同龄期强度应符合表 3.3 的要求。

表 3.3 通用硅酸盐水泥的强度要求 单位:MPa

品 种	强度等级	抗压强度		抗折强度	
		3 d	28 d	3 d	28 d
硅酸盐水泥 普通硅酸盐水泥	42.5	≥17.0	≥42.5	≥3.5	≥6.5
	42.5R	≥22.0		≥4.0	
	52.5	≥23.0	≥52.5	≥4.0	≥7.0
	52.5R	≥27.0		≥5.0	
硅酸盐水泥	62.5	≥28.0	≥62.5	≥5.0	≥8.0
	62.5R	≥32.0		≥5.5	
矿渣硅酸盐水泥 火山灰硅酸盐水泥 粉煤灰硅酸盐水泥 复合硅酸盐水泥①	32.5	≥10.0	≥32.5	≥2.5	≥5.5
	32.5R	≥15.0		≥3.5	
	42.5	≥15.0	≥42.5	≥3.5	≥6.5
	42.5R	≥19.0		≥4.0	
	52.5	≥21.0	≥52.5	≥4.0	≥7.0
	52.5R	≥23.0		≥4.5	

注: ① 复合硅酸盐水泥无 32.5、32.5R 等级。

3.2.5 硅酸盐水泥的抗侵蚀性

硅酸盐水泥水化硬化后的水泥石,在通常情况下具有较高的耐久性,但在一些环境介质的作用下,会发生腐蚀,导致强度降低,甚至破坏。环境介质对混凝土的化学侵蚀有淡水侵蚀、硫酸盐侵蚀、海水侵蚀、酸碱侵蚀等,其侵蚀机理与水泥石化学侵蚀相同。其中海水侵蚀除了硫酸盐侵蚀外,还有反复干湿作用,盐分在混凝土内的结晶与聚集、海浪的冲击磨损、海水中的氯离子对钢筋的锈蚀作用等,同样会使混凝土受到侵蚀而破坏。对以上各类侵蚀很难有共同的防止措施,一般是设法提高混凝土的密实度,改善混凝土的孔隙结构,使环境侵蚀介质不易渗入混凝土内部；或采用外部保护措施使侵蚀介质不与混凝土接触，以隔离酸的侵蚀。下面介绍几种常见介质的腐蚀过程。

1. 软水腐蚀

雨水、雪水及许多江河湖水都属于软水，也是重碳酸盐含量低的水。长期受软水的浸泡，水泥石中的 $Ca(OH)_2$ 会不断溶出，当水泥石碱度降低到一定程度，会使其他水化产物发生溶蚀，导致水泥石破坏。在流动水作用下，侵蚀加重；若水泥石的抗渗性好，则不受侵蚀。如果水中含有较多的重碳酸盐，它与 $Ca(OH)_2$ 反应生成难溶的 $CaCO_3$ 会堵塞水泥石的毛细孔，阻止水分侵入和 $Ca(OH)_2$ 溶出。

2. 酸侵蚀

酸与水泥石中的 $Ca(OH)_2$ 作用，生成水钙盐，pH 值越小，侵蚀越强烈。

3. 碳酸侵蚀

碳酸与水泥石中的 $Ca(OH)_2$ 作用，生成难溶的 $CaCO_3$；碳酸进一步与 $CaCO_3$ 作用，生成易溶于水的 $Ca(HCO_3)_2$，使 $Ca(OH)_2$ 不断溶失，从而引起水泥石的解体。

空气中的 CO_2 与水泥石中的 $Ca(OH)_2$ 作用，生成 $CaCO_3$ 和 H_2O 的反应称为混凝土的碳化。当水泥石与含有 CO_2 的水接触时，会发生下述反应：

$$Ca(OH)_2 + CO_2 + H_2O \longrightarrow CaCO_3 + 2H_2O$$

当 CO_2 的浓度较低时，生成不溶于水的 $CaCO_3$，反应到此结束，即 CO_2 浓度低时对水泥石无腐蚀作用。当 CO_2 浓度较高时，上述反应生成的 $CaCO_3$ 转变为易溶的 $Ca(HCO_3)_2$，从而使水泥石中的 $Ca(OH)_2$ 不断溶失掉，引起孔隙率增加。同时，由于 $Ca(OH)_2$ 的减少会引起水化产物分解，从而引起水泥石的解体，故 CO_2 浓度高的流水对水泥石有腐蚀作用。

由于水泥水化过程中生成大量 $Ca(OH)_2$，使混凝土孔隙中充满了饱和的 $Ca(OH)_2$ 溶液，其 pH 值可达到 12.6～13。这种碱性环境能使混凝土中的钢筋表面生成一层钝化薄膜，从而保护钢筋免于锈蚀。碳化作用降低了混凝土的碱度，当 pH 值低于 10，钢筋表面钝化膜破坏，导致钢筋锈蚀，还会引起体积膨胀，使混凝土保护层开裂或剥落，进一步加速混凝土碳化。碳化还会引起混凝土的收缩，使混凝土表面碳化层产生拉应力，可能产生微细裂缝，从而降低了混凝土的抗折强度。

4. 硫酸盐侵蚀

硫酸盐能与水泥石中的 $Ca(OH)_2$ 作用生成 $CaSO_4$，再与 $3CaO \cdot Al_2O_3 \cdot H_2O$ 反应生成钙矾石，从而使固相体积增加很多，使水泥石膨胀开裂。

5. 镁盐侵蚀

海水或地下水中的镁盐与水泥石中的 $Ca(OH)_2$ 反应，生成松软无胶凝能力的 $Mg(OH)_2$。而且 $Mg(OH)_2$ 的碱度低，会导致其他水化产物不稳定而离解。常见的镁盐主要为 $MgCl_2$ 或 $MgSO_4$，它们均可与水泥石中的 $Ca(OH)_2$ 反应生成 $Mg(OH)_2$、$CaCl_2$ 或 $CaSO_4$ ·

$2H_2O$。$Mg(OH)_2$ 疏松,强度低;$CaCl_2$ 则极易溶解于水,引起孔隙率大大增加;$CaSO_4 \cdot 2H_2O$ 则会带来硫酸盐腐蚀,故镁盐对水泥石有双重的腐蚀作用。

6. 强碱侵蚀

混凝土能够抵抗一般碱类的侵蚀,但会被强碱腐蚀。$NaOH$ 与 $3CaO \cdot Al_2O_3 \cdot H_2O$ 反应生成 $Ca(OH)_2$、$Na_2Al_2O_4$(胶结力弱、易溶)和 H_2O。$NaOH$ 渗入浆体孔隙后又在空气中干燥,在空气中 CO_2 作用下形成含大量结晶水的碳酸钠($NaCO_3 \cdot 10H_2O$),在结晶时也会造成浆体结构胀裂。

水泥石易受腐蚀的基本原因有两个:一是水泥石中含有易受腐蚀的成分,主要有 $Ca(OH)_2$、C_3AH_6(或 C_4AH_{12})等;二是水泥石本身不密实,内部含有大量毛细孔隙,使腐蚀性介质渗入水泥石内部,造成水泥石内部也受到腐蚀。

防止腐蚀主要可以采取三个方面的措施:

(1)合理选择水泥品种,减少易受腐蚀成分的含量,即需选择 C_3S 和 C_3A 含量少的水泥或掺活性混合材料的水泥或在使用水泥时掺入部分活性混合材料;

(2)提高密实度,采用各种措施降低水灰比,减少孔隙率,使水泥石密实度增加;

(3)加保护层,当腐蚀作用强烈时,可采用贴面材料或涂料等材料作为保护层。

3.2.6 掺混合材料的硅酸盐水泥

掺混合材料的硅酸盐水泥是由硅酸盐水泥熟料、混合材料和石膏共同混合磨细而成。活性混合材料的作用主要为二次反应,首先熟料矿物水化,生成 $Ca(OH)_2$ 等水化产物;然后在 $Ca(OH)_2$ 和石膏激发下,活性混合材料中的活性 SiO_2 和活性 Al_2O_3 发生水化反应,生成水化硅酸钙、水化铝酸钙和水化硫铝酸钙。

1. 掺混合材料的硅酸盐水泥共性

(1)凝结硬化慢,早期强度低,后期强度发展高。不适用于早期强度要求高的混凝土工程,如冬季施工、现浇工程等。

(2)对温度敏感,适合高温湿热养护。

(3)$Ca(OH)_2$ 数量少,耐腐蚀性好,适合用于有硫酸盐、镁盐、软水等腐蚀作用的环境,如水工、海港、码头等混凝土工程。

(4)水化热少,适合用于大体积混凝土。

(5)水化矿物少,胶凝材料凝结强度低,抗冻性差。

(6)抗碳化性较差,不适合用于 CO_2 含量高的工业厂房,如铸造、翻砂等车间。

2. 掺混合材料的硅酸盐水泥特性

1)矿渣硅酸盐水泥

矿渣硅酸盐水泥水化热低,凝结硬化慢,早期强度低,但后期强度高,甚至可以高过同等级的硅酸盐水泥,因此不能用于早期强度要求高的工程,例如混凝土楼板、梁、柱。对温湿度敏感性强，60～70 ℃以上凝结硬化速度加快，28 d 强度可提高 10%～20%。二次水化消耗了大量的 $Ca(OH)_2$，耐热性好，可用于轧钢、铸造、窑炉等高温车间基础。由于耐热性好、耐腐蚀性能好、抗碳化能力差、饱水性差、抗渗性差、干缩大、抗冻性差，因此，矿渣硅酸盐水泥适合用于有耐热要求的混凝土工程，不适合用于有抗冻性要求的混凝土工程。

2）火山灰质硅酸盐水泥

火山灰质硅酸盐水泥凝结硬化慢，早期强度低，后期强度高；湿热敏感性高，适合蒸汽养护；耐腐蚀性好；水化热低；抗碳化能力差；饱水性好，抗渗性好；干缩特别大，在干燥空气环境中水化硅酸钙分解成碳酸钙和氧化硅，易产生"起粉"现象；耐磨性差。因此，适用于有抗渗性要求的混凝土工程，不适用于干燥环境中的地上混凝土工程，也不宜用于有耐磨性要求的混凝土工程。

3）粉煤灰硅酸盐水泥

粉煤灰硅酸盐水泥凝结硬化慢，早期强度低，后期强度高，干缩很小。由于粉煤灰颗粒多呈球形，且致密，吸水性小，能减少拌合物内摩擦力，粉煤灰混凝土初始泌水速度较快，表面易产生粉煤灰浮浆，混凝土和易性好，常用于不易干燥的环境。粉煤灰硅酸盐水泥适用于承载较晚的混凝土工程，不宜用于有抗渗要求的混凝土工程、干燥环境中的混凝土工程及有耐磨性要求的混凝土工程。

4）复合硅酸盐水泥

复合硅酸盐水泥由于掺入了两种以上的混合材料，起到了互相取长补短的作用，其早期强度提高，且水化热低，耐腐蚀性、抗渗性及抗冻性较单一掺合料硅酸盐水泥好，因而用途更为广泛。

3. 掺混合材料的硅酸盐水泥的性能

与硅酸盐水泥（或普通水泥）相比，掺混合材料的硅酸盐水泥（矿渣水泥或火山灰水泥、粉煤灰水泥）具有以下性能。

（1）早期强度低，后期强度发展快。这是因为掺混合材料的硅酸盐水泥熟料含量少，且有二次反应的特点，活性混合材料的水化速度慢，故早期强度低。但后期因熟料水化生成的 $Ca(OH)_2$ 不断增多并与活性混合材料中的活性 SiO_2，Al_2O_3 不断水化，从而生成较多水化产物，故后期强度发展快，甚至可以超过同强度等级的硅酸盐水泥（或普通水泥）。

（2）水化热低。因熟料含量少，故水化热低。虽然活性混合材料水化时也放热，但放热量很少，远远低于熟料的水化热。

（3）耐腐蚀性好。因硅酸盐水泥熟料少，熟料水化后易受腐蚀的成分 $Ca(OH)_2$ 和 C_3AH_6 较少，且活性混合材料的水化进一步降低了 $Ca(OH)_2$ 的含量，故耐腐蚀性较好。

（4）抗碳化性较差。因水化后水泥石中的 $Ca(OH)_2$ 含量较少，水泥石易中性化。

3.2.7　通用硅酸盐水泥的选用

通用硅酸盐水泥的选用主要考虑以下几个方面：工程性质、结构部位、施工要求、使用环境，具体如表 3.4 所示。

表 3.4 通用硅酸盐水泥的选用

	硅酸盐水泥	普通水泥	矿渣水泥	火山灰水泥	粉煤灰水泥
特性	早期强度高;水化热较大;抗冻性较好;耐蚀性差;干缩较小	与硅酸盐水泥基本相同	早期强度较低,后期强度增长较快;水化热较低;耐热性好;耐蚀性较强;抗冻性差;干缩性较大;泌水较多	早期强度较低,后期强度增长较快;水化热较低;耐蚀性较强;抗渗性好;抗冻性差;干缩性大	早期强度较低,后期强度增长较快;水化热较低;耐蚀性较强;干缩性较小;抗裂性较高;抗冻性差
适用	一般土建工程中钢筋混凝土及预应力钢筋混凝土结构;受反复冰冻作用的结构;配制高强混凝土	与硅酸盐水泥基本相同	高温车间和有耐热、耐火要求的混凝土结构;大体积混凝土结构;蒸汽养护的构件;有抗硫酸盐侵蚀要求的工程	地下、水中大体积混凝土结构和有抗渗要求的混凝土结构;蒸汽养护的构件;有抗硫酸盐侵蚀要求的工程	地上、地下及水中大体积混凝土结构;蒸汽养护的构件;抗裂性要求较高的构件;有抗硫酸盐侵蚀要求的工程
不适用	大体积混凝土结构;受化学及海水侵蚀的工程	与硅酸盐水泥基本相同	早期强度要求高的工程;有抗冻要求的混凝土工程	处在干燥环境中的混凝土工程;其他同矿渣水泥	有抗碳化要求的工程;其他同矿渣水泥

3.2.8 特性水泥

特性水泥分为快硬水泥、抗硫酸盐硅酸盐水泥、白色硅酸盐水泥、膨胀水泥。

1. 快硬水泥

工程建设中,早强混凝土的需求越来越多,快硬水泥的生产与应用也随之增多。快硬水泥以3d抗压强度作为等级划分的依据,主要品种有快硬硫铝酸盐水泥和铝酸盐水泥。

1)硫铝酸盐水泥

以矾土、石灰石和石膏为主要原料生产的水泥,其矿物组成主要为无水硫铝酸钙、β-硅酸二钙,代号为 R·SAC。快硬硫铝酸盐水泥的强度见表3.5,其主要特性如下:

(1)凝结硬化快,早期强度高,后期强度发展缓慢,但不倒缩。可用于抢修工程、冬季施工工程、地下工程、配制膨胀水泥和自应力水泥。

(2)空气中收缩小,抗冻和抗渗性能良好,抗硫酸盐性能很强。

(3)液相碱度小,可用于配制玻璃纤维水泥混凝土制品。

表 3.5 快硬硫铝酸盐水泥的强度　　　　　　　单位:MPa

强度等级	抗压强度			抗折强度		
	1 d	3 d	28 d	1 d	3 d	28 d
42.5	30.0	42.5	45.5	6.0	6.5	7.0
52.5	40.0	52.5	55.5	6.5	7.0	7.5
62.5	50.0	62.5	65.5	7.0	7.5	8.0
72.5	55.0	72.5	75.5	7.5	8.0	8.5

2）铝酸盐水泥

铝酸盐水泥是以矾土和石灰石作为原料，按适当比例配合进行烧结或熔融，再经粉磨而成，代号 CA。其主要熟料矿物是铝酸一钙和二铝酸一钙。铝酸盐水泥的主要特性如下：

（1）非常高的早期强度（1 d 强度可达最高强度的 80％以上），适用于紧急抢修工程。

（2）水化热大，且放热速率特别快，不宜用于大体积混凝土工程。

（3）铝酸盐水泥在很高的温度下，成分间产生固相反应和烧结，以固相反应产物和烧结结合代替了水化结合，形成了稳定的烧结固相。耐热可达 1 300 ℃，适用于配制耐热混凝土，如高温窑炉炉衬等。

（4）温度对铝酸盐水泥的水化产物影响很大，当温度低于 20 ℃时，水化产物为 CAH_{10}，强度高；当温度为 20～30 ℃时，水化产物为 C_2AH_8 和 AH_3（氢氧化铝凝胶），强度高；当温度高于 30 ℃时，水化产物为 C_3AH_6 和 AH_3，强度很低。30 ℃以上的潮湿环境导致水化产物晶型转变，强度显著降低，因此不宜蒸汽护养、高温季节施工，不宜用于湿温环境。适宜的硬化温度为 15 ℃，长期使用强度降低较多，主要用于紧急抢修工程，不宜用于长期承载结构。

（5）抗硫酸盐性能很强，适用于抗硫酸盐工程。

（6）与硅酸盐水泥或石灰混合时，铝酸盐水泥的水化产物与 $Ca(OH)_2$ 迅速反应生成高碱性的水化铝酸钙 C_3AH_6，使水泥出现快凝或闪凝，且由于生成高碱性水化铝酸钙使混凝土产生膨胀开裂，施工时应避免与石灰和硅酸盐水泥相混。

（7）抗碱性极差，不得用于接触碱性溶液工程，同时要避免骨料中含碱性化合物。

2. 抗硫酸盐硅酸盐水泥

硫酸盐侵蚀机理是硫酸盐与水泥石中的 $Ca(OH)_2$ 及水化铝酸钙作用，反应式如下：

$$MgSO_4 + Ca(OH)_2 + 2H_2O \longrightarrow CaSO_4 \cdot 2H_2O + Mg(OH)_2$$

$$4CaO \cdot Al_2O_3 \cdot 13H_2O + 3(CaSO_4 \cdot 2H_2O) + 19H_2O \longrightarrow$$
$$3CaO \cdot Al_2O_3 \cdot 3CaSO_4 \cdot 32H_2O$$

因此，控制水泥中的 $Ca(OH)_2$ 及水化铝酸钙的含量就能从组成的角度达到防止硫酸盐侵蚀的目的。抗硫酸盐硅酸盐水泥与普通硅酸盐水泥的性能区别如表 3.6 所示。

表 3.6　抗硫酸盐硅酸盐水泥与普通硅酸盐水泥的性能区别

矿 物 组 成	水 泥 类 型	
	抗硫酸盐硅酸盐水泥/％	普通硅酸盐水泥/％
C_3S	40～50	36～60
$C_3S + C_2S$	77～80	75～82
C_3A	2～4	7～15
C_4AF	15～18	10～18
特点	C_2S 和 C_4AF 含量较高，水化热低，早期强度小，抗硫酸盐侵蚀	C_3S 和 C_3A 含量较高，水化热高，耐硫酸盐侵蚀差

3. 白色硅酸盐水泥

白色硅酸盐水泥由 Fe_2O_3 含量少的硅酸盐水泥熟料加入适量石膏磨细制成。Fe_2O_3 含量低于 0.5%，其他着色元素也有严格限制。主要矿物组成为 C_3S、C_2S 和 C_3A，因而其烧成温度更高。加入颜料，也可以制成彩色水泥，用于装饰工程中。

4. 膨胀水泥

膨胀水泥是一种能在水泥凝结之后的早期硬化阶段产生体积膨胀的水硬性水泥。在无约束的情况下，过量的膨胀会导致硬化水泥浆体的开裂，但约束条件下适度的膨胀可以在结构内部产生预压应力。根据膨胀值的不同，膨胀水泥可以分为补偿收缩水泥和自应力水泥两类，习惯上把补偿收缩水泥称为膨胀水泥。膨胀水泥的膨胀值较小，膨胀产生的压应力基本能抵消收缩引起的拉应力，主要用以减少或防止混凝土的干缩裂缝。自应力水泥的膨胀值较高，能使干缩后的混凝土仍有较大的自应力，用以配制各种自应力混凝土。自应力硫铝酸盐水泥的自应力值大于 $2\,MPa$。

膨胀水泥适用于配制收缩补偿混凝土，用于构件的接缝及管道接头，混凝土结构的加固和修补，防渗堵漏工程，机器底座及地脚螺栓的固定等；自应力水泥适用于制造自应力钢筋混凝土压力管及其配件。

3.3　本章小结

了解石灰、石膏和水玻璃及水泥等无机材料的结构和性质，理解并掌握气硬性胶凝材料的硬化机理、性质和应用。

学习理解通用硅酸盐水泥分类、组分与材料、强度等级、技术性质、试验方法及其主要用途，了解硅酸盐水泥的原料、生产工艺、矿物组成及其水化机理，掌握硅酸盐水泥的技术性质及其他五种通用水泥的特性以及使用范围。

思考题

1. 名词解释：胶凝材料、气硬性胶凝材料、石灰的熟化、水玻璃、常用水泥、抗硫酸盐水泥。

2. 简答题

(1) 建筑石膏及其制品具有哪些特点？

(2) 影响硅酸盐水泥凝结硬化的因素有哪些？

(3) 硅酸盐水泥熟料由哪几种矿物组成？各有何特性？

(4) 水泥过期、受潮后如何处理？

(5) 铝酸盐水泥为何不宜蒸养？

第4章

混凝土与砂浆

本章主要介绍普通混凝土的组成材料、技术性能、质量控制与强度评定、混凝土配合比设计的方法及混凝土技术发展、建筑砂浆的分类与特点等。

4.1 混凝土分类及其特点

4.1.1 混凝土的分类

混凝土作为建筑材料的历史很久远,用石灰、砂和卵石制成的砂浆和混凝土在公元前500年就已经在东欧使用,但最早使用水硬性胶凝材料制备混凝土的是罗马人。这种用火山灰、石灰、砂、石制备的"天然混凝土"具有黏结力强、坚固耐久、不透水等特点,在古罗马得到广泛应用,万神殿和罗马圆形剧场就是其中杰出的代表。因此,可以说混凝土建筑是古罗马最伟大的建筑遗产。混凝土发展史上最重要的里程碑是约瑟夫·阿斯普丁发明波特兰水泥,从此,水泥逐渐代替了火山灰、石灰用于制造混凝土,但主要用于墙体、屋瓦、铺地、栏杆等部位。直到1875年,威廉·拉塞尔斯采用改良后的钢筋强化的混凝土技术获得专利,混凝土才真正成为最重要的现代建筑材料。1895—1900年,人们用混凝土成功地建造了第一批桥墩,至此,混凝土开始作为最主要的结构材料,影响和塑造现代建筑。混凝土是由胶凝材料、骨料按适当比例配合,与水(或不加水)拌合制成具有一定可塑性的流体,经硬化而成的具有一定强度的人造石。

混凝土是现代建筑工程中用途最广、用量最大的建筑材料之一。目前全世界每年生产的混凝土材料超过100亿t。混凝土的品种繁多,在实践工程中以普通的水泥混凝土应用最为广泛,通常称为普通混凝土。在混凝土的组成中,骨料一般占总体积的70%～80%;水泥石占20%～30%,其余是少量的空气。

从不同的角度考虑,混凝土有以下几种分类方法。

按表观密度可分为重混凝土(大于2 800 kg/m³)、普通混凝土(2 000～2 800 kg/m³)、轻混凝土(小于2 000 kg/m³)等。

按所用胶凝材料可分为水泥混凝土、硅酸盐混凝土、石膏混凝土、水玻璃混凝土、沥青混凝土、聚合物混凝土、树脂混凝土等。

按流动性可分为干硬性混凝土(坍落度小于10 mm且需用维勃稠度表示)、塑性混凝土(坍落度为10～90 mm)、流动性混凝土(坍落度为100～150 mm)及大流动性混凝土(坍落度大于等于 160 mm)等。

按用途可分为结构混凝土、大坝混凝土、防水混凝土、耐热混凝土、膨胀混凝土、防辐射混凝土、道路混凝土等。

按生产方式可分为预拌混凝土和现场搅拌混凝土。

按施工方法分为泵送混凝土、喷射混凝土、碾压混凝土、挤压混凝土、离心混凝土、灌浆混凝土等。

按抗压强度等级可分为低强度混凝土(小于 30 MPa)、中强度混凝土(30~60 MPa)、高强度混凝土(不小于 60 MPa)、超高强度混凝土(不小于 100 MPa)等。

4.1.2 混凝土的特点

1. 混凝土的优点

混凝土作为土木工程材料中使用最为广泛的一种,其优点主要有以下几个方面。

(1) 易塑性。现代混凝土具备很好的工作性,几乎可以随心所欲地通过设计和模板形成形态各异的建筑物及构件。

(2) 经济性。同其他材料相比,混凝土价格较低,容易就地取材,结构建成后的维护费用也较低。

(3) 安全性。硬化混凝土具有较高的力学强度,目前工程构件最高强度可达 130 MPa,与钢筋有牢固的黏结力,使结构安全性得到充分保证。

(4) 耐火性。混凝土一般可有 1~2 h 的防火时效,比钢铁安全,不会像钢结构建筑物那样在高温下很快软化坍塌。

(5) 多用性。混凝土在土木工程中适用于多种结构形式,满足多种施工要求。

(6) 耐久性。混凝土具有很好的耐久性。

2. 混凝土的缺点

(1) 抗拉强度低,约为抗压强度的 1/10。

(2) 变形性小,混凝土收缩膨胀容易开裂。

(3) 自重大,比强度低。高层、大跨度建筑物要求材料在保证力学性质的前提下,以轻为宜。

4.2 混凝土的组成材料

传统水泥混凝土的基本组成材料是水泥、砂、石和水。其中,水泥浆体占 20%~30%,砂石骨料占 70%~80%。在混凝土中,砂、石起骨架作用,称为骨料;水泥浆在硬化前起润滑作用,使混凝土拌合物具有可塑性。在混凝土拌合物中,水泥浆填充砂子孔隙,包裹砂粒,形成砂浆,砂浆又填充石子孔隙,包裹石子颗粒,形成混凝土浆体;在混凝土硬化后,水泥浆则起胶结和填充作用。现代混凝土中除了以上组分外,还经常加入化学外加剂与矿物细粉掺合料。化学外加剂的品种很多,可以改善、调节混凝土的各种性能,而矿物细粉掺合料则可以有效提高混凝土的新拌性能、硬化后力学性能与耐久性,同时降低成本。

4.2.1　水泥

水泥的种类有硅酸盐水泥、普通硅酸盐水泥、矿渣硅酸盐水泥、火山灰质硅酸盐水泥、粉煤灰硅酸盐水泥和复合硅酸盐水泥等，水泥强度等级的选择应当与混凝土的设计强度等级相适应。水泥浆多，混凝土流动性好，反之就干稠，但水泥浆太多会导致混凝土耐久性差（早期水化热大、收缩大、易腐蚀）；水泥用量多，单位质量水泥对强度的贡献低、成本高，且混凝土收缩大、易开裂。经验证明，配制 C30 以下的混凝土（中低强度），水泥强度等级为混凝土强度等级的 1.5～2.0 倍，配制 C40 以上的高强混凝土，水泥强度等级为混凝土强度等级的 0.9～1.5 倍，同时宜掺入高效减水剂。

用高强度等级水泥配制低强度等级的混凝土时，较少的水泥用量即可满足混凝土的强度要求，但水泥用量过少会严重影响混凝土拌合物的和易性及混凝土的耐久性；用低强度等级水泥配制高强混凝土时，会因水灰比太小及水泥用量过大而影响混凝土拌合物的流动性，并会显著增加混凝土水化热和干缩。

4.2.2　细骨料

普通混凝土骨料按粒径可分为细骨料和粗骨料。粒径小于 4.75 mm 的骨料称为细骨料，粒径大于 4.75 mm 的骨料称为粗骨料。骨料在混凝土中所占的体积为 70%～80%，它在混凝土中起骨架作用，能够传递应力，抑制收缩，防止开裂，使混凝土具有更好的耐久性。骨料的主要技术性质包括颗粒级配及粗细程度、颗粒形态和表面特征、强度、坚固性、含泥量、泥块含量、有害物质及碱骨料反应等。骨料的各项性能指标将直接影响混凝土的施工性能和使用性能，常用骨料有砂、卵石和碎石等，应符合国家标准《建设用砂》（GB/T 14684—2022）及《建设用卵石、碎石》（GB/T 14685—2022）的技术要求。

细骨料包括天然砂、人工砂、机制砂和混合砂。天然砂是由自然风化、水流搬运和分选、堆积形成的粒径小于 4.75 mm 的岩石颗粒，包括河砂、淡化海砂、湖砂、山砂，但不包括软质岩、风化岩石的颗粒。人工砂是经除土处理的机制砂和混合砂的统称。机制砂是经除土处理，由机械破碎、筛分制成的，粒径小于 4.75 mm 的岩石颗粒，但不包括软质岩、风化岩石的颗粒。混合砂是由机制砂和天然砂混合制成的砂。

1. 砂的粗细程度与颗粒级配

砂的粗细程度是指不同粒径的砂混合在一起后的总体平均粗细程度，通常有粗砂、中砂、细砂之分。颗粒级配是指不同粒径砂相互间搭配情况。良好的级配能使骨料的空隙率和总表面积均较小，从而使所需的水泥浆量较少，提高混凝土的密实度，并进一步改善混凝土的其他性能。在传统混凝土中砂粒之间的空隙是由水泥浆所填充，为达到节约水泥的目的，就应尽量减少砂粒之间的空隙，因此必须有良好的颗粒级配。从图 4.1 可以看出，如果是单一粒径的砂堆积，空隙最大，如图 4.1(a)所示；两种不同粒径的砂搭配起来，空隙就会减少，如图 4.1(b)所示；三种不同粒径的砂搭配起来，空隙就会更小，如图 4.1(c)所示。

通常用筛分析法评定砂的粗细。用一套孔径为 9.50 mm、4.75 mm、2.36 mm、1.18 mm 及 0.60 mm、0.30 mm、0.15 mm 的标准筛，将预先通过孔径为 9.50 mm 筛的干砂试样 500 g 由粗到细依次过筛，然后称量各筛上余留砂样的质量，计算出各筛上的分计筛余百分率和累计筛余百分率。干砂在 6 个方孔筛分计筛余百分数等于（各筛上的筛余量/试样总量）×

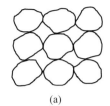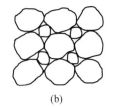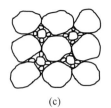

(a)   (b)   (c)

图 4.1　骨料的颗粒级配

100%，累计筛余百分数等于该筛和比该筛粗的各筛分计筛余百分数之和，见表 4.1。

表 4.1　分计筛余百分率和累计筛余百分率计算

筛孔尺寸/mm	分计筛余/g	分计筛余百分率/%	累计筛余百分率/%
4.75	m_1	$a_1 = m_1/m$	$\beta_1 = a_1$
2.36	m_2	$a_2 = m_2/m$	$\beta_2 = a_1 + a_2$
1.18	m_3	$a_3 = m_3/m$	$\beta_3 = a_1 + a_2 + a_3$
0.60	m_4	$a_4 = m_4/m$	$\beta_4 = a_1 + a_2 + a_3 + a_4$
0.30	m_5	$a_5 = m_5/m$	$\beta_5 = a_1 + a_2 + a_3 + a_4 + a_5$
0.15	m_6	$a_6 = m_6/m$	$\beta_6 = a_1 + a_2 + a_3 + a_4 + a_5 + a_6$

颗粒级配常以级配区和级配曲线表示，根据国家标准 0.60 mm 方孔筛的累计筛余量分成 3 个级配区，如表 4.2 及图 4.2 所示。筛分曲线超过 3 区往左上偏时，表示砂过细，拌制混凝土时需要的水泥浆量多，易使混凝土强度降低，收缩增大；超过 1 区往右下偏时，表示砂过粗，配制的混凝土拌合物的和易性不易控制，且内摩擦大，不易振捣成型。

表 4.2　砂的颗粒级配

	累计筛余/%					
砂的分类	天然砂			机制砂、混合砂		
级配区	1 区	2 区	3 区	1 区	2 区	3 区
方筛孔尺寸/mm　4.75	10～0	10～0	10～0	5～0	5～0	5～0
2.36	35～5	25～0	15～0	35～5	25～0	15～0
1.18	65～35	50～10	25～0	65～35	50～10	25～0
0.60	85～71	70～41	40～16	85～71	70～41	40～16
0.30	95～80	92～70	85～55	95～80	92～70	85～55
0.15	100～90	100～90	100～90	97～85	94～80	94～75

	分计筛余/%					
方筛孔尺寸/mm	4.75①	2.36	1.18	0.60	0.30	0.15②	筛底③
分计筛余	0～10	10～15	10～25	20～31	20～30	5～15	0～20

① 对于机制砂，4.75 mm 筛的分计筛余不应大于 5%。

② 对于 MB＞1.4 的机制砂，0.15 mm 筛和筛底的分计筛余之和不应大于 25%。

③ 对于天然砂，筛底的分计筛余不应大于 10%。

注：除特细砂外，Ⅰ类砂的累计筛余应符合表 4.2 中 2 区的规定，分计筛余应符合表 4.2 的规定；Ⅱ类和Ⅲ类砂的累计筛余应符合表 4.2 的规定。砂的实际颗粒级配除 4.75 mm 和 0.60 mm 筛档外，可以超出，但各级累计筛余超出值总和不应大于 5%。

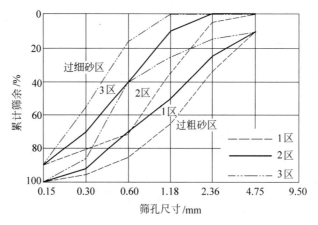

图 4.2　砂的级配曲线

砂的粗细程度常用细度模数 M_X 表示，$M_X = (\beta_2 + \beta_3 + \beta_4 + \beta_5 + \beta_6) - 5\beta_1 / 100 - \beta_1$，一般认为，处于 2 区级配的砂，其粗细适中，级配较好，是配制混凝土最理想的级配区。按上述方法计算得到的细度模数，可将砂分成特细砂、细砂、中砂、粗砂四级，具体如表 4.3 所示。

表 4.3　砂按细度模数划分

砂类型	特细砂	细砂	中砂	粗砂
细度模数 M_X	0.7～1.5	1.6～2.2	2.3～3.0	3.1～3.7

2. 砂的含泥量、泥块含量和石粉含量

泥黏附在骨料的表面，妨碍水泥石与骨料的黏结，降低混凝土强度，还会加大混凝土的干缩，降低混凝土的抗渗性和抗冻性。泥块在搅拌时不易散开，对混凝土性质的影响更为严重。石粉是人工砂生产中产生的 75 μm 以下的颗粒。与天然砂的含泥量不同，石粉在一定的含量范围内，对改善混凝土骨料的颗粒级配、提高混凝土的密实度及综合性能有积极的影响。

3. 碱骨料反应及有害杂质含量

砂中不应含有活性氧化硅，因为砂中含有的活性氧化硅能与水泥中的碱分（K_2O 及 Na_2O）起作用，产生碱骨料反应，使混凝土发生膨胀开裂。为保证混凝土的质量，砂中如云母、有机物、硫化物及硫酸盐、氯盐、黏土、淤泥等有害杂质的含量，应符合国家技术规范的规定。

4.2.3　粗骨料

粒径大于 4.75 mm 的骨料称为粗骨料，混凝土常用的粗骨料有碎石和卵石。卵石是由自然风化、水流搬运和分选、堆积形成的，粒径大于 4.75 mm 的岩石颗粒；碎石是天然岩石或卵石经机械破碎、筛分制成的，粒径大于 4.75 mm 的岩石颗粒。

1. 最大粒径与颗粒级配

1）最大粒径

粗骨料中公称粒径的上限称为该粒级的最大粒径。当骨料粒径增大时，其表面积随之减小，包裹骨料表面水泥浆或砂浆的数量也相应减少，就可以节约水泥。因此，最大粒径应在条件许可下，尽量选用得大些。试验研究证明，在普通配合比的结构混凝土中，骨料粒径大于 40 mm 后，由于减少用水量获得的强度提高，被较少的黏结面积及大粒径骨料造成的不均匀性的不利影响所抵消，因此并没有什么好处。骨料最大粒径还受结构形式和配筋疏密限制，石子粒径过大，对运输和搅拌都不方便，因此，要综合考虑骨料最大粒径。根据《混凝土质量控制标准》(GB 50164—2011)的规定，混凝土用粗骨料的最大粒径不得超过结构截面最小尺寸的 1/4，同时不得超过钢筋间最小净距的 3/4。对于混凝土实心板，最大粒径不要超过板厚的 1/2，而且不得超过 50 mm。《普通混凝土配合比设计规程》(JGJ 55—2011)规定，对于泵送混凝土，为防止混凝土泵送时管道堵塞，保证泵送顺利进行，粗骨料的最大粒径与输送管的管径之比应符合表 4.4 的要求。

表 4.4　粗骨料的最大粒径与输送管的管径之比

粗骨料类型	泵送高度/m	粗骨料的最大粒径与输送管的管径之比
碎石	<50	≤1:3
	50～100	≤1:4
	>100	≤1:5
卵石	<50	≤1:2.5
	50～100	≤1:3
	>100	≤1:4

2）颗粒级配

粗骨料的级配试验也采用筛分法测定，即用 2.36 mm、4.75 mm、9.50 mm、16.0 mm、19.0 mm、26.5 mm、31.5 mm、37.5 mm、53.0 mm、63.0 mm、75.0 mm 和 90.0 mm 12 种孔径的方孔筛进行筛分，其原理与砂的筛分基本相同。国家标准《建设用卵石、碎石》(GB/T 14685—2022)对碎石和卵石的颗粒级配规定见表 4.5。石子的级配按粒径尺寸分为连续粒级和单粒粒级。连续粒级是石子颗粒由小到大连续分级，每级石子占一定比例。用连续粒级配制的混凝土混合料，不易发生离析现象，易于保证混凝土的质量，便于大型混凝土搅拌站使用，适合泵送混凝土。许多搅拌站选择 5～20 mm 连续粒级的石子生产泵送混凝土。单粒粒级是人为地剔除骨料中某些粒级颗粒，大骨料空隙由小几倍的小粒径颗粒填充，降低石子的空隙率，密实度增加，节约水泥，但是拌合物容易产生分层离析，施工困难，一般在工程中少用。如混凝土拌合物为低流动性或干硬性的，同时采用机械强力振捣时，采用单粒级配是合适的。

2. 坚固性和强度

混凝土中粗骨料起骨架作用，必须具有足够的坚固性和强度。粗骨料强度可用岩石抗压强度和压碎指标表示。岩石抗压强度是将岩石制成 50 mm×50 mm×50 mm 的立方体（或 ϕ50 mm 圆柱体）试件，浸没于水中 48 h 后取出，擦干表面，放在压力机上进行强度试验。

其抗压强度,岩浆岩应不小于 80 MPa,变质岩应不小于 60 MPa,水成岩(又称沉积岩)应不小于 45 MPa。压碎指标是将一定量风干后筛除大于 19.0 mm 及小于 9.50 mm 的颗粒,并去除针片状颗粒的石子装入一定规格的圆筒内,在压力机上施加荷载到 200 kN 并稳定 5 s,卸荷后称取试样质量(G_1),再用孔径为 2.36 mm 的筛筛除被压碎的细粒,称取出留在筛上的试样质量(G_2),则压碎指标为

$$Q_e = \frac{G_1 - G_2}{G_1} \times 100\%$$

式中:Q_e——压碎指标值,%;

　　　G_1——试样的质量,g;

　　　G_2——压碎试验后筛余的试样质量,g。

压碎指标值越小,表明石子的强度越高。对不同强度等级的混凝土,所用石子的压碎指标应符合表 4.6 的规定。

坚固性是指卵石、碎石在自然风化和其他外界物理化学因素作用下抵抗破裂的能力。采用硫酸钠溶液法进行试验,卵石和碎石经 5 次循环后,其质量损失也应符合表 4.6 的规定。

表 4.5　碎石和卵石的颗粒级配

公称粒级/mm		方孔筛孔径/mm											
		2.36	4.75	9.50	16.0	19.0	26.5	31.5	37.5	53.0	63.0	75.0	90
		累计筛余/%											
连续粒级	5~16	95~100	85~100	30~60	0~10	0	—	—	—	—	—	—	—
	5~20	95~100	90~100	40~80	—	0~10	0	—	—	—	—	—	—
	5~25	95~100	90~100	—	30~70	—	0~5	0	—	—	—	—	—
	5~31.5	95~100	90~100	70~90	—	15~45	—	0~5	0	—	—	—	—
	5~40	—	95~100	70~90	—	30~65	—	—	0~5	0	—	—	—
单粒粒级	5~10	95~100	80~100	0~15	0	—	—	—	—	—	—	—	—
	10~16	—	95~100	80~100	0~15	0	—	—	—	—	—	—	—
	10~20	—	95~100	85~100	—	0~15	0	—	—	—	—	—	—
	16~25	—	—	95~100	55~70	25~40	0~10	0	—	—	—	—	—
	16~31.5	—	95~100	—	85~100	—	—	0~10	0	—	—	—	—
	20~40	—	—	95~100	—	80~100	—	—	0~10	0	—	—	—
	25~31.5	—	—	—	95~100	—	80~100	0~10	0	—	—	—	—
	40~80	—	—	—	—	95~100	—	—	70~100	—	30~60	0~10	0

注:"—"表示该孔径累计筛余不作要求;"0"表示该孔径累计筛余为 0。

表 4.6　坚固性指标和压碎指标　　　　　　　单位:%

项　　目	Ⅰ 类	Ⅱ 类	Ⅲ 类
质量损失	≤5	≤8	≤12
碎石压碎指标	≤10	≤20	≤30
卵石压碎指标	≤12	≤14	≤16

3. 碱骨料反应及有害杂质含量

骨料中不应含有活性氧化硅,以防止碱骨料反应的发生。粗骨料中的有害杂质包括黏

土、淤泥及氯盐、硫酸盐、硫化物、有机物质和活性氧化硅等,它们的危害作用与在细骨料中相同。粗骨料中各种有害杂质的含量都不应超出规范的规定,其技术要求及其有害物质含量见表4.7。

表 4.7　粗骨料的有害物质含量技术要求　　　　　　单位：%

项　　目	Ⅰ类	Ⅱ类	Ⅲ类
有机物(比色法)	合格	合格	合格
硫化物及硫酸盐(按 SO_3 质量计)	≤0.5	≤1.0	≤1.0
含泥量(按质量计)	≤0.5	≤1.0	≤1.5
泥块含量(按质量计)	≤0.1	≤0.2	≤0.7

4. 颗粒形状与表面特征

骨料的颗粒形状与表面特征对混凝土的性能有显著影响。通常,骨料颗粒有浑圆状、多棱角状、针状和片状四种类型的形状。其中,较好的是接近球体或立方体的浑圆状和多棱角状颗粒,而呈细长和扁平的针状和片状颗粒对混凝土的和易性、强度和稳定性等性能有不良影响。国家标准《建设用卵石、碎石》(GB/T 14685—2022)中规定,卵石、碎石颗粒的最大一维尺寸大于该颗粒所属粒级的平均粒径2.4倍者为针状颗粒;最小一维尺寸小于该颗粒所属粒级的平均粒径40%的为片状颗粒;卵石、碎石颗粒的最小一维尺寸小于该颗粒所属粒级的平均粒径50%的颗粒为不规则颗粒。卵石、碎石的针状、片状颗粒含量,以及不规则颗粒含量均应符合以下规定:

针、片状颗粒含量：Ⅰ类,≤5%；Ⅱ类,≤8%；Ⅲ类,≤15%。

Ⅰ类卵石、碎石的不规则颗粒含量不应大于10%。

4.2.4　混凝土拌合及养护用水

饮用水、地下水、地表水、海水和经过处理达到要求的工业废水均可用作混凝土拌合用水。混凝土拌合及养护用水的质量要求具体有：不得影响混凝土的和易性及凝结；不得有损于混凝土强度发展；不得降低混凝土的耐久性；不得加快钢筋腐蚀及导致预应力钢筋脆断；不得污染混凝土表面；各物质限量应符合表4.8的要求。当对水质有怀疑时,应将该水与蒸馏水或饮用水进行水泥凝结时间、砂浆或混凝土强度对比试验,测得的初凝时间差及终凝时间差均不得大于 30 min,其初凝和终凝时间还应符合国家标准的规定。用该水制成的砂浆或混凝土 28 d 抗压强度应不低于用蒸馏水或饮用水制成的砂浆或混凝土抗压强度的90%。另外,海水中含有硫酸盐、镁盐和氯化物,对水泥石有侵蚀作用,对钢筋也会造成锈蚀,因此不得用于拌制钢筋混凝土和预应力混凝土。

表 4.8　水中物质含量限量值

项　　目	预应力混凝土	钢筋混凝土	素混凝土
pH 值	>4	>4	>4
不溶物/mg·L^{-1}	<2 000	<2 000	<5 000
可溶物/mg·L^{-1}	<2 000	<5 000	<10 000

续表

项　目	预应力混凝土	钢筋混凝土	素混凝土
氯化物（以 Cl^- 计）/mg · L^{-1}	＜500	＜1 200	＜3 500
硫酸盐（以 SO_4^{2-} /计）/mg · L^{-1}	＜600	＜2 700	＜2 700
硫化物（以 S^{2-} 计）/mg · L^{-1}	＜100		

注：使用钢丝或经热处理钢筋的预应力混凝土氯化物含量不得超过 350 mg/L。

4.2.5　化学外加剂

1. 混凝土外加剂的定义与分类

在拌制混凝土过程中掺入用以改善混凝土性能，赋予新拌混凝土和硬化混凝土以优良性能的物质称为化学外加剂，是混凝土的第五组分。混凝土外加剂主要改善混凝土的性能，而混凝土的性能包括新拌混凝土的施工性能以及硬化混凝土的使用性能。混凝土外加剂通常仅指掺量小于水泥质量的 5％的化学外加剂，是生产各种高性能混凝土和特种混凝土必不可少的组分，按作用性能可分成以下几类：

（1）改善混凝土拌合物流变性能的外加剂，包括各种减水剂、引气剂和泵送剂等。

（2）调节混凝土凝结时间、硬化性能的外加剂，包括缓凝剂、早强剂和速凝剂等。

（3）改善混凝土耐久性的外加剂，包括引气剂、防水剂和阻锈剂等。

（4）改善混凝土其他性能的外加剂，包括加气剂、膨胀剂、防冻剂、着色剂、防水剂等。

混凝土外加剂可以改进混凝土内部结构和工艺过程，应用混凝土外加剂的目的在于改善混凝土的和易性和硬化后的混凝土性能，同时获得节省水泥和能源、提高强度、缩短工期、加快模板周转等多种经济技术效果。在混凝土中掺入外加剂后，许多性能如微观结构、孔隙率、吸附性、硬化速度、强度等都将发生改变，水泥矿物水化和水泥本身的一些性能也会受到影响。

2. 常用的混凝土外加剂

（1）减水剂。减水剂是一种在混凝土拌合料坍落度相同条件下能减少拌合水量的外加剂。减水剂分为普通减水剂、高效减水剂和高性能减水剂，如聚羧酸系高性能减水剂、萘系高效减水剂、三聚氰胺高效减水剂、氨基磺酸系高效减水剂、木质素磺酸盐减水剂、糖钙以及腐殖酸盐减水剂等。各种复合外加剂一般都包含减水剂成分。

（2）早强剂。能加速混凝土早期强度并对后期强度无明显影响的外加剂，称为早强剂，包括无机物类（氯盐类、硫酸盐类、碳酸盐类等）、有机物类（有机胺类、羧酸盐类等）及矿物类（明矾石、氟铝酸钙、无水硫铝酸钙）等。

（3）缓凝剂。缓凝剂是一种能延缓水泥水化反应，从而延长混凝土的凝结时间，使新拌混凝土较长时间保持塑性，方便浇注，提高施工效率，同时对混凝土后期各项性能不会造成不良影响的外加剂。缓凝剂按其缓凝时间可分为普通缓凝剂和超缓凝剂；按化学成分可分为无机缓凝剂和有机缓凝剂。无机缓凝剂包括磷酸盐、锌盐、硫酸铁、硫酸铜、氟硅酸盐等；有机缓凝剂包括羟基羧酸盐及其盐、多元醇及其衍生物、糖类及其碳水化合物等。

（4）速凝剂。速凝剂是能使混凝土迅速硬化的外加剂，如铝氧熟料加碳酸盐系速凝剂、硫铝酸盐系速凝剂、水玻璃系速凝剂等。

（5）膨胀剂。膨胀剂是能使混凝土产生一定体积膨胀的外加剂，如硫铝酸盐系膨胀剂、石灰系膨胀剂、铁粉系膨胀剂、复合型膨胀剂等。

（6）引气剂。在混凝土搅拌过程中引入大量均匀分布、稳定而封闭的微小气泡，起到改善混凝土和易性，提高混凝土抗冻性和耐久性的外加剂，称为引气剂。引气剂可分为松香类引气剂、合成阴离子表面活性类引气剂、木质素磺酸盐类引气剂、石油磺酸盐类引气剂、蛋白质盐类引气剂、脂肪酸和树脂及其盐类引气剂、合成非离子表面活性引气剂等。

（7）防水剂。防水剂是一种能降低砂浆、混凝土在静水压力作用下透水性的外加剂。防水剂可分为无机质防水剂（氯化钙、水玻璃系、氯化铁、锆化合物、硅质粉末系等）、有机质防水剂（反应型高分子物质、憎水性的表面活性剂、天然或合成的聚合物乳液以及水溶性树脂等）。

3. 减水剂的作用与作用机理

减水剂的作用有以下几方面：①在不减少单位用水量的情况下，改善新拌混凝土的工作性（即和易性），提高流动性；②在保持一定工作性前提下，减少用水量，提高混凝土的强度；③在保持一定强度情况下，减少单位水泥用量，节约水泥；④改善混凝土拌合物的可泵性以及混凝土的其他物理力学性能。减水剂是一种表面活性剂，表面活性分子由亲水基团和憎水基团两部分组成，可以降低表面能。减水剂的作用机理如图4.3所示，当水泥浆体中加入减水剂后，减水剂分子中的憎水基团定向吸附于水泥质点表面，亲水基团指向水溶液，在水泥颗粒表面形成单分子或多分子吸附膜，降低了水泥-水的界面能，如图4.3(a)所示。同时使水泥颗粒表面带上相同的电荷，表现出斥力，如图4.3(b)所示，将水泥加水后形成的絮凝结构打开并释放出被絮凝结构包裹的水，这是减水剂分子吸附产生的分散作用，如图4.3(c)所示。

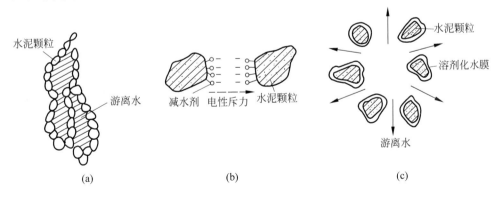

图4.3 减水剂作用机理

4. 外加剂与水泥的适应性问题及改善措施

一般按照混凝土外加剂应用技术规范，将经检验符合有关标准要求的某种外加剂，掺入符合要求的水泥中，外加剂在混凝土中能产生应有的作用效果，则称外加剂与水泥相适应；

若外加剂作用效果明显低于使用基准水泥的检验结果，或出现异常现象，则称外加剂与水泥不适应。

外加剂与水泥的适应性问题非常突出，现代混凝土的技术发展与混凝土外加剂技术的应用水平紧密相连，没有混凝土外加剂就没有现代混凝土技术的进步。在检验外加剂时，标准规定试验应使用《混凝土外加剂标准》（GB 8076—2008）规定的基准水泥，其组成和细度有严格的规定，而在实际工程使用中，由于选用水泥的组成与基准水泥不相同，外加剂在实际工程中的作用效果可能与使用基准水泥的检验结果有差异。对于使用复合外加剂和矿物掺合料的混凝土或砂浆，除了外加剂与水泥存在着适应性问题以外，还存在着外加剂与矿物掺合料以及复合外加剂中各组分之间的适应性问题。长期以来，混凝土工作者在提高外加剂与水泥适应性、改善混凝土工作性方面作了大量的工作，如新型高效减水剂的开发应用、外加剂的复合使用、减水剂的掺入方法选择等。

4.2.6 矿物掺合料

混凝土矿物掺合料是指在配制混凝土时加入的能改变新拌混凝土和硬化混凝土性能的粉体外加剂，也称为矿物外加剂，是混凝土的第六组分。混凝土常用的矿物掺合料有粉煤灰、粒化高炉矿渣粉、硅灰、沸石粉、燃烧煤矸石等，其中粉煤灰应用最普遍。矿物掺合料，俗称矿物超细粉，它以各种矿物掺合料为主要成分，可以同时复合一些化学物质，用以替代部分水泥、改善混凝土性能的外加剂。高质量的超细粉必须具有如下三大特征：①以氧化硅、氧化铝或氧化钙、熟料矿物、石膏等磨细矿渣粉为基本组成材料；②矿渣粉具有一定反应活性，在混凝土中可代替部分水泥，改善混凝土性能；③一般掺量超过水泥总量的5%，细度与水泥细度相同或比水泥更细。根据不同用途，矿物外加剂可由矿物掺合料加化学外加剂配制成多种功能的粉体外加剂，如泵送剂、早强剂、速凝剂、防冻剂、防水剂、膨胀剂、防腐阻锈剂等。

1. 粉煤灰

粉煤灰又称飞灰，是由燃烧煤粉的锅炉烟气中收集到的细粉末，其颗粒多呈球形，表面光滑，大部分由直径以微米计的实心和（或）中空玻璃微珠以及少量的莫来石、石英等结晶物质所组成。粉煤灰质量要求和等级根据国家标准《用于水泥和混凝土中的粉煤灰》（GB/T 1596—2017）的规定，按煤种分为 F 类和 C 类。F 类粉煤灰是指由无烟煤或烟煤煅烧收集的粉煤灰。C 类粉煤灰是指由褐煤或次烟煤煅烧收集的粉煤灰，其氧化钙含量一般大于10%。拌制混凝土和砂浆用粉煤灰分为三个等级：Ⅰ级、Ⅱ级、Ⅲ级，其技术要求见表 4.9。

表 4.9 拌制混凝土和砂浆用粉煤灰技术要求

项　　目	粉煤灰类别	技术要求		
		Ⅰ级	Ⅱ级	Ⅲ级
细度（45 μm 方孔筛筛余）/%	F 类	≤12.0	≤30.0	≤45.0
	C 类			
需水量比/%	F 类	≤95	≤105	≤115
	C 类			

续表

项　　目	粉煤灰类别	技术要求		
		Ⅰ级	Ⅱ级	Ⅲ级
烧失量/%	F类	≤5.0	≤8.0	≤10.0
	C类			
含水量/%	F类	1.0		
	C类			
三氧化硫/%	F类	≤3.0		
	C类			
游离氧化钙/%	F类	≤1.0		
	C类	≤4.0		
雷氏夹沸煮后增加距离/mm	C类	≤5.0		

2. 硅灰

硅灰又称硅粉或硅烟灰,是从生产硅铁合金或硅钢等所排放的烟气中收集到的颗粒极细的烟尘,色呈浅灰到深灰。硅灰的颗粒是微细的玻璃球体,部分粒子凝聚成片状或球状的粒子,其平均粒径为 $0.1\sim0.2\ \mu m$,是水泥颗粒粒径的 $1/100\sim1/50$,比表面积高达 $2.0\times10^4\ m^2/kg$。其主要成分是 SiO_2(占 90% 以上),它的活性要比水泥高 $1\sim3$ 倍。以 10% 硅灰等量替代水泥,混凝土强度可提高 25% 以上。由于硅灰具有高比表面积,因而其需水量很大,将其作为混凝土掺合料,须配以减水剂,方可保证混凝土的和易性。硅粉混凝土的特点是早强和耐磨。硅粉使用时掺量较少,一般为胶凝材料总质量的 5%～10%,且不高于15%,通常与其他矿物掺合料复合使用。在我国,因其产量低,目前价格很高,故一般混凝土强度低于 80 MPa 时,都不考虑掺加硅粉。

3. 磨细矿渣粉

磨细矿渣粉是指将粒化高炉矿渣经干燥、磨细达到相当细度且符合相应活性指数的粉状材料,细度大于 $350\ m^2/kg$,一般为 $400\sim600\ m^2/kg$,其活性比粉煤灰高。磨细矿渣粉和粉煤灰复合掺入时,矿渣粉弥补了粉煤灰的先天"缺钙"的不足,而粉煤灰又可起到辅助减水作用,掺粉煤灰的混凝土的自干燥收缩和干燥收缩都很小,上述问题可以得到缓解。而且复掺可改善颗粒级配和混凝土的孔结构,进一步提高混凝土的耐久性。

4. 沸石粉

沸石粉是天然沸石岩磨细而成的,具有很大的内表面积。沸石岩是经天然煅烧后的火山灰质铝硅酸盐矿物,含有一定量活性 SiO_2 和 Al_2O_3,能与水泥水化析出的 $Ca(OH)_2$ 作用,生成 C-S-H 和 C-A-H。

5. 煅烧煤矸石

煤矸石是煤矿开采或洗煤过程中排除的夹杂物,主要成分是 SiO_2 和 Al_2O_3,其次是 Fe_2O_3 及少量的 CaO、MgO 等,经过高温煅烧后,使所含黏土矿物脱水分解,并去除碳分,烧掉有害物质,使其具有较好的活性。

　　矿物外加剂与绿色高性能混凝土概念紧密联系,研究混凝土矿物外加剂的目的在于合理使用工业废弃料,如粉煤灰、矿渣、硅粉、火山灰及沸石粉等,尽可能降低资源与能源消耗,其重要性还在于减少混凝土缺陷,提高混凝土质量和耐久性,特别是提高混凝土在严酷自然条件下(如寒冷、腐蚀、海水、潮湿等)的使用寿命。

4.3　混凝土的技术性能

　　混凝土在未凝结硬化以前,称为新拌混凝土,它必须具有良好的和易性,也称工作性,便于施工,保证能获得良好的浇注质量。另外,混凝土拌合物凝结硬化以后应具有足够的强度,以保证建筑物能安全地承受设计荷载,硬化混凝土应同时具有一定的耐久性。

4.3.1　混凝土拌合物的和易性

1. 混凝土和易性的概念

　　和易性是指混凝土拌合物易于施工操作(拌合、运输、浇注、捣实)并能获得质量均匀、成型密实的性能。和易性是一项综合的技术性质,包括流动性、黏聚性和保水性三方面的含义。

　　流动性是指混凝土拌合物在本身自重或施工机械振捣的作用下,能产生流动并均匀密实地填满模板的性能。

　　黏聚性是指混凝土拌合物在施工过程中其组成材料之间有一定的黏聚力,不致产生分层和离析的性能。黏聚性的大小主要取决于细骨料的用量以及水泥浆的稠度等。

　　保水性是指混凝土拌合物在施工过程中,具有一定的保水能力,不致产生严重泌水的性能。保水性差的混凝土拌合物,由于水分分泌出来会形成容易透水的孔隙,从而降低混凝土的密实性。

　　到目前为止,混凝土拌合物的工作性还没有一个综合的定量指标来衡量。通常采用坍落度(图 4.4)或维勃稠度来定量地测量流动性,黏聚性和保水性主要通过目测观察来判定。

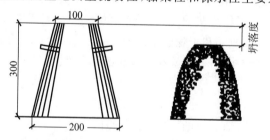

图 4.4　混凝土拌合物坍落度的测定(单位:mm)

2. 影响和易性的主要因素

1) 水泥浆的用量

水泥浆是由水泥和水拌合而成的浆体,具有流动性和可塑性,它是普通混凝土拌合物工作性最敏感的影响因素。混凝土拌合物的流动性是其在外力与自重作用下克服内摩擦阻力产生运动的反映。混凝土拌合物内摩擦阻力一部分来自水泥浆颗粒间的内聚力与黏性,另一部分来自骨料颗粒间的摩擦力,前者主要取决于水灰比的大小,后者取决于骨料颗粒间的摩擦系数。骨料间水泥浆层越厚,摩擦力越小,因此原材料一定时,坍落度主要取决于水泥浆多少和黏度大小。只增大用水量时,坍落度加大,而稳定性降低(即易于离析和泌水),也影响拌合物硬化后的性能,所以过去通常是维持水灰比不变,调整水泥浆用量来满足工作性要求。现在因考虑到水泥浆多会影响耐久性,多以掺外加剂来调整和易性,满足施工需要。

2) 骨料品种与品质

碎石比河卵石粗糙、棱角多,内摩擦阻力大,因而在水泥浆量和水灰比相同条件下,流动性与压实性要差些;石子最大粒径较大时,需要包裹的水泥浆少,流动性要好些,但稳定性较差,即容易离析;细砂的表面积大,拌制同样流动性的混凝土拌合物需要较多水泥浆或砂浆。所以采用最大粒径稍小、棱角少、片针状颗粒少、级配好的粗骨料,细度模数偏大的中粗砂、较高砂率的拌合物,其工作性的综合指标较好。

3) 砂率

砂率是指混凝土拌合物砂用量与砂石总量比值的百分率。在混凝土拌合物中,是砂子填充石子(粗骨料)的空隙,而水泥浆则填充砂子的空隙,同时有一定富余量去包裹骨料的表面,润滑骨料,使拌合物具有流动性和易密实的性能。但砂率过大,细骨料含量相对增多,骨料的总表面积明显增大,包裹砂子颗粒表面的水泥浆层显得不足,砂粒之间的内摩阻力增大成为降低混凝土拌合物流动性的主要矛盾。这时,随着砂率的增大流动性将降低。所以,在用水量及水泥用量一定的条件下,存在着一个最佳砂率(或合理砂率值),使混凝土拌合物获得最大的流动性,且保持黏聚性及保水性良好,如图 4.5 所示。

在保持流动性一定的条件下,砂率还影响混凝土中水泥的用量,如图 4.6 所示。当砂率过小时,必须增大水泥用量,以保证有足够的砂浆量来包裹和润滑粗骨料;当砂率过大时,要加大水泥用量,以保证有足够的水泥浆包裹和润滑细骨料。在最佳砂率时,水泥用量最少。

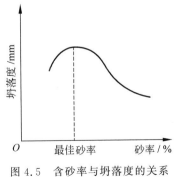

图 4.5　含砂率与坍落度的关系
（水与水泥用量一定）

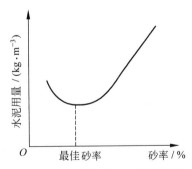

图 4.6　含砂率与水泥用量的关系
（达到相同坍落度）

4) 水泥与外加剂

与普通硅酸盐水泥相比,采用矿渣水泥、火山灰水泥的混凝土拌合物流动性较小。但是矿渣水泥的保水性差,尤其气温低时泌水较严重。

在拌制混凝土时加入适量外加剂,如减水剂、引气剂等,使混凝土在较低水灰比、较小用水量的条件下仍能获得很高的流动性。

5) 矿物掺合料

矿物掺合料不仅自身水化缓慢,优质矿物掺合料还有一定的减水效果,同时还减缓了水泥的水化速度,使混凝土的工作性更加流畅,并防止泌水及离析的发生。

6) 时间和温度

搅拌后的混凝土拌合物,随着时间的延长而逐渐变得干稠,坍落度降低,流动性下降,这种现象称为坍落度损失,从而使和易性变差。其原因是一部分水已与水泥硬化,一部分被水泥骨料吸收,一部分水蒸发,以及混凝土凝聚结构的逐渐形成,致使混凝土拌合物的流动性变差。

混凝土拌合物的和易性也受温度的影响,因为环境温度升高,水分蒸发及水化反应加快,相应使流动性降低。因此,施工中为保证一定的和易性,必须注意环境温度的变化,采取相应的措施。

3. 改善混凝土和易性的措施

针对如上影响混凝土和易性的因素,在实际施工中,可采取如下措施来改善混凝土的和易性。

(1) 采用合理砂率,有利于和易性的改善,同时可节省水泥,提高混凝土的强度。

(2) 改善骨料粒径与级配,特别是粗骨料的级配,并尽量采用较粗的砂、石。

(3) 掺加化学外加剂与活性矿物掺合料,改善、调整拌合物的工作性,以满足施工要求。

(4) 当混凝土拌合物坍落度太小时,保持水灰比不变,适当增加水与胶凝材料用量;当坍落度太大时,保持砂率不变,适当增加砂、石骨料用量。

4. 新拌混凝土的凝结时间

凝结是混凝土拌合物固化的开始,由于各种因素的影响,混凝土的凝结时间与配制混凝土所用水泥的凝结时间不一致。凝结快些的水泥配制出的混凝土拌合物,在用水量和水泥用量比不一样的情况下,未必比凝结慢些的水泥配出的混凝土凝结时间短。

混凝土拌合物的凝结时间通常是用贯入阻力法进行测定的,所使用的仪器为贯入阻力仪。先用 5 mm 筛孔的筛从拌合物中筛取砂浆,按一定方法装入规定的容器中,然后每隔一定时间测定砂浆贯入一定深度时的贯入阻力,绘制贯入阻力与时间关系的曲线,以贯入阻力 3.5 MPa 及 28.0 MPa 时划两条平行于时间坐标的直线,直线与曲线交点的时间即分别为混凝土的初凝和终凝时间。这是从实用角度人为确定,用初凝时间表示施工时间的极限,终凝时间表示混凝土力学强度的开始发展。了解凝结时间所表示的混凝土特性的变化,对制订施工进度计划和比较不同种类外加剂的效果很有用。

4.3.2　混凝土的力学性能

1. 混凝土的受压破坏机理

硬化后的混凝土在未受外力作用之前,由于水泥水化造成的物理收缩和化学收缩引起砂浆体积的变化,或者因泌水在骨料下部形成水囊,而导致骨料界面出现界面裂缝,在施加外力时,微裂缝处出现应力集中,随着外力的增大,裂缝就会延伸和扩展,最后导致混凝土破坏。混凝土的受压破坏实际上是裂缝的失稳扩展到贯通的过程。混凝土裂缝的扩展可分为如图 4.7 所示的四个阶段,每个阶段的裂缝状态示意图如图 4.8 所示。

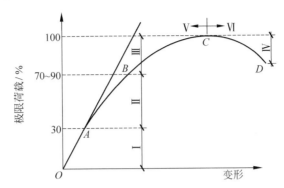

Ⅰ—界面裂缝无明显变化;Ⅱ—界面裂缝增长;Ⅲ—出现砂浆裂缝和连续裂缝;
Ⅳ—连续裂缝迅速发展;Ⅴ—裂缝缓慢发展;Ⅵ—裂缝迅速增长。

图 4.7　混凝土受压变形曲线

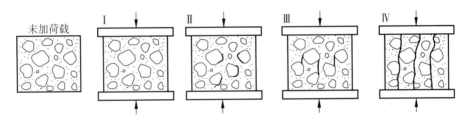

图 4.8　不同受力阶段裂缝示意图

当荷载达到比例极限(约为极限荷载的 30%)以前,界面裂缝无明显变化(图 4.8 中Ⅰ)。此时,荷载与变形接近直线关系(图 4.7 曲线的 OA 段)。荷载超过比例极限以后,界面裂缝的数量、长度、宽度都不断扩大,界面借摩擦阻力继续承担荷载,但尚无明显的砂浆裂缝(图 4.8 中Ⅱ)。此时,变形增大的速度超过荷载增大的速度,荷载与变形之间不再接近直线关系(图 4.7 曲线 AB 段)。荷载超过临界荷载(为极限荷载的 70%～90%)以后,在界面裂缝继续发展的同时,开始出现砂浆裂缝,并将临近的界面裂缝连接起来成为连续裂缝(图 4.8 中Ⅲ)。此时,变形增大的速度进一步加快,荷载-变形曲线明显地弯向变形轴方向(图 4.7 曲线 BC 段)。超过极限荷载后,连续裂缝急速扩展(图 4.8 中Ⅳ)。此时,混凝土的承载力下降,荷载减小而变形迅速增大,以致完全破坏,荷载-变形曲线逐渐下降,最后结束(图 4.7 曲线 CD 段)。因此,混凝土的受力破坏过程实际上是混凝土裂缝的发生和发展过程,也是混凝土内部结构由连续到不连续的演变过程。

2. 混凝土的强度

1) 混凝土的立方体抗压强度(f_{cu})

根据国家标准《混凝土物理力学性能试验方法标准》(GB/T 50081—2019)制作边长 150 mm 的立方体标准试件,在标准条件(温度(20±2)℃,相对湿度 95% 以上)下,养护龄期

28 d,测得的抗压强度值作为混凝土的立方体抗压强度值,用 f_{cu} 表示,抗压强度计算公式为

$$f_{cu} = \frac{F}{A}$$

式中：f_{cu}——混凝土的立方体抗压强度,MPa；

F——破坏荷载,N；

A——试件承压面积,mm^2。

对于同一混凝土材料,采用不同的试验方法,例如不同的养护温度、湿度,以及不同形状、尺寸的试件等,其强度值将有所不同。

测定混凝土抗压强度时,也可采用非标准试件,然后将测定结果乘以换算系数,换算成相当于标准试件的强度值,对于边长为 100 mm 的立方体试件,应乘以强度换算系数 0.95,边长为 200 mm 的立方体试件,应乘以强度换算系数 1.05。

2）混凝土立方体抗压标准强度（$f_{cu,k}$）与强度等级

混凝土立方体抗压标准强度是指按标准方法制作和养护的边长为 150 mm 的立方体试件,在 28 d 龄期,用标准试验方法测得的强度总体分布中具有不低于 95% 保证率的抗压强度值,用 $f_{cu,k}$ 表示。混凝土强度等级是按照立方体抗压标准强度来划分的。混凝土强度等级用符号 C 与立方体抗压强度标准值（以 MPa 计）表示。

《混凝土结构设计规范》（GB/T 50010—2010）（2015 年版）标准中,普通混凝土强度等级划分为 C15、C20、C25、C30、C35、C40、C45、C50、C55、C60、C65、C70、C75 和 C80 共 14 个等级。

素混凝土结构的混凝土强度等级不应低于 C15；钢筋混凝土结构的混凝土强度等级不应低于 C20；当采用强度级别 400 MPa 及以上的钢筋时,混凝土强度等级不宜低于 C25；承受重复荷载的钢筋混凝土构件,混凝土强度等级不得低于 C30；预应力混凝土结构的混凝土强度等级不宜低于 C40,且不应低于 C30。

3）混凝土轴心抗压强度（f_{cp}）

混凝土强度等级是采用立方体试件确定的。在结构设计中,考虑到受压构件是棱柱体（或是圆柱体）,而不是立方体,所以采用棱柱体试件比用立方体试件更能反映混凝土的实际受压情况。由棱柱体试件测得的抗压强度称为轴心抗压强度。国家标准规定采用 150 mm×150 mm×300 mm 的标准棱柱体试件进行抗压强度试验,也可采用非标准尺寸的棱柱体试件。当混凝土强度等级低于 C60 时,用非标准试件测得的强度值均应乘以尺寸换算系数,200 mm×200 mm×400 mm 的试件尺寸换算系数为 1.05；100 mm×100 mm×300 mm 的试件为 0.95。当混凝土强度等级大于 C60 时宜采用标准试件；使用非标准试件时,尺寸换算系数应由试验确定。通过多组棱柱体和立方体试件的强度试验表明,在立方体抗压强度为 10～55 MPa 的范围内,轴心抗压强度（f_{cp}）和立方体抗压强度（f_{cu}）之比为 0.70～0.80。

4）劈裂抗拉强度（f_{ts}）

我国标准规定,劈裂抗拉强度采用标准试件,边长为 150 mm 的立方体,按规定的劈裂抗拉装置检测劈拉强度（图 4.9）。劈裂抗拉强度计算公式为

$$f_{ts} = \frac{2F}{\pi A} = 0.637 \frac{F}{A}$$

式中：f_{ts}——劈裂抗拉强度，MPa；

　　　F——破坏荷载，N；

　　　A——试件劈裂面面积，mm^2。

5）混凝土抗折强度（f_{cf}）

混凝土抗折强度试验采用边长为 150 mm×150 mm×600 mm（或 150 mm×150 mm×550 mm）的棱柱体试件作为标准试件，边长为 100 mm×100 mm×400 mm 的棱柱体试件是非标准试件。按三分点加荷方式加载测得其抗折强度（图 4.10），抗折强度计算公式为

$$f_{cf} = \frac{Fl}{bh^2}$$

式中：f_{cf}——混凝土抗折强度，MPa；

　　　F——破坏荷载，N；

　　　l——支座间跨度，mm；

　　　h——试件截面高度，mm；

　　　b——试件截面宽度，mm。

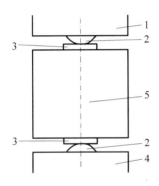

1,4—压力机上、下压板；2—垫条；3—垫层；5—试件。

图 4.9　混凝土劈裂抗拉试验装置图

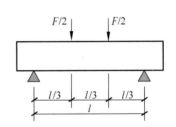

图 4.10　混凝土抗折试验示意图

当试件尺寸为 100 mm×100 mm×400 mm 的非标准试件时，应乘以尺寸换算系数 0.85；当混凝土强度等级不低于 C60 时，宜采用标准试件。

3. 影响混凝土强度的因素

在荷载作用下，混凝土破坏形式通常有三种，最常见的是骨料与水泥石的界面破坏，其次是水泥石本身的破坏，最后是骨料的破坏。在普通混凝土中，骨料破坏的可能性较小，因为骨料的强度通常大于水泥石的强度及其与骨料表面的黏结强度。而水泥石的强度及其与骨料的黏结强度与水泥的强度等级、水胶比及骨料的性质有很大关系，另外，混凝土强度还受施工质量、养护条件及龄期的影响。

1）水泥强度等级及水灰比的影响

对于传统混凝土而言，水泥强度等级及水灰比是影响混凝土强度最主要的因素。水泥是混凝土中的活性组分，其强度大小直接影响混凝土强度。在水灰比不变的前提下，水泥强度等级越高，硬化后的水泥石强度和胶结能力越强，混凝土的强度也就越高。当采用同一品

种、同一强度等级的水泥时,混凝土的强度取决于水灰比。水泥石的强度来源于水泥的水化反应,按照理论计算,水泥水化所需的结合水一般只占水泥质量的 23% 左右,即水灰比为0.23。但为了使混凝土获得一定的流动性,以满足施工的要求,以及在施工过程中水分蒸发等因素,常常需要较多的水,这样在混凝土硬化后将有部分多余的水分残留在混凝土中形成水泡或在蒸发后泌水过程中,形成毛细管通道及在大颗粒骨料下部形成水隙,大大减少了混凝土抵抗荷载的有效截面。受力时,在气泡周围产生应力集中,降低水泥石与骨料的黏结强度。但是如果水灰比过小,混凝土拌合物流动性很小,很难保证浇灌、振实的质量,混凝土中将出现较多的蜂窝和孔洞,强度也将下降。试验证明,混凝土的强度随着水灰比的增加而降低,呈曲线关系,而混凝土强度和灰水比则呈直线关系,如图 4.11 所示。根据工程经验,常用的混凝土强度公式,即保罗米公式为

$$f_{cu,0} = \alpha_a f_{ce}\left(\frac{C}{W} - \alpha_b\right)$$

式中:$f_{cu,0}$——混凝土的 28 d 抗压强度,MPa;

$\quad\quad f_{ce}$——水泥的 28 d 实际强度测定值,MPa;

$\quad\quad C$——1 m^3 混凝土中水泥用量,kg;

$\quad\quad W$——1 m^3 混凝土中用水量,kg;

$\quad\quad \alpha_a$、α_b——回归系数,与骨料品种、水泥品种有关,《普通混凝土配合比设计规程》(JGJ 55—2011)提供的数据如下:

采用碎石:$\quad\quad\quad\quad \alpha_a = 0.53,\quad \alpha_b = 0.20$;

采用卵石:$\quad\quad\quad\quad \alpha_a = 0.49,\quad \alpha_b = 0.13$。

$$f_{ce} = \gamma_c f_{ce,g}$$

式中:$f_{ce,g}$——水泥强度等级值,MPa;

$\quad\quad \gamma_c$——水泥强度等级富余系数,可按实际统计资料确定。

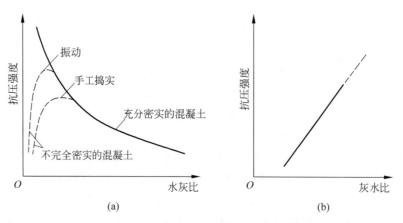

图 4.11　混凝土强度与水灰比及灰水比的关系

(a) 强度与水灰比的关系;(b) 强度与灰水比的关系

2) 水胶比的影响

对于掺加矿物掺合料的混凝土,混凝土的强度不是取决于水灰比,而是取决于水胶比。在现代混凝土中,低水胶比意味着低孔隙率与高强度。

3）矿物掺合料与外加剂的影响

现代混凝土掺加外加剂和矿物掺合料,此时,矿物掺合料的活性、掺量对混凝土的强度尤其是早期强度有显著的影响。外加剂的选择和掺量也直接影响着混凝土的强度。

4）温度和湿度的影响

养护温度和湿度是决定水泥水化速度的重要条件。混凝土养护温度越高,水泥的水化速度越快,达到相同龄期时混凝土的强度越高。但是,初期温度过高将导致混凝土的早期强度发展较快,引起水泥凝胶体结构发育不良,水泥凝胶分布不均匀,对混凝土的后期强度发展不利,有可能降低混凝土的后期强度。较高温度下水化的水泥凝胶多孔,水化产物来不及自水泥颗粒向外扩散和在间隙空间内均匀沉积,结果水化产物在水化颗粒附近位置堆积,分布不均匀影响后期强度的发展。

湿度对水泥的水化能否正常进行有显著的影响。湿度适当,水泥能够顺利进行水化,混凝土强度能够得到充分发展。如果湿度不够,混凝土会失水干燥而影响水泥水化的顺利进行,甚至停止水化,使混凝土结构疏松,渗水性增大,或形成干缩裂缝,降低混凝土的强度和耐久性。

5）骨料的影响

骨料的有害杂质、含泥量、泥块含量、骨料的形状及表面特征、颗粒级配等均影响混凝土的强度。例如含泥量较大将使界面强度降低；骨料中的有机质将影响水泥的水化,从而影响水泥石的强度。

6）龄期的影响

在正常养护条件下,混凝土的强度随龄期的增长而增加。发展趋势可以用下式的对数关系来描述：

$$f_n = f_{28} \frac{\lg n}{\lg 28}$$

式中：f_n——n 龄期混凝土的抗压强度,MPa；

f_{28}——28 d 龄期混凝土的抗压强度,MPa；

n——养护龄期($n \geqslant 3$),d。

随龄期的延长,强度呈对数曲线趋势增长,开始增长速度快,以后逐渐减慢,28 d 以后强度基本趋于稳定。虽然 28 d 以后强度增长很少,但只要温度、湿度条件合适,混凝土的强度仍有所增长。

4.3.3　混凝土的变形性能

1. 化学收缩

由于水泥水化产物的总体积小于水化前反应物的总体积而产生的混凝土收缩称为化学收缩。化学收缩是不可恢复的,其收缩量随混凝土龄期的延长而增加,大致与时间的对数成正比。一般在混凝土成型后 40 d 内收缩量增加较快,以后逐渐趋向稳定。化学收缩范围为 $4 \times 10^{-6} \sim 100 \times 10^{-6}$ mm/mm,可使混凝土内部产生细微裂缝。这些细微裂缝可能会影响混凝土的承载性能和耐久性能。

2．温度变形

混凝土与其他材料一样，也会随着温度的变化产生热胀冷缩的变形。混凝土的温度线膨胀系数为 $1.0\times10^{-5}\sim1.5\times10^{-5}$ mm/(mm·℃)，即温度每升降 1℃，每 1 m 胀缩 0.01～0.015 mm。

混凝土温度变形，除由于降温或升温影响外，还有混凝土内部与外部的温差影响。在混凝土硬化初期，水泥水化放出较多的热量，混凝土又是热的不良导体，散热较慢，因此在大体积混凝土内部的温度较外部高，有时温差可达 50～70 ℃。这将使内部混凝土的体积产生较大的相对膨胀，而外部混凝土却随气温降低而相对收缩。内部膨胀和外部收缩互相制约，在外层混凝土中将产生很大的拉应力，严重时会使混凝土产生裂缝。

3．干燥收缩

混凝土在干燥过程中，首先发生气孔水和毛细孔水的蒸发。气孔水的蒸发并不引起混凝土的收缩。毛细孔水的蒸发使毛细孔中形成负压，随着空气湿度的降低，负压逐渐增大，产生收缩力，导致混凝土收缩。同时，水泥凝胶体颗粒的吸附水也发生部分蒸发，由于分子引力的作用，粒子间距离变小，使凝胶体产生紧缩。混凝土这种体积收缩，在重新吸水后大部分可以恢复，但仍有残余变形不能完全恢复。通常，残余收缩为收缩量的 30%～60%。当混凝土在水中硬化时不会收缩甚至轻微膨胀，这是由于胶凝体中胶体粒子间的距离增大所致。

混凝土的湿胀变形量很小，一般无损坏作用。但干缩变形对混凝土危害较大，在一般条件下，混凝土的极限收缩值达 $50\times10^{-5}\sim90\times10^{-5}$ mm/mm，会使混凝土表面出现拉应力而导致开裂，严重影响混凝土的耐久性。在工程设计中，混凝土的线收缩采用 $15\times10^{-5}\sim20\times10^{-5}$ mm/mm，即 1 m 收缩 0.15～0.20 mm。干缩主要是水泥石产生的，因此，降低水泥用量、减小水灰比是减小干缩的关键。

4．塑性收缩

塑性收缩由沉降、泌水引起，是由于混凝土在新拌状态时表面水分蒸发而引起的变形，一般发生在拌合后 3～12 h 以内，在终凝前比较明显。

塑性收缩是混凝土仍处在塑性状态时发生的，因此也可称为混凝土硬化前或终凝前收缩。塑性收缩一般发生在混凝土路面或板状结构。

在暴露面积较大的混凝土工程中，当表面失水的速率超过混凝土泌水的上升速率时，会造成毛细管负压，新拌混凝土的表面会迅速干燥而产生塑性收缩。此时混凝土的表面已相当稠硬而不具有流动性，若其强度尚不足以抵抗因收缩受到限制而引起的应力时，在混凝土表面即会产生开裂。此种情况往往在新拌混凝土浇捣后的几小时内就会发生。

典型的塑性收缩裂缝是相互平行的，间距为 2.5～7.5 cm，深度为 2.5～5.0 cm。当新拌混凝土被基底或模板材料吸去水分，也会在其接触面上产生塑性收缩而开裂，也可能加剧混凝土表面失水所引起的塑性收缩而开裂。

引起新拌混凝土表面失水的主要原因是水分蒸发速率过大。高的混凝土温度（由水泥水化热所产生）、高的气温、低的相对湿度和高风速等因素，不论是单独作用还是几种因素的综合,都会加速新拌混凝土表面水分的蒸发,增大塑性收缩、开裂的可能性。

5.荷载作用下的变形

1)混凝土的弹塑性变形

混凝土内部结构中含有砂石骨料、水泥石(水泥石中又存在凝胶、晶体和未水化的水泥颗粒)、游离水分和气泡,这就决定了混凝土本身的不均质性。混凝土不是完全的弹性体,而是一种弹塑性体。受力时,混凝土既产生可以恢复的弹性变形,又会产生不可恢复的塑性变形,其应力与应变关系不是直线而是曲线。

在应力应变曲线上任一点的应力 σ 与应变 ε 的比值,叫做混凝土在该应力下的变形模量,反映混凝土所受应力与所产生应变之间的关系。在计算钢筋混凝土变形、裂缝开展及大体积混凝土的温度应力时,均需知道此时混凝土的变形模量。在混凝土结构或钢筋混凝土结构设计中,常采用一种按标准方法测得的静力受压弹性模量 E_c。

混凝土弹性模量受其组成及孔隙率影响,并与混凝土的强度有一定的相关性。混凝土的强度越高,弹性模量也越高。当混凝土的强度等级由 C10 增加到 C60 时,其弹性模量大致由 1.75×10^4 MPa 增至 3.60×10^4 MPa。

混凝土的弹性模量因其骨料与水泥石的弹性模量而异。由于水泥石的弹性模量一般低于骨料的弹性模量,所以混凝土的弹性模量一般略低于其骨料的弹性模量。在材料质量不变的条件下,混凝土的骨料含量较多、水灰比较小、养护较好及龄期较长时,混凝土的弹性模量较大。蒸汽养护的弹性模量比标准养护的低。

2)徐变

混凝土在恒定荷载的长期作用下,沿着作用力方向的变形随时间不断增加,一般要延续 2~3 年才逐渐趋于稳定。这种在长期荷载作用下产生的变形,称为徐变。图 4.12 表示混凝土的徐变曲线。当混凝土受荷载作用后,即产生瞬时变形,瞬时变形以弹性变形为主。随着荷载持续时间的增长,徐变逐渐增加,且在荷载作用初期增长较快,以后逐渐减慢并稳定,一般可达 $3 \times 10^{-4} \sim 15 \times 10^{-4}$ mm/mm,即 0.3~1.5 mm/m,为瞬时变形的 2~4 倍。混凝土在变形稳定后,如卸去荷载,则部分变形可以瞬时恢复,部分变形在一段时间内逐渐恢复(称为徐变恢复),但仍会残余大部分不可恢复的永久变形(称为残余变形)。

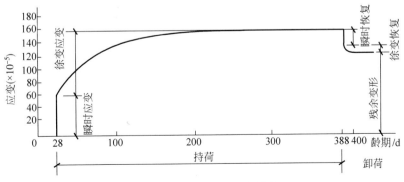

图 4.12 混凝土的徐变与恢复

一般认为，混凝土的徐变是由于水泥石中凝胶体在长期荷载作用下的黏性流动引起，水由凝胶孔向毛细孔内迁移的结果。在混凝土较早龄期时，水泥尚未充分水化，所含凝胶体较多，且水泥石中毛细孔较多，凝胶体易流动，所以徐变发展较快；在晚龄期时，由于水泥继续硬化，凝胶体含量相对减少，毛细孔亦减少，徐变发展渐慢。

混凝土徐变可以消除钢筋混凝土内部的应力集中，使应力重新较均匀地分布，对大体积混凝土还可以消除一部分由于温度变形所产生的破坏应力。但在预应力钢筋混凝土结构中，徐变会使钢筋的预加应力受到损失，使结构的承载能力受到影响。

影响混凝土徐变的因素很多，包括荷载大小、持续时间、混凝土的组成特性以及环境温湿度等，而最根本的是水灰比与水泥用量，即水泥用量越大，水灰比越大，徐变越大。

4.3.4　混凝土的耐久性

混凝土的耐久性是指混凝土抵抗环境介质物理和化学作用并长期保持其良好使用性能的能力。

1. 混凝土的抗渗性

混凝土的抗渗性是指混凝土抵抗压力水渗透的能力。混凝土渗水是由于内部孔隙形成连通的渗水孔道。这些孔道主要来源于水泥浆中多余水分蒸发而留下的气孔，水泥浆泌水所产生的毛细管孔道，内部的微裂缝以及施工振捣不密实产生的蜂窝、孔洞，这些都会导致混凝土渗水。混凝土的抗渗性以抗渗等级来表示。抗渗等级是以 28 d 龄期的标准抗渗试件，按规定方法试验，以不渗水时所能承受的最大水压力来表示，抗渗混凝土是指抗渗等级不低于 P6 的混凝土。

2. 混凝土抗冻性

混凝土的抗冻性是指混凝土在水饱和状态下，能经受多次冻融循环作用而不破坏，同时也不严重降低强度的性能。混凝土抗冻性一般以抗冻等级（快冻法）或抗冻标号（慢冻法）表示。抗冻等级是混凝土试件在水冻水融条件下，以相对动弹性模量下降至不低于 60% 或者质量损失率不超过 5% 的最大冻融循环次数来确定，并用符号 F 表示。抗冻标号是混凝土试件在气冻水融条件下，以抗压强度损失率不超过 25% 或者质量损失率不超过 5% 时的最大冻融循环次数来确定，并用符号 D 表示。《混凝土质量控制标准》（GB 50164—2011）将混凝土抗冻性能等级划分为：抗冻等级（快冻法）F50、F100、F150、F200、F250、F300、F350、F400、>F400；抗冻标号（慢冻法）D50、D100、D150、D200、>D200。

混凝土受冻融作用时，混凝土内部的孔隙水在负温下结冰后体积膨胀造成静水压力，与因冷冻水压的差别推动未冻水向冻结区的迁移造成渗透压力，当这两种压力所产生的内应力超过混凝土抗拉强度时，混凝土就会产生裂缝，多次冻融使裂缝不断扩展直至破坏。

3. 混凝土抗侵蚀性

混凝土的抗侵蚀性是指混凝土在含有侵蚀性介质环境中遭受到化学侵蚀、物理作用而不破坏的能力。当混凝土所处使用环境中有侵蚀性介质时，混凝土很可能遭受侵蚀，通常有软水侵蚀、硫酸盐侵蚀、镁盐侵蚀、碳酸侵蚀、一般酸侵蚀与强碱腐蚀等。随着混凝土在海洋、盐渍、高寒等环境中的大量使用,对混凝土的抗侵蚀性提出了更严格的要求。混凝土的抗侵蚀性主要取决于水泥的品种、混凝土的密实度与孔隙特征等。

4. 混凝土的碳化

混凝土的碳化是空气中的 CO_2 与水泥石中的水化产物在有水的条件下发生化学反应,生成碳酸钙和水的过程,碳化也叫中性化。碳化过程是 CO_2 由表及里向混凝土内部逐渐扩散的过程。未经碳化的混凝土 pH 值为 $12\sim13$,碳化后 pH 值为 $8.5\sim10$,接近中性。混凝土碳化程度常用碳化深度表示。

碳化对混凝土性能有明显的影响。首先是减弱对钢筋的保护作用。由于水泥水化过程中生成大量的 $Ca(OH)_2$,使混凝土孔隙中充满饱和的 $Ca(OH)_2$ 溶液,其 pH 值可以达到 $12.6\sim13$。这种强碱性环境能使混凝土中的钢筋表面生成一层钝化薄膜,从而保护钢筋免于锈蚀。碳化作用降低了混凝土的碱度,当 pH 值低于 10 时,钢筋表面钝化膜破坏,导致钢筋锈蚀。其次,当碳化深度超过钢筋的保护层时,钢筋不但易发生锈蚀,还会因此引起体积膨胀,使混凝土保护层开裂或剥落,进而又加速混凝土的进一步碳化。碳化作用还会引起混凝土的收缩,使混凝土表面碳化层产生拉应力,可能产生微细裂缝,从而降低了混凝土的抗折强度。

5. 碱骨料反应

混凝土中的碱性氧化物(Na_2O、K_2O)与骨料中的活性 SiO_2、活性碳酸盐发生化学反应生成碱-硅酸盐凝胶或碱-碳酸盐凝胶,沉积在骨料与水泥胶体的界面上,吸水后体积膨胀 3 倍以上,会导致混凝土开裂破坏。

6. 提高混凝土耐久性的主要措施

(1) 合理选择水泥品种。

(2) 控制混凝土的水灰比及水泥用量。水灰比是决定混凝土密实性的主要因素,它不仅影响混凝土的强度,而且也严重影响其耐久性,故必须控制水灰比。保证足够的水泥用量同样可以起到提高混凝土密实性和耐久性的作用。

(3) 选用无碱活性、质量良好的砂、石骨料。质量良好、技术条件合格的砂、石骨料是保证混凝土耐久性的重要条件。改善粗细骨料级配,在允许的最大粒径范围内尽量选用较大粒径的粗骨料,可减小骨料的空隙率和比表面积,也有助于提高混凝土的耐久性。

(4) 掺入引气剂或减水剂。掺入引气剂或减水剂对提高抗渗性能、抗冻性能等有良好的作用,在某些情况下,还能节约水泥。

(5) 掺用矿物掺合料。矿物掺合料也称矿物外加剂或矿物超细粉,可以提高混凝土的和易性、强度及耐久性。

(6) 加强混凝土的施工质量控制。混凝土施工中,应当搅拌均匀、浇灌和振捣密实并加强养护,以保证混凝土的施工质量。

4.4　混凝土的质量控制与强度评定

为了保证生产的混凝土满足设计要求,应加强混凝土的质量控制。混凝土的质量控制包括初步控制、生产控制和合格控制。①初步控制:混凝土生产前对设备的调试、原材料的检验与控制以及混凝土配合比的确定与调整。②生产控制：混凝土生产中对混凝土组成材料的剂量，混凝土拌合物的搅拌、运输、浇筑和养护等工序的控制。③合格控制：对浇筑混凝土进行强度或其他技术指标检验评定，主要有批量划分、确定批取样数、确定检测方法和验收界限等内容。混凝土的质量是由其性能检验结果来评定的。在施工中，力求做到既要保证混凝土所要求的性能，又要保证其质量的稳定性。但实践中，由于原材料、施工条件及试验条件等复杂因素的影响，必然造成混凝土质量的波动。混凝土的质量波动将直接反映到其最终的强度上，而混凝土的抗压强度与其他性能有较好的相关性，因此，在混凝土生产质量管理中，常以混凝土的抗压强度作为评定和控制其质量的主要指标。

4.4.1　混凝土的质量控制

1. 混凝土强度的波动规律

对某种混凝土随机取样测定强度，其数据经过整理绘成强度概率分布曲线，一般均接近正态分布曲线，如图 4.13 所示。曲线高峰为混凝土平均强度 $\bar{f}_{cu}$ 的概率。以平均强度为对称轴，左右两边曲线是对称的。概率分布曲线窄而高，说明强度测定值比较集中，波动较小，混凝土的均匀性好，施工水平较高。如果曲线宽而矮，则说明强度值离散程度大，混凝土的均匀性差，施工水平较低。在数理统计方法中，常用强度平均值、标准差、变异系数和强度保证率等统计参数来评定混凝土质量。

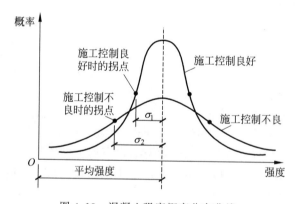

图 4.13　混凝土强度概率分布曲线

1）强度平均值 $\bar{f}_{cu}$

$$\bar{f}_{cu} = \frac{1}{n} \sum_{i=1}^{n} f_{cu,i}$$

式中：n——试件组数；

　　　　$f_{cu,i}$——第 i 组抗压强度，MPa。

强度平均值仅代表混凝土强度总体的平均水平，并不反映混凝土强度的波动情况。

2）标准差 σ

$$\sigma = \sqrt{\dfrac{\sum\limits_{i=1}^{n} f_{cu,i}^2 - n\overline{f}_{cu}^2}{n-1}}$$

式中：$\overline{f}_{cu}$——抗压强度平均值，MPa。

标准差又称均方差，它表明分布曲线的拐点距强度平均值的距离。σ 越大，说明其强度离散程度越大，混凝土质量也越不稳定。

3）变异系数 C_v

$$C_v = \sigma / \overline{f}_{cu}$$

变异系数又称离散系数，是混凝土质量均匀性的指标。C_v 越小，说明混凝土质量越稳定，混凝土生产的质量水平越高。

4）混凝土强度保证率

在混凝土强度质量控制中，除必须考虑到所生产的混凝土强度质量的稳定性之外，还必须考虑符合设计要求的强度等级的合格率。它是指在混凝土总体中，不小于设计要求的强度等级标准值（$f_{cu,k}$）的概率 P。

概率度 t 将强度概率分布曲线转换为标准正态分布曲线。如图 4.14 所示，曲线与横轴间的总面积（即概率的总和）为阴影部分即混凝土的强度保证率，其计算方法如下。

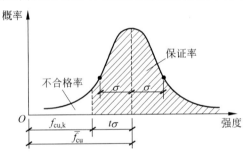

图 4.14 强度标准正态分布曲线

先计算概率度 t

$$t = \frac{f_{cu,k} - \overline{f}_{cu}}{\sigma} = \frac{f_{cu,k} - \overline{f}_{cu}}{C_v \overline{f}_{cu}}$$

标准正态分布曲线方程为

$$P(t) = \int_t^{+\infty} \Phi(t)\,\mathrm{d}t = \frac{1}{\sqrt{2\pi}} \int_t^{+\infty} \mathrm{e}^{-\frac{t^2}{2}}\,\mathrm{d}t$$

由概率度 t，再根据标准正态分布曲线方程求得概率度 t 与强度保证率 P 的关系，如表 4.10 所示。

表 4.10 不同 t 值的保证率 P

t	0.00	-0.50	-0.84	-1.00	-1.20	-1.28	-1.40	-1.60
$P/\%$	50.0	69.2	80.0	84.1	88.5	90.0	91.9	94.5
t	-1.645	-1.70	-1.81	-1.88	-2.00	-2.05	-2.33	-3.00
$P/\%$	95.0	95.5	96.5	97.0	97.7	99.0	99.4	99.9

工程中 P 值可根据统计周期内混凝土试件强度不低于要求等级标准值的组数 N_0 与试件总数 $N(N \geqslant 25)$ 之比求得，即

$$P = \frac{N_0}{N} \times 100\%$$

我国在《混凝土强度检验评定标准》（GB/T 50107—2010）中规定，根据统计周期内混凝土强度标准差 σ 值和保证率 $P(\%)$，可将混凝土生产单位的生产管理水平划分为优良、一般及差三个等级，见表 4.11。

表 4.11　混凝土生产管理水平

评定指标	生产单位	优良		一般		差	
		<C20	≥C20	<C20	≥C20	<C20	≥C20
混凝土强度标准差 σ/MPa	预拌混凝土和预制混凝土的构件厂	≤3.0	≤3.5	≤4.0	≤5.0	>5.0	>5.0
	集中搅拌混凝土的施工现场	≤3.5	≤4.0	≤4.5	≤5.5	>4.5	>5.5
强度等于和高于要求强度等级的百分率 P/%	预拌混凝土厂和预制混凝土的构件厂及集中搅拌混凝土的施工现场	≥95		>85		≤85	

2. 混凝土配制强度

根据混凝土保证率概念可知，如果按设计的强度等级（$f_{cu,k}$）配制混凝土，则其强度保证率只有 50%。为使混凝土强度保证率满足规定的要求，在设计混凝土配合比时，必须使配制强度高于混凝土设计要求强度，则有

$$f_{cu,t} = f_{cu,k} - t\sigma$$

可见，设计要求的保证率越大，配制强度就要求越高；强度质量稳定性差，配制强度应越大。根据《普通混凝土配合比设计规程》（JGJ 55—2011）规定，工业与民用建筑及一般构筑物所采用的普通混凝土的强度保证率为 95%，由表 4.10 知 $t = -1.645$，即得

$$f_{cu,t} = f_{cu,k} + 1.645\sigma$$

式中：$f_{cu,t}$——混凝土配制强度，MPa；

$f_{cu,k}$——混凝土立方体抗压强度标准值，MPa；

σ——混凝土强度标准差，MPa。

4.4.2　混凝土强度的评定

1. 统计方法评定

混凝土强度进行分批检验评定。一个验收批的混凝土应由强度等级相同、龄期相同以及生产工艺条件和配合比基本相同的混凝土组成。当混凝土的生产条件在较长时间内能保持一致，且同一品种混凝土的强度变异性能保持稳定时（即标准差已知时），应由连续的三组试件组成一个验收批。其强度应同时满足下列要求：

$$m_{f_{cu}} \geqslant f_{cu,k} + 0.7\sigma_0$$

$$f_{cu,min} \geqslant f_{cu,k} - 0.7\sigma_0$$

检验批混凝土立方体抗压强度的标准差应按下式计算：

$$\sigma_0 = \sqrt{\frac{\sum\limits_{i=1}^{n} f_{cu,i}^2 - nm_{f_{cu}}^2}{n-1}}$$

当混凝土强度等级不高于 C20 时，其强度的最小值还应满足下式要求：

$$f_{cu,min} \geqslant 0.85 f_{cu,k}$$

当混凝土强度等级高于 C20 时，其强度的最小值还应满足下式要求：

$$f_{cu,min} \geqslant 0.90 f_{cu,k}$$

式中：$m_{f_{cu}}$——同一验收批混凝土立方体抗压强度的平均值，MPa；

$f_{cu,k}$——混凝土立方体抗压强度标准值，MPa；

σ_0——验收批混凝土立方体抗压强度的标准差，MPa；

$f_{cu,i}$——前一检验期内同一品种、同一强度等级的第 i 组混凝土试件的立方体抗压强度代表值 MPa，该检验期为 60~90 d；

n——前一检验期内的样本容量，在该期间内样本容量不应少于 45；

$f_{cu,min}$——同一验收批混凝土立方体抗压强度的最小值，MPa。

当混凝土的生产条件在较长时间内不能保持一致且混凝土强度变异不能保持稳定时，或在前一个检验期内的同一品种混凝土没有足够的数据用以确定验收批混凝土立方体抗压强度的标准差时，应由不少于 10 组的试件组成一个验收批，其强度应同时满足下列公式的要求：

$$m_{f_{cu}} \geqslant f_{cu,k} + \lambda_1 S_{f_{cu}}$$

$$f_{cu,min} \geqslant \lambda_2 f_{cu,k}$$

同一检验批混凝土立方体抗压强度的标准差应按下列公式计算：

$$S_{f_{cu}} = \sqrt{\frac{\sum\limits_{i=1}^{n} f_{cu,i}^2 - nm_{f_{cu}}^2}{n-1}}$$

式中：$S_{f_{cu}}$——同一检验批混凝土立方体抗压强度的标准差，MPa，当 $S_{f_{cu}}$ 的计算值小于 2.5 MPa 时，应取 2.5 MPa；

λ_1、λ_2——合格评定系数，按表 4.12 取用；

n——本检验期内的样本容量。

表 4.12 混凝土强度的合格评定系数

试件组数	10~14	15~19	≥20
λ_1	1.15	1.05	0.95
λ_2	0.90	0.85	0.85

2．非统计方法评定

当用于评定的样本容量小于 10 组时，应采用非统计方法评定混凝土强度，其实际强度应同时满足以下要求：

$$m_{f_{cu}} \geqslant \lambda_3 f_{cu,k}$$

$$f_{cu,min} \geqslant \lambda_4 f_{cu,k}$$

式中：λ_3，λ_4——合格评定系数。当混凝土强度等级小于 C60 时，分别取 1.15、0.95，当混凝土强度等级大于等于 C60 时，分别取 1.10、0.95。

若按上述方法检验，发现不满足合格条件时，则该批混凝土强度判为不合格。对不合格批次混凝土制成的结构或构件应进行鉴定，对鉴定不合格的结构或构件必须及时进行处理。

当对混凝土试件强度的代表性有怀疑时，可采用从结构或构件中钻取试样的方法或采用非破损检验方法，按有关标准的规定对结构或构件中混凝土的强度进行推定。

4.5　混凝土配合比设计

混凝土配合比设计就是根据工程要求、结构形式和施工条件来确定各组成材料数量之间的比例关系。常用的表示方法有两种：一种是以每立方米混凝土中各项材料的质量表示；另外一种是以各项材料相互间的质量比来表示。

在某种意义上，混凝土是一门试验科学，要想配制出品质优异的混凝土，必须具备先进的、科学的设计理念，加上丰富的工程实践经验，在实验室试验完成。但初学者首先必须掌握混凝土的标准设计与配制方法。

4.5.1　混凝土配合比的设计原则

设计混凝土配合比的目的，就是要根据原材料的技术性能及施工条件，合理选择原材料，并确定出能满足工程要求的技术经济指标的各项组成材料的用量。普通混凝土配合比设计，应根据工程特点、原材料的质量、施工方法等因素，通过理论计算和试配确定，使混凝土组成材料之间用量的比例关系符合设计要求的强度和耐久性、施工要求的和易性，同时还应符合合理使用材料、节约水泥等经济原则。

4.5.2　混凝土配合比设计的技术理念与参数

传统混凝土配合比设计方法以保罗米公式为基础，以强度为主线，目前我国行业标准依然采用改进的保罗米公式计算水胶比。传统混凝土的四种主要组成材料的相对比例通常由水灰比、砂率和用水量这三个参数进行控制。现代混凝土使用粉煤灰、矿渣粉等矿物细粉掺合料，胶凝材料不再单一由水泥组成。虽然混凝土主要还是由水化产物形成硬化体，产生强度，但是其内涵已发生很大变化。经过修订的行业标准《普通混凝土配合比设计规程》(JGJ 55—2011)，将过去使用的"水灰比"概念更替为"水胶比"；取消了最小水泥用量的提法，改为最小胶凝材料用量；提出了矿物掺合料掺量的相关规定；利用胶凝材料胶砂 28 d 强度与混凝土 28 d 强度的关系，修订了保罗米公式。

4.5.3　混凝土配合比设计规范与方法

《普通混凝土配合比设计规程》(JGJ 55—2011)规定,混凝土配合比设计应满足混凝土配制强度及其他力学性能、拌合物性能、长期性能和耐久性能的设计要求。混凝土拌合物性能、力学性能、长期性能和耐久性能的试验方法应分别符合现行国家标准《普通混凝土拌合物性能试验方法标准》(GB/T 50080—2016)、《混凝土物理力学性能试验方法标准》(GB/T 50081—2019)和《普通混凝土长期性能和耐久性能试验方法标准》(GB/T 50082—2019)的规定。

《普通混凝土配合比设计规程》(JGJ 55—2011)还规定,混凝土配合比设计应采用工程实际使用的原材料;配合比设计所采用的细骨料含水率应小于0.5%,粗骨料含水率应小于0.2%。

混凝土的最大水胶比应符合现行国家标准《混凝土结构设计规范》(GB 50010—2010)2015年版的规定。

《普通混凝土配合比设计规程》(JGJ 55—2011)规定,除配制C15及其以下强度等级的混凝土外,混凝土的最小胶凝材料用量应符合表4.13的规定。

表 4.13　混凝土的最小胶凝材料用量　　　　　　　　单位: kg/m³

最大水胶比	最小胶凝材料用量		
	素混凝土	钢筋混凝土	预应力混凝土
0.60	250	280	300
0.55	280	300	300
0.50	320		
≤0.45	330		

关于矿物掺合料的掺量,《普通混凝土配合比设计规程》(JGJ 55—2011)规定,应通过试验确定。采用硅酸盐水泥或普通硅酸盐水泥时,钢筋混凝土中矿物掺合料最大掺量宜符合表4.14的规定,预应力混凝土中矿物掺合料最大掺量宜符合表4.15的规定。对于基础大体积混凝土,粉煤灰、粒化高炉矿渣粉和复合掺合料的最大掺量可增加5%。采用掺量大于30%的C类粉煤灰的混凝土应以实际使用的水泥和粉煤灰掺量进行安定性检验。

表 4.14　钢筋混凝土中矿物掺合料最大掺量

矿物掺合料种类	水胶比	最大掺量/%	
		采用硅酸盐水泥	采用普通硅酸盐水泥
粉煤灰	≤0.40	45	35
	>0.40	40	30
粒化高炉矿渣粉	≤0.40	65	55
	>0.40	55	45
钢渣粉	—	30	20
磷渣粉	—	30	20
硅灰	—	10	10

续表

矿物掺合料种类	水胶比	最大掺量/%	
		采用硅酸盐水泥	采用普通硅酸盐水泥
复合掺合料	≤0.40	65	55
	>0.40	55	45

注：1. 采用其他通用硅酸盐水泥时，宜将水泥混合材掺量20%以上的混合材量计入掺合料；

  2. 复合掺合料各组分的掺量不宜超过单掺时的最大掺量；

  3. 在混合材使用两种或两种以上矿物掺合料时，矿物掺合料总掺量应符合表中复合掺合料的规定。

表 4.15　预应力混凝土中矿物掺合料最大掺量

矿物掺合料种类	水胶比	最大掺量/%	
		采用硅酸盐水泥	采用普通硅酸盐水泥
粉煤灰	≤0.40	35	30
	>0.40	25	20
粒化高炉矿渣粉	≤0.40	55	45
	>0.40	45	35
钢渣粉	—	20	10
磷渣粉	—	20	10
硅灰	—	10	10
复合掺合料	≤0.40	55	45
	>0.40	45	35

注：1. 采用其他通用硅酸盐水泥时，宜将水泥混合材掺量20%以上的混合材量计入掺合料；

  2. 复合掺合料各组分的掺量不宜超过单掺时的最大掺量；

  3. 在混合使用两种或两种以上矿物掺合料时，矿物掺合料总掺量应符合表中复合掺合料的规定。

关于混凝土中的含气量，《普通混凝土配合比设计规程》(JGJ 55—2011)也有明确规定，长期处于潮湿或水位变动的寒冷和严寒环境以及盐冻环境的混凝土应掺用引气剂。引气剂掺量应根据混凝土含气量要求经试验确定，混凝土最小含气量应符合表 4.16 的规定，最大不宜超过 7.0%。

表 4.16　混凝土最小含气量

粗骨料最大公称粒径 /mm	混凝土最小含气量/%	
	潮湿或水位变动的寒冷和严寒环境	盐冻环境
40.0	4.5	5.0
25.0	5.0	5.5
20.0	5.5	6.0

注：含气量为气体占混凝土体积的百分比。

对于有预防混凝土碱骨料反应设计要求的工程，宜掺用适量粉煤灰或其他矿物掺合料，混凝土中最大碱含量不应大于 3.0 kg/m³；对于矿物掺合料碱含量，粉煤灰碱含量可取实测值的 1/6，粒化高炉矿渣碱含量可取实测值的 1/2。

4.5.4 混凝土配合比设计步骤

混凝土配合比设计步骤包括配合比计算、试配和调整、施工配合比的确定等。

混凝土初步配合比计算应按下列步骤进行：①计算配制强度 $f_{cu,0}$，并求出相应的水胶比；②选取每立方米混凝土的用水量，并计算出每立方米混凝土的水泥和掺合料用量；③选取砂率，计算粗骨料和细骨料的用量，并提出供试配用的初步配合比。

1. 配制强度的确定

《普通混凝土配合比设计规程》(JGJ 55—2011)中规定，混凝土配制强度应按以下两种情况确定：

1) 当混凝土的设计强度等级小于 C60 时，配制强度应按下式确定：

$$f_{cu,0} \geqslant f_{cu,k} + 1.645\sigma$$

式中：$f_{cu,0}$——混凝土配制强度，MPa；

$f_{cu,k}$——混凝土立方体抗压强度标准值，这里取混凝土的设计强度等级值，MPa；

σ——混凝土强度标准差，MPa。

2) 当设计强度不小于 C60 时，配制强度应按下式确定：

$$f_{cu,0} \geqslant 1.15 f_{cu,k}$$

混凝土强度标准差应按下列规定确定：

(1) 当具有近 1～3 个月的同一品牌、同一强度等级混凝土的强度资料，且试件组数不小于 30 时，其混凝土强度标准差 σ 应按下式计算：

$$\sigma = \sqrt{\frac{\sum_{i=1}^{n} f_{cu,i}^2 - nm_{f_{cu}}^2}{n-1}}$$

式中：σ——混凝土强度标准差，MPa；

$f_{cu,i}$——第 i 组的试件强度，MPa；

$m_{f_{cu}}$——n 组试件的强度平均值，MPa；

n——试件组数。

对于强度等级不大于 C30 的混凝土，当混凝土强度标准差计算值不小于 3.0 MPa 时，应按上式计算结果取值；当混凝土强度标准差计算值小于 3.0 MPa 时，应取 3.0 MPa。

对于强度等级大于 C30 且小于 C60 的混凝土，当混凝土强度标准差计算值不小于 4.0 MPa 时，应按上式计算结果取值；当混凝土强度标准差计算值小于 4.0 MPa 时，应取 4.0 MPa。

(2) 当没有近期的同一品种、同一强度等级混凝土强度资料时，其强度标准差 σ 可按表 4.17 取值。

表 4.17 标准差 σ 值

混凝土强度等级	≤C20	C25～C45	C50～C55
标准差值/MPa	4.0	5.0	6.0

2. 水胶比的初步确定

《普通混凝土配合比设计规程》（JGJ 55—2011）中规定，当混凝土强度等级低于 C60 时，混凝土水胶比宜按下式计算：

$$W/B = \frac{\alpha_a f_b}{f_{cu,0} + \alpha_a \alpha_b f_b}$$

式中：W/B——混凝土水胶比；

α_a、α_b——回归系数，按表 4.18 取值；

f_b——胶凝材料 28 d 胶砂抗压强度，MPa，可实测，且试验方法应按现行国家标准《水泥胶砂强度检验方法（ISO 法）》（GB/T 17671—2021）执行。

回归系数（α_a、α_b）宜按下列规定确定：

（1）根据工程所使用的原材料，通过试验建立的水胶比与混凝土强度关系式来确定；

（2）当不具备上述试验统计资料时，可按表 4.18 选用。

表 4.18　回归系数取值表

回归系数	粗骨料品种	
	碎石	卵石
α_a	0.53	0.49
α_b	0.20	0.13

当胶凝材料 28 d 胶砂抗压强度值（f_b）无实测值时，可按下式计算：

$$f_b = \gamma_f \gamma_s f_{ce}$$

式中：γ_f、γ_s——粉煤灰影响系数和粒化高炉矿渣粉影响系数，可按表 4.19 选用；

f_{ce}——水泥 28 d 胶砂抗压强度，MPa，可实测。

表 4.19　粉煤灰影响系数和粒化高炉矿渣粉影响系数

掺量/%	种类	
	粉煤灰影响系数（γ_f）	粒化高炉矿渣粉影响系数（γ_s）
0	1.00	1.00
10	0.85～0.95	1.00
20	0.75～0.85	0.95～1.00
30	0.65～0.75	0.90～1.00
40	0.55～0.65	0.80～0.90
50	—	0.70～0.85

注：1. 采用Ⅰ级、Ⅱ级粉煤灰宜取上限值；

2. 采用 S75 级粒化高炉矿渣粉宜取下限值，采用 S95 级粒化高炉矿渣粉宜取上限值，采用 S105 级粒化高炉矿渣粉可取上限值加 0.05；

3. 当超出表中的掺量时，粉煤灰和粒化高炉矿渣粉影响系数应经试验确定。

当水泥 28 d 胶砂抗压强度（f_{ce}）无实测值时，可按下式计算：

$$f_{ce} = \gamma_c f_{ce,g}$$

式中：γ_c——水泥强度等级值的富余系数，可按实际统计资料确定，当缺乏实际统计资料时，也可按表 4.20 选用；

　　　$f_{ce,g}$——水泥强度等级值，MPa。

表 4.20　水泥强度等级值的富余系数

水泥强度等级值/MPa	32.5	42.5	52.5
富余系数（γ_c）	1.12	1.16	1.10

3. 每立方米混凝土用水量的确定

每立方米干硬性或塑性混凝土的用水量（m_{w0}）应符合下列规定：

（1）混凝土水胶比在 0.40～0.80 范围时，可按表 4.21 和表 4.22 取值；

（2）混凝土水胶比小于 0.40 时，可通过试验确定。

表 4.21　干硬性混凝土的用水量　　　　单位：kg/m³

拌合物稠度		卵石最大公称粒径/mm			碎石最大公称粒径/mm		
项目	指标	10.0	20.0	40.0	16.0	20.0	40.0
维勃稠度/s	16～20	175	160	145	180	170	155
	11～15	180	165	150	185	175	160
	5～10	185	170	155	190	180	165

表 4.22　塑性混凝土的用水量　　　　单位：kg/m³

拌合物稠度		卵石最大公称粒径/mm				碎石最大公称粒径/mm			
项目	指标	10.0	20.0	31.5	40.0	16.0	20.0	31.5	40.0
坍落度/mm	10～30	190	170	160	150	200	185	175	165
	35～50	200	180	170	160	210	195	185	175
	55～70	210	190	180	170	220	205	195	185
	75～90	215	195	185	175	230	215	205	195

注：1. 本表用水量是采用中砂的取值，采用细砂时，每立方米混凝土用水量可增加 5～10 kg；采用粗砂时，可减少 5～10 kg。

　　2. 掺用矿物掺合料和外加剂时，用水量应相应调整。

若掺用外加剂时，每立方米流动性或大流动性混凝土的用水量（m_{w0}）可按下式计算：

$$m_{w0} = m'_{w0}(1 - \beta)$$

式中：m_{w0}——计算配合比每立方米混凝土的用水量，kg/m³；

　　　m'_{w0}——未掺外加剂时推定的满足实际坍落度要求的每立方米混凝土用水量，kg/m³，以 90 mm 坍落度的用水量为基础，按每增大 20 mm 坍落度相应增加 5 kg/m³ 用水量来计算，当坍落度增大到 180 mm 以上时，随坍落度相应增加的用水量可减少；

　　　β——外加剂的减水率，%，应经混凝土试验确定。

每立方米混凝土中外加剂用量（m_{a0}）应按下式计算：

$$m_{a0} = m_{b0}\beta_a$$

式中：m_{a0}——计算配合比每立方米混凝土中外加剂用量，kg/m^3；

　　　　m_{b0}——计算配合比每立方米混凝土中胶凝材料用量，kg/m^3；

　　　　β_a——外加剂掺量，%，应经混凝土试验确定。

4. 每立方米混凝土胶凝材料用量

每立方米混凝土的胶凝材料用量应按下式计算（计算时应进行试拌调整，在拌合物性能满足的情况下，取经济合理的胶凝材料用量）：

$$m_{b0} = \frac{m_{w0}}{W/B}$$

每立方米混凝土的矿物掺合料用量应按下式计算：

$$m_{f0} = m_{b0}\beta_f$$

式中：m_{f0}——计算配合比每立方米混凝土中矿物掺合料用量，kg/m^3；

　　　　β_f——矿物掺合料用量，%。

每立方米混凝土的水泥用量应按下式计算：

$$m_{c0} = m_{b0} - m_{f0}$$

式中：m_{c0}——计算配合比每立方米混凝土中水泥用量，kg/m^3。

5. 砂率的确定

砂率（β_s）应根据骨料的技术指标、混凝土拌合物性能和施工要求，参考既有历史资料确定。

当缺乏砂率的历史资料时，混凝土砂率的确定应符合下列规定：

(1) 坍落度小于 10 mm 的混凝土，其砂率应经试验确定；

(2) 坍落度为 10～60 mm 的混凝土，其砂率可根据粗骨料品种、最大公称粒径及水胶比按表 4.23 选取；

(3) 坍落度大于 60 mm 的混凝土，其砂率可经试验确定，也可在表 4.23 的基础上，按坍落度每增大 20 mm，砂率增大 1%的幅度予以调整。

表 4.23　混凝土的砂率　　　　　　　　　　　　　　　单位：%

水胶比	卵石最大公称粒径/mm			碎石最大公称粒径/mm		
	10.0	20.0	40.0	16.0	20.0	40.0
0.40	26～32	25～31	24～30	30～35	29～34	27～32
0.50	30～35	29～34	28～33	33～38	32～37	30～35
0.60	33～38	32～37	31～36	36～41	35～40	33～38
0.70	36～41	35～40	34～39	39～44	38～43	36～41

注：1. 本表数值是中砂的选用砂率，对细砂和粗砂，可相应的减小或增大砂率；

　　2. 采用人工砂配制混凝土时，砂率可适当增大；

　　3. 只用一个单粒级粗骨料配制混凝土时，砂率应适当增大。

6. 粗、细骨料用量

当采用质量法计算混凝土配合比时,粗、细骨料用量及砂率应按下列公式计算:

$$m_{f0} + m_{c0} + m_{g0} + m_{s0} + m_{w0} = m_{cp} \tag{a}$$

$$\beta_s = \frac{m_{s0}}{m_{s0} + m_{g0}} \times 100\% \tag{b}$$

式中：m_{g0}——计算配合比每立方米混凝土的粗骨料用量,kg/m^3;

m_{s0}——计算配合比每立方米混凝土的细骨料用量,kg/m^3;

β_s——砂率,%;

m_{cp}——每立方米混凝土拌合物的假定质量,kg/m^3,可取 $2350 \sim 2450\ kg/m^3$。

当采用体积法计算混凝土配合比时,砂率计算公式不变,粗、细骨料用量应按下式计算:

$$\frac{m_{c0}}{\rho_c} + \frac{m_{f0}}{\rho_f} + \frac{m_{g0}}{\rho_g} + \frac{m_{s0}}{\rho_s} + \frac{m_{w0}}{\rho_w} + 0.01\alpha = 1 \tag{c}$$

式中：ρ_c——水泥密度,kg/m^3,可按现行国家标准《水泥密度测定方法》(GB/T 208—2014)测定,也可取 $2\,900 \sim 3\,100\ kg/m^3$;

ρ_f——矿物掺合料密度,kg/m^3,可按现行国家标准《水泥密度测定方法》(GB/T 208—2014)测定;

ρ_g——粗骨料的表观密度,kg/m^3,应按现行行业标准《普通混凝土用砂、石质量及检验方法标准》(JGJ 52—2006)测定;

ρ_s——细骨料的表观密度,kg/m^3,应按现行行业标准《普通混凝土用砂、石质量及检验方法标准》(JGJ 52—2006)测定;

ρ_w——水的密度,kg/m^3,可取 $1\,000\ kg/m^3$;

α——混凝土的含气量百分数,在不使用引气剂或引气型外加剂时,可取 1。

《混凝土结构设计规范》(GB 50010—2010)关于设计使用年限为 50 年的混凝土结构,其混凝土材料宜符合表 4.24 的规定。

表 4.24　结构混凝土材料的耐久性基本要求

环境等级	最大水胶比	最低强度等级	最大氯离子含量/%	最大碱含量/($kg \cdot m^{-3}$)
一	0.60	C20	0.30	不限制
二 a	0.55	C25	0.20	3.0
二 b	0.50(0.55)	C30(C25)	0.15	
三 a	0.45(0.50)	C35(C30)	0.15	
三 b	0.40	C40	0.10	

注：1. 氯离子含量是指其占胶凝材料总量的百分比;

　　2. 预应力构件混凝土中的最大氯离子含量为 0.06%,其最低混凝土强度等级宜按表中的规定提高两个等级;

　　3. 素混凝土构件的水胶比及最低强度等级的要求可适当放松;

　　4. 有可靠工程经验时,二类环境中的最低混凝土强度等级可降低一个等级;

　　5. 处于严寒和寒冷地区二 b、三 a 类环境中的混凝土应使用引气剂,并可采用括号中的有关参数;

　　6. 当使用非活性骨料时,对混凝土中的碱含量可不作限制。

4.5.5　配合比的试配、调整与确定

1. 混凝土的试配

混凝土试配应采用强制式搅拌机进行搅拌，并应符合现行行业标准《混凝土试验用搅拌机》(JG/T 244—2009)的规定，搅拌方法宜与施工采用的方法相同。

实验室成型条件应符合现行国家标准《普通混凝土拌合物性能试验方法标准》(GB/T 50080—2016)的规定。

每盘混凝土试配的最小搅拌量应符合表 4.25 的规定，并不应小于搅拌机公称容量的 1/4，且不应大于搅拌机公称容量。

表 4.25　混凝土试配的最小搅拌量

粗骨料最大公称粒径/mm	拌合物容量/L
≤31.5	20
40.0	25

在计算配合比的基础上应进行试拌。计算水胶比宜保持不变，并应通过调整配合比或减水剂用量使混凝土拌合物性能符合设计和施工要求，然后修正计算配合比，提出试拌配合比。

在试拌配合比的基础上应进行混凝土强度试验，并应符合以下规定：

(1) 应采用三个不同的配合比，其中一个应为上述确定的试拌配合比，另外两个配合比的水胶比宜较试拌配合比分别增加和减少 0.05，用水量应与试拌配合比相同，砂率可分别增加和减少 1%；

(2) 进行混凝土强度试验时，拌合物性能应符合设计和施工要求；

(3) 进行混凝土强度试验时，每个配合比应至少制作一组试件，并应标准养护到 28 d 或设计规定龄期时试压。

2. 配合比的调整与确定

1) 配合比调整应符合下列规定：

(1) 根据混凝土强度试验结果，宜绘制强度和水胶比的线性关系图，或插值法确定略大于配制强度对应的水胶比；

(2) 在试拌配合比的基础上，用水量(m_{w0})和外加剂用量(m_{a0})应根据确定的水胶比做调整；

(3) 胶凝材料用量(m_{b0})应以用水量除以确定的水胶比计算得出；

(4) 粗骨料和细骨料用量(m_{g0} 和 m_{s0})应根据用水量和胶凝材料用量进行调整。

2) 混凝土拌合物表观密度和配合比校正系数的计算应符合下列规定：

(1) 配合比调整后的混凝土拌合物的表观密度应按下式计算：

$$\rho_{c,c} = m_c + m_f + m_g + m_s + m_w$$

式中：$\rho_{c,c}$——混凝土拌合物的表观密度计算值，kg/m^3；

　　　m_c——每立方米混凝土的水泥用量，kg/m^3；

m_f——每立方米混凝土的矿物掺合料用量，kg/m^3；

m_g——每立方米混凝土的粗骨料用量，kg/m^3；

m_s——每立方米混凝土的细骨料用量，kg/m^3；

m_w——每立方米混凝土的用水量，kg/m^3。

（2）混凝土配合比校正系数应按下式计算：

$$\delta = \frac{\rho_{c,t}}{\rho_{c,c}}$$

式中：δ——混凝土配合比校正系数；

$\rho_{c,t}$——混凝土拌合物的表观密度实测值，kg/m^3。

当混凝土拌合物表观密度实测值与计算值之差的绝对值不超过计算值的 2% 时，按本小节调整配合比规定调整的配合比可维持不变；当二者之差的绝对值超过 2% 时，应将配合比中每项材料用量均乘以校正系数 δ。

4.5.6 普通混凝土配合比设计实例

例 4-1 某教学楼现浇钢筋混凝土柱，混凝土柱截面最小尺寸为 300 mm，钢筋间距最小为 60 mm。该柱在露天受雨雪天气影响。混凝土设计等级为 C30，采用 42.5 级普通硅酸盐水泥，无实测强度，密度为 3.1 g/cm³；粉煤灰为 II 级灰，密度为 2.2 g/cm³；砂子为中砂，表观密度为 2.60 g/cm³，堆积密度为 1 500 kg/m³；石子为碎石，表观密度为 2.69 g/cm³，堆积密度为 1 550 kg/m³。混凝土要求坍落度 35～50 mm，施工采用机械搅拌，机械振捣，施工单位无混凝土强度标准差的历史统计资料。试设计混凝土配合比。

解：1）初步配合比的确定

（1）根据《普通混凝土配合比设计规程》（JGJ 55—2011）中规定，由表 4.14 可以得出，粉煤灰掺量宜取 30%。

配制强度 $f_{cu,0}$ 的确定：

$$f_{cu,0} \geq f_{cu,k} + 1.645\sigma$$

由于施工单位没有 σ 的统计资料，查表 4.17 可得，$\sigma = 5.0$，同时 $f_{cu,k} = 30$ MPa，代入上式得

$$f_{cu,0} \geq (30 + 1.645 \times 5)\ \text{MPa} = 38.2\ \text{MPa}$$

（2）确定水胶比（W/B）

$$\frac{W}{B} = \frac{\alpha_a f_b}{f_{cu,0} + \alpha_a \alpha_b f_b} \tag{1}$$

采用碎石，查表 4.18 可得：$\alpha_a = 0.53$，$\alpha_b = 0.20$，$f_b = \gamma_f \gamma_s f_{ce} = \gamma_f \gamma_s \gamma_c f_{ce,g} = 0.75 \times 1 \times 1.16 \times 42.5 = 37.0$，其中 γ_f、γ_s 由表 4.19 查得，γ_c 由表 4.20 查得，代入式（1）得：

$$\frac{W}{B} = \frac{0.53 \times 37.0}{38.2 + 0.53 \times 0.20 \times 37.0} = 0.47$$

（3）确定单位用水量（m_{w0}）

首先确定粗骨料最大粒径，由前述可知：

$$D_{max} \leq \frac{1}{4} \times 300\ \text{mm} = 75\ \text{mm}$$

同时

$$D_{max} \leqslant \frac{3}{4} \times 60 \text{ mm} = 45 \text{ mm}$$

因此，粗骨料最大粒径按公称粒径可选用 $D_{max} = 31.5 \text{ mm}$，即采用 $5 \sim 31.5 \text{ mm}$ 的碎石。查表 4.22，取 $m_{w0} = 185 \text{ kg/m}^3$。

（4）计算胶凝材料用量

$$m_{b0} = \frac{m_{w0}}{W/B} = \frac{185}{0.47} \text{ kg/m}^3 = 394 \text{ kg/m}^3 \tag{2}$$

由于粉煤灰掺量为 30%，故

$$m_{f0} = m_{b0} \times 30\% = (394 \times 0.3) \text{ kg/m}^3 = 118 \text{ kg/m}^3$$

$$m_{c0} = m_{b0} - m_{f0} = (394 - 118) \text{ kg/m}^3 = 276 \text{ kg/m}^3$$

（5）确定砂率

查表 4.23 并按线性插值法计算后可知，本工程砂率宜选 $30\% \sim 35\%$，最终确定砂率选取 35%。

（6）计算砂石用量

体积法：

$$1 = \frac{m_{c0}}{\rho_c} + \frac{m_{f0}}{\rho_f} + \frac{m_{g0}}{\rho_g} + \frac{m_{s0}}{\rho_s} + \frac{m_{w0}}{\rho_w} + 0.01\alpha$$

$$= \frac{276}{3\,100} + \frac{118}{2\,200} + \frac{m_{g0}}{2\,690} + \frac{m_{s0}}{2\,600} + \frac{185}{1\,000} + 0.01 \tag{3}$$

$$\beta_s = \frac{m_{s0}}{m_{s0} + m_{g0}} \times 100\% = 35\% \tag{4}$$

解方程组(3),(4)得：$m_{s0} = 616 \text{ kg/m}^3$，$m_{g0} = 1\,144 \text{ kg/m}^3$。

经初步计算，每立方米混凝土材料用量为

$$m_{c0} : m_{f0} : m_{w0} : m_{s0} : m_{g0} = 276 : 118 : 185 : 616 : 1\,144$$

2）配合比的调整

（1）和易性的调整

按初步配合比，称取 20 L 混凝土的材料用量，水泥为 5.52 kg/m^3，粉煤灰为 2.36 kg/m^3，水为 3.70 kg/m^3，砂为 12.32 kg/m^3，石为 22.88 kg/m^3，按照规定方法拌合，测得坍落度为 38 mm，符合工程要求，混凝土黏聚性、保水性均良好。

（2）强度校核

采用水胶比为 0.42、0.47 和 0.52 三个不同的配合比，配制三组混凝土试件，并检验和易性，测得混凝土拌合物表观密度为 $2\,350 \text{ kg/m}^3$，分别制作混凝土试块，标准养护 28 d，然后测强度，其结果如表 4.26 所示。

表 4.26　混凝土 28 d 强度值

W/B	混凝土配合比/(kg · m⁻³)					坍落度 /mm	表观密度 /(kg · m⁻³)	强度 /MPa
	水泥	粉煤灰	砂	石	水			
0.42	308	132	616	1 144	185	32	2 355	44.1
0.47	276	118	616	1 144	185	38	2 350	39.5
0.52	249	107	616	1 144	185	48	2 340	32.9

根据结果,选取水胶比为 0.47 的基准配合比为实验室配合比,按实测表观密度校核。

（3）表观密度的校核

$$\delta = \frac{2\,350}{276 + 118 + 616 + 1\,144 + 185} = 1.005$$

误差未超过 2%,原配合比可维持不变,即确定的混凝土配合比为

$$m_{c0} : m_{f0} : m_{w0} : m_{s0} : m_{g0} = 276 : 118 : 185 : 616 : 1\,144$$

（4）施工配合比

在进行大量搅拌时,测得砂含水率为 3%,石子含水率 1%,调整为施工配合比步骤如下：

$$m'_c = m_c = 276\ \text{kg/m}^3$$

$$m'_f = m_f = 118\ \text{kg/m}^3$$

$$m'_s = m_s(1 + a\%) = 616\ \text{kg/m}^3 \times (1 + 0.03) = 634\ \text{kg/m}^3$$

$$m'_g = m_g(1 + b\%) = 1\,144\ \text{kg/m}^3 \times (1 + 0.01) = 1\,155\ \text{kg/m}^3$$

$$m'_w = m_w - m_s \times a\% - m_g \times b\% = (185 - 616 \times 0.03 - 1\,144 \times 0.01)\ \text{kg/m}^3$$
$$= 155\ \text{kg/m}^3$$

故施工配合比为 $m'_c : m'_f : m'_w : m'_s : m'_g = 276 : 118 : 155 : 634 : 1\,155$。

4.5.7　大流动性混凝土配合比设计实例

例 4-2　仍为上题中所指,掺加 30% 的粉煤灰,密度为 2.2 g/cm³,使用掺量为 2%、减水率为 18% 的萘系减水剂,并要求混凝土的坍落度达到 180～200 mm,试进行混凝土配合比设计。

解：（1）根据《普通混凝土配合比设计规程》(JGJ 55—2011)中规定,由表 4.14 可以得出,粉煤灰掺量宜取 30%。

配制强度 $f_{cu,0}$ 的确定：

$$f_{cu,0} \geqslant f_{cu,k} + 1.645\sigma$$

由于施工单位没有 σ 的统计资料,查表 4.17 可得,$\sigma = 5.0$,同时 $f_{cu,k} = 30$ MPa,代入上式得：

$$f_{cu,0} \geqslant (30 + 1.645 \times 5.0)\ \text{MPa} = 38.2\ \text{MPa}$$

（2）确定水胶比(W/B)

$$\frac{W}{B} = \frac{\alpha_a f_b}{f_{cu,0} + \alpha_a \alpha_b f_b} \tag{1}$$

采用碎石,查表 4.18 可得：$\alpha_a = 0.53$,$\alpha_b = 0.20$,$f_b = \gamma_f \gamma_s f_{ce} = \gamma_f \gamma_s \gamma_c f_{ce,g} = 0.75 \times 1 \times 1.16 \times 42.5 = 37.0$,其中 γ_f、γ_s 由表 4.19 查得,γ_c 由表 4.20 查得,代入式(1)得：

$$\frac{W}{B} = \frac{0.53 \times 37.0}{38.2 + 0.53 \times 0.20 \times 37.0} = 0.47$$

（3）确定单位用水量(m_{w0})

首先确定粗骨料最大粒径,由前述可知：

$$D_{max} \leqslant \frac{1}{4} \times 300\ \text{mm} = 75\ \text{mm}$$

同时

$$D_{\max} \leqslant \frac{3}{4} \times 60 \text{ mm} = 45 \text{ mm}$$

由于泵送管直径为 100 mm，且泵送混凝土骨料不宜超过泵送管的 1/3，因此，粗骨料最大粒径按公称粒径可选用 $D_{\max} = 31.5$ mm，即采用 5～31.5 mm 的碎石。

查表 4.22，单位用水量选取 205 kg/m³。按照每增加 20 mm 坍落度增加 5 kg/m³ 水计算：

$$m'_{w0} = (205 + 5 \times 5) \text{ kg/m}^3 = 230 \text{ kg/m}^3$$

则

$$m_{w0} = m'_{w0}(1 - \beta) = [230 \times (1 - 0.18)] \text{ kg/m}^3 = 189 \text{ kg/m}^3$$

（4）计算胶凝材料用量

$$m_{b0} = \frac{m_{w0}}{W/B} = \frac{189}{0.47} \text{ kg/m}^3 = 402 \text{ kg/m}^3 \tag{2}$$

由于粉煤灰掺量为 30%，故 $m_{f0} = m_{b0} \times 30\% = (402 \times 0.3) \text{ kg/m}^3 = 121 \text{ kg/m}^3$

$$m_{c0} = m_{b0} - m_{f0} = (402 - 121) \text{ kg/m}^3 = 281 \text{ kg/m}^3$$

（5）确定砂率

查表 4.23 并按线性插值法计算后可知，本工程砂率宜选 30%～35%，由于欲配制泵送混凝土，根据《普通混凝土配合比设计规程》（JGJ 55—2011）规定，坍落度每增大 20 mm，砂率增大 1%，确定砂率选取 39%。

（6）计算砂石用量

体积法：

$$1 = \frac{m_{c0}}{\rho_c} + \frac{m_{f0}}{\rho_f} + \frac{m_{g0}}{\rho_g} + \frac{m_{s0}}{\rho_s} + \frac{m_{w0}}{\rho_w} + 0.01\alpha$$

$$= \frac{281}{3\,100} + \frac{121}{2\,200} + \frac{m_{g0}}{2\,690} + \frac{m_{s0}}{2\,600} + \frac{189}{1\,000} + 0.01 \tag{3}$$

$$\beta_s = \frac{m_{s0}}{m_{s0} + m_{g0}} \times 100\% = 39\% \tag{4}$$

解方程组（3），（4）得：$m_{s0} = 675 \text{ kg/m}^3$，$m_{g0} = 1\,055 \text{ kg/m}^3$。

经初步计算，每立方米混凝土材料用量为

$$m_{c0} : m_{f0} : m_{w0} : m_{s0} : m_{g0} = 281 : 121 : 189 : 675 : 1\,055$$

4.6 特种混凝土

特种混凝土主要有轻质混凝土、大体积混凝土、自密实混凝土、补偿收缩混凝土、高性能混凝土、喷射混凝土及预制混凝土等。

4.6.1 轻质混凝土

一般将干表观密度小于 1 950 kg/m³ 的混凝土称为轻质混凝土（light weight concrete），轻质混凝土主要用作保温隔热材料，也可以作为结构材料使用。轻质混凝土主要有轻骨料混凝土、多孔混凝土、轻骨料多孔混凝土、大孔混凝土或无砂大孔混凝土。

1. 轻骨料混凝土

用轻粗骨料、轻砂(或普通砂)、胶凝材料、水、矿物掺合料以及外加剂配制的干表观密度不大于 1 950 kg/m³ 的混凝土称为轻骨料混凝土。粗、细骨料均为轻骨料者为全轻混凝土;细骨料全部或部分采用普通砂者,称为砂轻混凝土。

按照用途不同,轻骨料混凝土可分为保温轻骨料混凝土、结构保温轻骨料混凝土、结构轻骨料混凝土三类。保温轻骨料混凝土主要用于保温的围护结构或热工构筑物;结构保温轻骨料混凝土主要用于既承重又保温的围护结构;结构轻骨料混凝土主要用于承重构件或构筑物。

这三类轻骨料混凝土的强度等级和密度依次提高。轻骨料混凝土的强度等级划分为 LC5.0、LC7.5、LC10、LC15、LC20、LC25、LC30、LC35、LC40、LC45、LC50、LC55、LC60;按其干表观密度可分为 14 个等级:600、700、800、900、1 000、1 100、1 200、1 300、1 400、1 500、1 600、1 700、1 800、1 900。

2. 多孔混凝土

多孔混凝土是在混凝土砂浆或净浆中引入大量气泡而制得的混凝土。根据引气的方法不同,分为加气混凝土和泡沫混凝土两种。多孔混凝土的干密度为 300~800 kg/m³,是轻质混凝土中密度最小的。由于其强度较低(一般为 5.0~7.0 MPa),主要用于墙体或屋面的保温。

加气混凝土是通过发气剂使水泥料浆拌合物发气,产生大量孔径为 0.5~1.5 mm 的均匀封闭气泡,并经蒸压养护硬化而成。原材料主要有钙质原料,如水泥、石灰等;硅质原料,如石英砂、粉煤灰、烧矸石、矿渣等;发气剂主要有铝粉、双氧水、漂白粉等;还有少量稳泡剂和调节剂。密度是加气混凝土的主要性能指标,取决于混凝土的总孔隙率。目前各国趋向生产密度 500 kg/m³ 的加气混凝土,总孔隙率约为 79%。

泡沫混凝土是在配制好的含有胶凝物质的料浆中加入泡沫而形成的多孔坯体,并经养护而成。泡沫混凝土的主要原材料为水泥、石灰、活性掺合料、发泡剂及对泡沫有稳定作用的稳泡剂,必要时还可以掺入早强剂等外加剂。发泡剂主要有 UG-FP 型发泡剂、造纸厂废液发泡剂、牲血发泡剂、松香皂发泡剂。

3. 轻骨料多孔混凝土

轻骨料多孔混凝土是在轻骨料混凝土和多孔混凝土基础上发展起来的一种混凝土,其施工制作与加气混凝土或泡沫混凝土类似,只是在原加气混凝土或泡沫混凝土中加入轻骨料(在泡沫混凝土中以轻骨料代替原泡沫混凝土中的砂)。轻骨料多孔混凝土的强度、弹性模量、抗渗性等基本介于多孔混凝土和轻骨料混凝土之间。但与表观密度相近的轻骨料混凝土、多孔混凝土相比,其保温隔热性和隔声性能最好。

4. 大孔混凝土

大孔混凝土不用细骨料(或只用很少细骨料),而是由粗骨料、胶凝材料、水及外加剂拌合配制而成的具有大量孔径较大的孔组成的轻质混凝土。粗骨料可以是一般的碎石或卵石,也可以是各种陶粒等轻骨料。用普通碎石或卵石作骨料的大孔混凝土称为普通大孔混凝土,用陶粒等轻骨料的大孔混凝土称为轻骨料大孔混凝土。普通大孔混凝土的表观密度为 $1\,200\sim1\,900\ kg/m^3$,轻骨料大孔混凝土的表观密度为 $150\sim1\,000\ kg/m^3$。大孔混凝土的孔隙率和孔尺寸与粗骨料的粒径及级配有关。级配越均匀,孔的数量越多,孔隙率也就越高。孔径尺寸从理论上说应接近粗骨料的粒径。

4.6.2　大体积混凝土

关于什么是大体积混凝土,国内外有许多不同的定义。我国标准《大体积混凝土施工标准》(GB 50496—2018)中的定义是:混凝土结构实体最小尺寸不小于 1 m 的大体量混凝土,或预计会因混凝土中胶凝材料水化引起的温度变化和收缩而导致有害裂缝产生的混凝土。

大体积混凝土结构厚、体积大、钢筋密、一次浇筑量大;水化热高,温度场梯度大,极易产生裂缝。水泥水化热引起的温度应力变形是大体积混凝土产生裂缝的主要原因。据有关资料介绍,水泥水化过程中释放的热量约为 502.42 J/g,加上混凝土浇筑温度,这两种温度形成混凝土的内部温度。当混凝土内部与表面的温差过大时(混凝土内部的最高温度多出现在浇筑后的 3～5 d),就会产生温度应力和温度变形,导致混凝土裂缝。

影响混凝土内部温度的主要因素有混凝土中的用水量和水泥用量。混凝土中的用水量和水泥用量越高,混凝土的收缩就越大。水泥用量越大,产生的水化热越高,其温度应力也越大。当这种拉应力超过混凝土的抗拉强度时,就会产生混凝土裂缝。

采取合理措施降低水化热,控制混凝土内外温差,防止过大干缩是施工质量控制工作的重点。可通过混凝土配合比的合理设计来实现:"三低"(低砂率、低坍落度、低水胶比);"二掺"(掺高效减水剂和高性能引气剂);"一高"(高粉煤灰掺量)设计;选用低水化热、凝结时间长的水泥;掺入适量的缓凝型外加剂;选用优质骨料等。

4.6.3　自密实混凝土

自密实混凝土是指拌合物具有很高的流动性并且在浇筑过程中不离析、不泌水,能够不经振捣而充满模板和包裹钢筋的混凝土,属于高流动性混凝土的高端部分。在传统的坍落度试验中,自密实混凝土在达到 260 mm 以上坍落度、600 mm 以上扩展度的同时,无离析、泌水现象的发生。

与传统混凝土相比,自密实混凝土在施工中无需振捣设备和抹面工序,养护和材料运输的工作量大大减少,预制件生产中对模板的质量和刚度的要求降低,这些优势可以带来多方面的效益,解决了不易或无法进行振捣作业(如钢筋过于密集、断面过深或过于复杂)的问题,利于提高结构质量、改善施工环境、降低工程造价等。

4.6.4　补偿收缩混凝土

普通混凝的极限延伸率较低,在干缩、徐变、温度等作用下容易开裂,导致混凝土工程渗漏并引发钢筋锈蚀,影响构筑物的使用功能和寿命。国内外的研究表明,采用膨胀剂或膨胀水泥配制的补偿收缩混凝土,是解决混凝土材料裂渗问题、提高混凝土结构耐久性的有效技术途径。

补偿收缩混凝土是由膨胀剂或膨胀水泥配制的自应力值为 $0.2\sim1.0$ MPa 的混凝土。膨胀混凝土也称化学预应力混凝土，是指依靠膨胀性胶凝材料水化产生的化学能，张拉钢筋产生预压应力，并依靠该预压应力，补偿混凝土收缩时产生的拉应力，提高混凝土的抗裂能力。由于产生预应力的方式是通过自身的化学能转变为机械能，有别于外部施加的机械预应力，故称为自应力。自应力值大于 1.0 MPa 的大膨胀能混凝土称为自应力混凝土。补偿收缩混凝土的膨胀能比较小，因此可以将其视作微预应力混凝土。

补偿收缩混凝土可采用混凝土膨胀剂或膨胀水泥来制备，现在国内外大多采用混凝土膨胀剂制备补偿收缩混凝土。目前国家标准规定的膨胀剂硫有铝酸钙类、氧化钙类、硫铝酸钙-氧化钙类三种。

4.6.5 高性能混凝土

高性能混凝土(high performance concrete，HPC)是 20 世纪 80 年代末 90 年代初，一些发达国家基于混凝土结构耐久性设计提出的一种全新概念的混凝土，它以耐久性为首要设计指标。针对混凝土的过早劣化，发达国家掀起了高性能混凝土开发研究的高潮，并得到了各国政府的重视。

自从 1995 年清华大学向国内介绍高性能混凝土以来，高性能混凝土的研究与应用在我国得到了空前的重视和发展。20 世纪 90 年代前半期是国内高性能混凝土发展的初期，国内学术界认为"三高"(高强度、高工作性、高耐久)混凝土就是高性能混凝土。经过 10 余年的发展，国内外多种观点逐渐交流融合后，对高性能混凝土的定义已有逐渐清晰的认识。我国吴中伟院士提出：高性能混凝土是一种新型高技术混凝土，是在大幅度提高普通混凝土性能的基础上采用现代混凝土技术制作的混凝土；它以耐久性作为设计的主要指标；针对不同用途要求，高性能混凝土对下列性能重点地予以保证：耐久性、工作性、适用性、强度、体积稳定性、经济性；为此高性能混凝土在配制上的特点是低水胶比，选用优质原材料，必须掺加足够数量的矿物细粉和高效减水剂；并强调高性能混凝土不一定是高强混凝土。

因此，尽管大家对高性能的认识上有差异，但在耐久性、和易性、体积稳定性、低水胶比、密实性等方面还是有共识的。

4.6.6 喷射混凝土

喷射混凝土是将胶凝材料、骨料、外加剂等按一定比例拌制的混凝土拌合物送入喷射设备，借助压缩空气或其他动力输送，高速喷至受喷面形成的一种混凝土。喷射混凝土具有施工速度快、早期强度高、不需振捣等优点，在矿业工程、隧道工程及边坡加固等领域得到了广泛的应用。

喷射混凝土于 20 世纪起源于美国，始于喷射砂浆设备和速凝剂的发明，瑞士在 20 世纪 40 年代发明了可喷射含粗骨料混凝土的设备，提高了喷射混凝土的工作性能与效率。我国冶金、水电部门于 20 世纪 60 年代初期，即着手研究混凝土喷射机械及喷射混凝土技术。步入 21 世纪以来，随着国家经济和科技实力迅猛发展，我国的基础设施建设规模空前，尤其高速公路、铁路及地铁等建筑工程发展更为迅猛。特别是我国中西部地区地形多样、地质复杂，且多为山岭重丘，海拔较高，因而经常采取隧道施工方法。在隧道施工中，使用喷射混凝土对围岩进行加固是常用的方法,使其形成一个完整、稳定且有一定强度的结构,以确保施工安全。除隧道工程之外,喷射混凝土还在水利水电、护坡支护、矿山、地下工程、工程修补等诸多领域得到应用。由于喷射混凝土成型锚喷支护以及喷射混凝土支护与传统的支护形式相比有着无可比拟的优越性,对被衬物具有支衬、充填、隔绝、转化的作用,一方面节约了钢材和木材,降低了施工成本;另一方面使得施工简单,工作安全,减轻了笨重的体力劳动,有利于一次成型和加快掘进速度。相信今后喷射混凝土会获得越来越广泛的应用。

喷射混凝土中优先选用凝结硬化快、保水性好、早期强度增长快的硅酸盐水泥、普通硅酸盐水泥;细度模数为 2.5～3.0 的中砂,含水率控制在 5%～7% 范围内;粗骨料的最大粒径不宜大于 15 mm,国产混凝土喷射机规定粗骨料最大粒径一般为 25 mm,大多数国家规定不大于 20 mm;掺入活性掺合料可提高喷射混凝土的强度,同时掺入一些遇水后呈黏性的物质,有助于降低回弹率;用于支护的喷射混凝土一般需要纤维改善脆性;一般使用的外加剂为减水剂和速凝剂。

4.6.7 预制混凝土

1. 概述

预制混凝土(precast concrete)常指 PC 构件,是指在工厂或工地现场制作的混凝土构件或制品,区别于现浇混凝土。现浇混凝土是在结构构件设计位置处浇灌入模、成型、密实和硬化的混凝土。装配式混凝土建筑(prefabricated concrete building)实际上就是预制混凝土建筑。预制混凝土有全预制、半预制、混合式等,包括受力构件、非受力构件和外围护构件三大类。预制混凝土目前在铁路与公路桥梁、水利管涵、建筑与装饰工程领域应用比较普遍。混凝土制品(concrete products),泛指各种预制水泥混凝土成品或半成品,常常指独立商品化的混凝土成品。混凝土制品外延更广泛,还包括水泥彩砖、水泥管件、水泥盖板、异形水泥构件、路沿石、挡土墙人孔盖板、草坪砖、路面透水砖、加气混凝土砌块、电缆盖板、检查口等水泥混凝土类商品,混凝土制品广泛应用于建筑、交通、水利等领域。

预制混凝土属于混凝土制品中的一大类,可细分为楼板、剪力墙板、外挂墙板、框架轻板、梁、柱、复合构件和其他构件等八类。其他构件属于主体建筑物之外的构配件,涵盖预制钢筋混凝土柱基基础、预制钢结构钢柱基础、路灯广告牌柱钢筋混凝土基础、装配式混凝土围墙、装配式预制混凝土墙板、保温隔热发泡混凝土隔墙板、预制轻质混凝土空心墙板、混凝土围挡基础底座、预制装配式钢筋混凝土排水检查井、预制钢筋混凝土化粪池、沉淀池等,而桥梁、管廊、管片、管道等也常被称为市政构件。实践中预制混凝土常常指在建筑物中的楼(屋)面、墙体、柱子、基础等系列部件,由建设单位组织设计、生产,施工单位进行设计文件交底和会审后,根据拟定的生产工艺、运输方案、吊装方案加工制作。

预制混凝土的主要优点如下:(1)构件主要在工厂或现场预制,可与现场各专业施工同步进行,采用机械化吊装,具有施工速度快、工程建设周期短、有利于冬期施工等特点。(2)构件预制可以采用定型模板平面施工作业,代替现浇结构立体交叉作业,具有生产效率高、产品质量好、安全环保、有效降低成本等特点。(3)预制混凝土的生产环节可采用反打一次成型工艺或立模工艺,将保温、装饰、门窗附件等特殊要求的功能高度集成,一体化减少了物料损耗和施工工序。(4)装配式建筑的设计施工,在前期策划阶段就要求从业人员对工期进度计划、构件标准化深化设计及资源优化配置方案等,体现较高的技术管理能力和工程实践经验水平。现代预制混凝土生产涉及模板工艺、钢筋工艺、预应力混凝土及预制混凝土的质量控制等问题。预制混凝土工艺与技术是相互包涵且关注点不同的两个概念,前者侧重专业知识。

2. 预制混凝土的发展历程

1) 早期预制混凝土建筑的应用与发展

我国第一个五年计划时期就开始研究预制混凝土的设计与施工技术。新中国成立后开始大规模搞经济建设,城市住宅面临严重短缺,由于早期建筑业发展落后,预制混凝土建筑体系主要依靠学习和照搬苏联和东欧的技术体系。20世纪80年代我国预制混凝土行业发展已经达到了巅峰,数万个规模不同的预制件厂以预制民用建筑构件(如外墙板、预应力大楼板、预应力圆孔板、预制混凝土阳台等产品)为主,掀起了预制件行业发展的热潮,应用普及率达70%以上,装配式混凝土建筑和采用预制空心楼板的砌体建筑成为两种最主要的建筑体系。1958—1990年,我国预制混凝土建筑以装配式大板结构为主,因受制于设计理念、技术体系、材料工艺及施工质量等多方面因素,这一时期的预制混凝土建筑普遍存在质量差、施工成本高的问题。

2) 现浇钢筋混凝土体系快速发展,装配式混凝土迟滞中断

进入20世纪90年代以后,从南方发源的现浇钢筋混凝土结构体系开始流行,采用现场制作混凝土模板、现场浇注混凝土,包括现浇框架结构住宅、现浇剪力墙结构住宅及二者复合结构等,施工体系得到了较大的发展。此过程为国内经济建设大发展阶段,农村大量劳动力涌入城市和商品混凝土的普及,使得现浇结构的成本低廉、无接缝漏水问题等优势凸显,迅速取代了装配式结构。由于现浇结构体系快速发展的历史原因,这一阶段装配式混凝土结构方面的研究和应用在我国基本中断。

3) 住宅产业化,装配式混凝土建筑带来新的发展

随着建筑业不断向前发展,国内出现劳动力紧缺、建筑行业效率不高、建筑技术水平落后等问题,1995年开始提出"住宅产业现代化"的奋斗目标。预制混凝土技术将施工阶段的问题提前至设计、生产阶段解决,将设计模式由面向现场施工转变为面向工厂加工和现场装配的新模式,采用产业化的思维重新建立企业之间的分工与合作,使研发、设计、生产、施工以及装修形成完整的协作机制。与传统建筑相比,通过标准化设计、工厂化生产、装配化施工,减少人工操作和劳动强度,确保构件质量和施工质量,从而提高工程质量和施工效率。混凝土构配件在工厂生产,现场基本为装配作业,受施工环境因素的影响较小,产业化建筑的建造周期短、工序少、现场工人需求量小,减少了发生施工事故的概率,施工工期也更短。

4) 以装配式建筑为基础的现代预制混凝土快速发展

《装配式建筑评价标准》(GB/T 51129—2017)自2018年2月1日起实施,标志着我国装配式建筑行业真正进入现代预制混凝土的实质性阶段。"十三五"发展规划纲要明确提出,到2025年力争实现30%的建筑采用装配式建筑目标和任务。预制建筑专业化施工管理水平较高,装配建筑质量好、工期短的优势得到了充分体现。据不完全统计,2018年我国预制混凝土工厂数量呈爆发式增长,全年新增PC工厂300家左右,新增各类PC生产线500条以上,截至2020年年初全国规模在30 000 m³以上的预制工厂已超过1 000家。

3. 现代预制混凝土的发展趋势

目前，我国的预制混凝土构件主要集中在高层住宅用的预制墙板、预制楼板、预制梁、预制柱、预制楼梯、预制阳台、预制空调板等构件，多数以装配整体式结构工程为主。产品的标准化程度低，构件的生产效率不高，成本的增加影响其推广应用。随着工业类大跨度预制预应力构件的应用逐年提高，目前的双 T 板、预应力空心楼板等构件在大跨度混凝土框架结构和钢结构中应用越来越受到关注。装配式建筑围护系统的预制外墙技术开发是未来发展的方向，预制外墙具有装饰、维护、保温一体化的特点。市政基础设施类预制构件的发展主要体现在预制管廊、预制桥梁、预制管片等，市场需求量和生产供应比较平稳。对于多低层建筑的装配式构件开发还处于起步阶段。

装配式混凝土结构遵循受力合理、连接可靠、施工方便、少规格、多组合原则，在满足不同地域对不同户型需求的同时，设计尽量通用化、模块化、规范化，以便实现构件制作的通用化。预制混凝土构件的标准化和系列化是装配式建筑持续健康发展的基础。同时与信息化深度融合，将设计方案、制造需求、安装需求集成在 BIM（建筑信息模型）中，在深化设计、构件生产、构件吊装等阶段采用 BIM 进行构件的模拟、碰撞检验与三维施工图纸的绘制，把实际制造、安装过程中可能产生的问题提前解决，在信息化和工业化方面深度融合。BIM 引入建筑产品的流通供配体系，根据已做的运输与装配计划，合理计划构配件的生产、运输与进场装修，可以实现"零库存"，使得预制混凝土技术更趋完善合理。

4.7   建筑砂浆

砂浆是由胶凝材料、细骨料、水按适当比例配制而成，有时还加入适量掺合料和外加剂，所以可看作是一种细骨料混凝土。砂浆在土木工程中用途广泛，而且用量也相当大。砂浆可以起黏结作用，将块状、粒状的材料黏结为整体结构，修建各种建筑物，如桥涵、堤坝和房屋的墙体等；在梁、柱、地面和墙面等结构表面上进行砂浆抹面，起防护、找平装饰作用；在采用各种石材、面砖等贴面时，一般也用砂浆作黏结和镶缝；经过特殊配制，砂浆还可用于保温、防水、防腐、吸声等。

按照用途可将砂浆分为砌筑砂浆、抹面砂浆和特种砂浆。砂浆按所用的胶凝材料不同，可分为水泥砂浆、混合砂浆、石灰砂浆、石膏砂浆和聚合物砂浆等。按照生产和施工方法可将砂浆分为现场拌制砂浆、预拌砂浆和干粉砂浆等，其中预拌砂浆和干粉砂浆是商品砂浆。

4.7.1   砌筑砂浆

能够将砖、石块、砌块黏结成砌体的砂浆称为砌筑砂浆，它起着黏结砌块和传递荷载的作用，是砌体的主要组成部分。

1. 组成材料

1）水泥

配制砌筑砂浆可用普通硅酸盐水泥、矿渣硅酸盐水泥、复合硅酸盐水泥、火山灰质硅酸盐水泥和粉煤灰硅酸盐水泥等常用水泥或砌筑水泥。为了合理利用资源、节约水泥,在配制砂浆时应尽量选择中、低强度等级的水泥,如强度等级为32.5的水泥,但对于高强砂浆也可选择强度等级为42.5的水泥。在配制某些特殊用途的砂浆时,可以采用某些专用水泥和特种水泥,如用于装饰砂浆的白水泥,用于黏贴砂浆的黏贴水泥,用于修补裂缝、镶嵌预制构件的膨胀水泥等。

2) 石灰

为节约水泥和改善砂浆的和易性,在砂浆中常掺入石灰膏配制成混合砂浆,当对砂浆强度要求不高时,也可单独用石灰配制石灰砂浆。使用砂浆时,为保证砂浆质量,应将石灰预先消化成石灰膏,并充分"陈伏"后使用,以消除过火石灰的膨胀破坏作用。在满足工程要求的前提下,也可使用工业废料,如电石灰膏等。

3) 细骨料

细骨料,也就是砂,在砂浆中起着骨架和填充作用,对砂浆的和易性和强度等技术性能影响较大。性能良好的细骨料可提高砂浆的和易性和强度,尤其对砂浆的收缩开裂,有较好的抑制作用。

砂浆用砂应符合混凝土用砂的技术要求。与混凝土用砂的最大区别在于对砂的最大粒径有所限制,因为砂浆层一般较薄,砂的最大粒径受砂浆缝厚度的限制。用于毛石砌体的砂浆,砂最大粒径应小于砂浆层厚度的1/5~1/4;用于砖砌体的砂浆,砂的最大粒径应不大于2.36 mm;用于光滑的抹面及勾缝的砂浆,应采用细砂,且最大粒径小于1.2 mm;用于装饰的砂浆,还可采用彩砂、石渣等。

砂中不得含有有害杂质。砂中的含泥量对砂浆的和易性、强度、变形性和耐久性均有影响。由于砂中含有少量泥可改善砂浆的流动性和保水性,故砂浆用砂的含泥量可比混凝土略高。对砂中黏土及淤泥含量也应加以限制,对强度等级为M10及M10以上的砌筑砂浆,含泥量应不超过5%;对强度等级为M2.5的砂浆,含泥量应小于10%。

砂浆用砂还可根据原材料情况,采用人工砂、山砂、特细砂等,但应根据经验并经试验后,确定其技术要求,在保温砂浆、吸声砂浆和装饰砂浆中,还可采用轻砂(如膨胀珍珠岩)、白色或彩色砂等。

4) 掺合料和外加剂

掺合料是为改善砂浆和易性而加入的无机材料,如石灰膏、粉煤灰、沸石粉等。为改善砂浆的和易性及其他性能,还可在砂浆中掺入外加剂,如增塑剂、保水剂、微沫剂等。在砂浆中掺外加剂时,不但要考虑外加剂对砂浆本身性能的影响,还要根据砂浆的用途,考虑外加剂对砂浆使用功能的影响,并通过试验确定外加剂的掺量。混凝土中所用的减水剂、引气剂对砂浆也有增塑的作用。

保水剂能显著减少砂浆泌水,防止离析,并改善砂浆的和易性。常用的保水剂有甲基纤维素、硅藻土等。微沫剂加到砂浆中能在砂粒之间产生大量微小、高度分散、稳定的气泡,增大砂浆的流动性,硬化后气泡仍保持在砂浆中。常用的微沫剂有松香皂等。此外,为了改善砂浆的其他性能也可掺入一些材料,如掺入纤维材料可改善砂浆的抗裂性,掺入防水剂可提高砂浆的防水性和抗渗性等。

5) 水

砂浆拌合用水的技术要求与混凝土拌合用水相同,应采用洁净、无油污和硫酸盐等杂质的可饮用水,为节约用水,经化验分析或试拌验证合格的工业废水也可用于拌制砂浆。

2. 砌筑砂浆的技术性质

砌筑砂浆的技术性质主要包括新拌砂浆的和易性,硬化后砂浆的强度、黏结性、抗冻性和收缩值等。

1) 新拌砂浆的和易性

新拌砂浆必须具备良好的和易性,即砂浆在搅拌、运输、摊铺过程中易于流动,且不泌水、不分层,并能在粗糙的砖石表面铺抹成均匀的薄层,与底层良好黏结。和易性包括流动性和保水性两方面。

（1）流动性

砂浆的流动性（稠度）是指砂浆在重力或外力作用下流动的性能。流动性良好的砂浆能在砖石表面铺成均匀密实的砂浆层,抹面时也能很好地抹成均匀的薄层。

影响砂浆流动性的因素有胶凝材料和掺合料的品种及掺量、用水量、塑化剂掺量、砂的细度、级配、表面特征及搅拌时间等。砂浆流动性的大小用沉入度表示,通常用砂浆稠度仪测定。沉入度是指标准试锥在砂浆内自由沉入 10 s 时沉入的深度,单位 mm,沉入度越大,说明砂浆较稀,流动性越好。但是过稀的砂浆容易泌水,过稠的砂浆施工操作困难。

砂浆流动性的选择与砌体基材、施工方法及气候有关。砌筑多孔吸水材料或天气干热时,砂浆流动性应该大一些;砌筑密实不吸水材料或天气潮湿时,砂浆流动性应小一些。实际施工时,可根据经验来拌制,并应符合《砌体结构工程施工质量验收规范》（GB 50203—2011）规定,如表 4.27 所示。

表 4.27　砌筑砂浆的稠度

砌 体 种 类	砂浆稠度/mm
烧结普通砖砌体 蒸压粉煤灰砖砌体	70～90
混凝土实心砖、混凝土多孔砖砌体 普通混凝土小型空心砌块砌体 蒸压灰砂砖砌体	50～70
烧结多孔砖、空心砖砌体 轻骨料小型空心砌块砌体 蒸压加气混凝土砌块砌体	60～80
石砌体	30～50

（2）保水性

砂浆的保水性是指新拌砂浆保持内部水分不流出的能力,也反映砂浆中各组分材料不易分离的性质。保水性好的砂浆在运输、停放和施工过程中,水分不易从砂浆中离析,砂浆能保持一定的稠度,使砂浆在施工中能均匀地摊铺在砌体上,形成均匀密实的连接层。保水性不好的砂浆在运输、停放及使用过程中容易泌水,砌筑时水分容易被基层吸收,使砂浆变得干涩,难于铺摊均匀,从而影响砂浆的正常硬化,最终降低砌体的质量。影响砂浆保水性的主要因素有胶凝材料的种类及用量、掺合料的种类及用量、砂的质量及外加剂的品种和掺量等。砂浆的保水性是用分层度或保水率来表示。

2）硬化后砂浆的强度及强度等级

砂浆在砌体中主要起黏结和传递荷载的作用，所以应具有一定的强度。砂浆的抗压强度是以标准立方体试件（70.7 mm×70.7 mm×70.7 mm）3块一组，在标准条件下养护至28 d的抗压强度值而定的。标准养护条件的温度为（20±2）℃，相对湿度在90%以上。根据砂浆的抗压强度标准值，水泥砂浆和预拌砌筑砂浆的强度等级可分为：M5、M7.5、M10、M15、M20、M25、M30；水泥混合砂浆的强度等级可分为M5、M7.5、M10、M15。

3. 砂浆的其他性能

1）黏结力

砂浆的黏结力是影响砌体结构抗剪强度、抗震性、抗裂性等的重要因素。为了提高砌体的整体性，保证砌体的强度，要求砂浆具有足够的黏结力。砂浆的黏结力与砂浆强度有关，砂浆抗压强度越高，其黏结力也越大。此外，砂浆的黏结力还与养护条件、砖石表面粗糙程度、清洁程度及潮湿程度等有关。在充分润湿、干净、粗糙的基面表面上，砂浆的黏结力较好。所以为了提高砂浆的黏结力，保证砌体质量，砌筑前应将砖石等砌筑材料浇水润湿。

2）变形性能

砂浆在硬化过程中，承受荷载或温度、湿度条件变化时都容易产生变形。如果变形过大或变形不均匀，就会降低砌体的整体性，引起沉降或开裂。在拌制砂浆时，如果砂过细、胶凝材料过多或选用轻骨料，就会引起砂浆较大的收缩变形而开裂。所以，为了减小收缩，可以在砂浆中加入适量的膨胀剂。

3）凝结时间

砂浆凝结时间以贯入阻力达到0.5 MPa时所用时间为评定的依据。水泥砂浆不宜超过8 h，水泥混合砂浆不宜超过10 h，掺入外加剂后，砂浆的凝结时间应满足工程设计和施工的要求。

4）耐久性

由于砂浆经常受到环境中各种有害成分的影响，所以砂浆除应满足强度要求外，还应该具有良好的耐久性，如抗冻性、抗渗性、抗侵蚀性等。鉴于砂浆的黏结力和耐久性都随着抗压强度的增大而提高，所以工程上以抗压强度作为砂浆的主要技术指标。

4.7.2　普通抹面砂浆

普通抹面砂浆具有保护结构的作用，同时，经过砂浆抹面的结构表面平整、光洁和美观。为了便于涂抹，普通抹面砂浆要求比砌筑砂浆具有更好的和易性，故胶凝材料（包括掺合料）的用量比砌筑砂浆的多一些。常用的普通抹面砂浆有石灰砂浆、水泥砂浆、水泥混合砂浆、麻刀石灰浆（简称麻刀灰）、纸筋石灰浆（简称纸筋灰）等。为了保证抹灰表面的平整，避免开裂和脱落，抹面砂浆一般分两层或三层施工。各层所使用的材料和配合比及施工做法应视基层材料品种、部位及气候环境而定。

砖墙的底层抹灰多用石灰砂浆；混凝土墙、梁、柱、顶板等的底层抹灰多用混合砂浆。一般要求底层砂浆与底层材料能牢固黏结，故底层抹面砂浆应具有良好的黏结力，同时为了防止抹面砂浆中水分被基层材料吸收而影响砂浆的黏结力，底层抹面砂浆还应具有良好的保水性。底层砂浆还兼有初步找平的作用,砂浆稠度一般为 $100\sim120$ mm。中层抹灰多采用混合砂浆,其主要作用是找平,有时可以省略,抹面砂浆稠度一般为 $70\sim80$ mm。面层抹灰多用混合砂浆、麻刀石灰浆或纸筋石灰浆。面层抹灰要达到平整美观的效果,要求砂浆细腻抗裂,稠度一般为 100 mm 左右。

在容易碰撞或潮湿的地方,如墙裙、踢脚板、地面、窗台、雨棚及水池等处,一般应采用水泥砂浆。普通抹面砂浆的流动性和砂子的最大粒径可参考表 4.28;常用的抹面砂浆的配合比和应用范围可参考表 4.29。

表 4.28　抹面砂浆的稠度及骨料最大粒径

抹面层	稠度(人工抹面)/mm	砂的最大粒径/mm
底层	$100\sim120$	2.5
中层	$70\sim90$	2.5
面层	$70\sim80$	1.2

表 4.29　常用抹面砂浆的配合比和应用范围

材　料	体积配合比	应用范围
石灰:砂	1:3	干燥环境中的砖石墙面打底或找平
石灰:黏土:砂	1:1:6	干燥环境墙面
石灰:石膏:砂	1:0.6:3	不潮湿的墙及天花板
石灰:石膏:砂	1:2:3	不潮湿的线脚及装饰
石灰:水泥:砂	1:0.5:4.5	勒脚、女儿墙及较潮湿的部位
水泥:砂	1:2.5	潮湿房间的墙裙、地面基层
水泥:砂	1:1.5	地面、墙面、天棚
水泥:砂	1:1	混凝土地面压光
水泥:石膏:砂:锯末	1:1:3:5	吸声粉刷
水泥:白石子	1:1.5	水磨石
石灰膏:麻刀	1:2.5	木板条顶棚底层
石灰膏:纸筋	1 m³ 灰膏掺 3.6 kg 纸筋	较高级的墙面及顶棚
石灰膏:纸筋	100:3.8(质量比)	木板条顶棚面层
石灰膏:麻刀	1:1.4(质量比)	木板条顶棚面层

4.7.3　防水砂浆

用作防水层的砂浆称为防水砂浆。砂浆防水层又称刚性防水层,适用于不受振动和具有一定刚度的混凝土和砖石砌体工程的表面。对于变形较大或可能产生不均匀沉陷的建筑物,不宜采用刚性的防水砂浆。

防水砂浆主要有普通水泥防水砂浆、掺加防水剂的防水砂浆、膨胀水泥与无收缩水泥防水砂浆三种。普通水泥防水砂浆是由水泥、细骨料、掺合料和水拌制成的砂浆。掺加防水剂的水泥砂浆是在普通水泥中掺入一定量的防水剂而制得的防水砂浆,是目前应用广泛的一种防水砂浆。常用的防水剂有硅酸钠类、金属皂类、氯化物金属盐及有机硅类。膨胀水泥砂浆与无收缩水泥防水砂浆是采用膨胀水泥和无收缩水泥制作的砂浆,利用这两种水泥制作的砂浆有微膨胀或补偿收缩性能,从而提高砂浆的密实性和抗渗性。防水砂浆的配合比一般采用水泥∶砂＝1∶2.5～1∶3,水灰比为0.5～0.55。水泥应采用强度等级42.5的普通硅酸盐水泥,砂子应采用级配良好的中砂。防水砂浆对施工操作技术要求很高。制备防水砂浆应先将水泥和砂干拌均匀,再加入水和防水剂溶液搅拌均匀。施工前,应先在润湿清洁的底面上抹一层低水灰比的纯水泥浆(有时也用聚合物水泥浆),然后再抹一层防水砂浆。在砂浆初凝之前,用木抹子压实一遍,第二、三、四层都是以同样的方法进行操作,最后一层要压光。每层厚度约为5 mm,抹4～5层,共20～30 mm厚。施工完毕后,必须加强养护,防止开裂。

4.7.4　装饰砂浆

装饰砂浆是指涂抹在建筑物内外表面,具有美化装饰、改善功能、保护建筑物作用的抹面砂浆。装饰砂浆施工时,底层和中层抹面砂浆所使用的材料与普通抹面砂浆的基本相同,但装饰砂浆面层材料的要求有所不同,所采用的胶凝材料除普通水泥、矿渣水泥外,还可应用白水泥、彩色水泥或在常用水泥中掺加耐碱矿物颜料,配制成彩色水泥砂浆。装饰砂浆采用的骨料除普通河砂外,还可使用色彩鲜艳的花岗岩、大理石等色石及细石渣;有时也采用玻璃或陶瓷碎粒;也可加入少量云母碎片、玻璃碎料、长石、贝壳等使表面获得发光效果。掺颜料的砂浆在室外抹灰工程中使用时,总会受到风吹、日晒、雨淋及大气中有害气体的腐蚀,因此,应采用耐碱和耐光照的矿物颜料。外墙面的装饰砂浆有如下工艺做法。

1. 拉毛

拉毛工艺先用水泥砂浆做底层,再用水泥石灰砂浆做面层。在砂浆尚未凝结之前,用抹刀将表面拍拉成凹凸不平的形状。

2. 水刷石

用颗粒细小(约5 mm)的石渣拌成的砂浆做面层,在水泥浆终凝前,喷水冲刷表面,冲洗掉石渣表面的水泥浆,使石渣表面外露,这种做法称为水刷石。水刷石用于建筑物的外墙面,具有一定的质感,且经久耐用,不需维护。

3. 干黏石

在水泥砂浆面层的表面黏结粒径5 mm以下的白色或彩色石渣、小石子、彩色玻璃、陶瓷碎粒等,要求石渣黏结均匀、牢固。干黏石的装饰效果与水刷石相近,且石子表面更洁净艳丽;避免了喷水冲洗的湿作业,施工效率高,而且节约材料和水。干黏石在预制外墙板的生产中有较多的应用。

4. 斩假石

斩假石,又称斧剁石,其砂浆的配制与水刷石基本一致,待砂浆抹面硬化后,用斧刃将表面剁毛并露出石渣。斩假石的装饰效果与粗面花岗岩相似。

5. 假面砖

假面砖是将硬化的普通砂浆表面用刀斧锤凿刻划出线条或在初凝后的普通砂浆表面用木条、钢片压划出线条；亦可用涂料画出线条，将墙面装饰成仿砖砌体、仿瓷砖贴面、仿石材贴面等艺术效果。

6. 水磨石

水磨石是用普通水泥、白水泥、彩色水泥、普通水泥加耐碱颜料拌合各种色彩的大理石石渣做面层，硬化后用机械反复磨平抛光表面而成。水磨石多用于地面、水池等工程部位，可事先设计图案色彩，磨平抛光后更具艺术效果。水磨石还可制成预制件或预制块，作楼梯踏步、窗台板、柱面、踢脚板、地面板等构件，室内外的地面、墙面、台面、柱面等也可用水磨石进行装饰。

装饰砂浆还可采用喷涂、弹涂、辊压等工艺方法做成丰富多彩、形式多样的装饰面层。装饰砂浆操作方便、施工效率高，与其他墙面、地面装饰相比，成本低、耐久性好。

4.7.5　特种砂浆

1. 保温砂浆

保温砂浆是采用水泥、石灰、石膏等胶凝材料与膨胀珍珠岩、膨胀蛭石、陶粒、陶砂或聚苯乙烯泡沫颗粒等轻质骨料，按一定比例配制的砂浆。保温砂浆质轻，绝热性能好，其导热系数为 $0.07\sim0.10$ W/(m·K)。主要用于屋面隔热层、隔热墙壁、冷库以及工业窑炉、供热管道隔热层等。如在保温砂浆中掺入或在表面喷涂憎水剂，则其保温隔热效果会更好。

常用的保温砂浆有水泥膨胀珍珠岩砂浆、水泥膨胀蛭石砂浆、水泥石灰膨胀蛭石砂浆等。水泥膨胀珍珠岩砂浆采用强度等级 42.5 的普通水泥配制，水泥与膨胀珍珠岩砂体积比为 $1:12\sim1:15$，水灰比为 $1.5\sim2.0$，导热系数为 $0.067\sim0.074$ W/(m·K)，可用于砖及混凝土内墙表面抹灰或喷涂。

2. 耐酸砂浆

耐酸砂浆是用水玻璃和氟硅酸钠加入石英砂、花岗岩砂、铸石等耐酸粉料和细骨料，按适当比例配制的砂浆，具有耐酸性。可作为耐酸地面和耐酸容器的内壁防护层。在某些有酸雨腐蚀的地区，也可用于建筑物的外墙装饰，起到提高建筑物耐酸雨腐蚀的作用。

3. 吸声砂浆

吸声砂浆由轻质多孔骨料制成的隔热砂浆具有吸声性能。另外，用水泥、石膏、砂、锯末等也可以配制成吸声砂浆。如果在吸声砂浆内掺入玻璃纤维、矿物棉等松软的材料能获得更好的吸声效果。吸声砂浆常用于室内的墙面和顶棚的抹灰。

4. 防辐射砂浆

防辐射砂浆在水泥砂浆中加入重晶石粉和重晶石砂可配制具有防 X 射线和 γ 射线的

砂浆。其配合比为水泥∶重晶石粉∶重晶石砂＝1∶0.25∶4～1∶0.25∶5。配制砂浆时加入硼砂、硼酸可制成具有防中子辐射能力的防辐射砂浆。此类砂浆用于射线防护工程。

5. 自流平砂浆

自流平砂浆是指与水(或乳液)搅拌后,摊铺在地面,具有自行流平性或稍加辅助性摊铺能流动找平的地面用材料。它可以提供一个合适的、平整的、光滑和坚固的铺垫基底,可以架设各种地板材料,也可以直接用作地坪。自流平砂浆分为水泥基自流平和石膏基自流平两大类。

6. 灌浆材料

灌浆技术是指通过一定的压力将具有胶凝性能的材料注入结构或地基的空隙中,改善被灌体力学性能、防渗性能及满足其他功能的一种技术,所用的材料即为灌浆材料。灌浆材料分为水泥基灌浆材料和化学灌浆材料两大类,其中水泥基灌浆材料目前应用最多,其胶结性能好、固化强度高、施工方便,主要用于岩石、基础或结构物的加固和防渗堵漏、预应力混凝土的孔道灌浆及装配式建筑套筒灌浆。

4.7.6　预拌砂浆

预拌砂浆是指专业生产厂生产的砂浆,相比较于传统的现场拌制,预拌砂浆具有品种多、性能好、质量稳定、污染小、施工快、节约材料等优点。按生产方式预拌砂浆可分为湿拌砂浆和干混砂浆。

1. 湿拌砂浆

湿拌砂浆指水泥、细骨料、矿物掺合料、添加剂、外加剂、水,按一定比例,在搅拌站经计量、拌制后,运送至使用地点,并在规定时间内使用的拌合物。按《预拌砂浆》(GB/T 25181—2019)的规定,湿拌砂浆分为湿拌砌筑砂浆、湿拌抹灰砂浆、湿拌地面砂浆和湿拌防水砂浆四类。

2. 干混砂浆

干混砂浆指水泥、干燥骨料或粉料、添加剂以及根据性能确定的其他组分,按一定比例,在专业生产厂经计量、混合而成的混合物,在使用地点按规定比例添加水或配套组分拌合使用的砂浆。按《预拌砂浆》(GB/T 25181—2019)的规定,干混砂浆有干混砌筑砂浆(又分普通砌筑、薄层砌筑)、干混抹灰砂浆(又分普通抹灰、薄层抹灰、机械抹灰)、干混地面砂浆和干混防水砂浆(有普通防水、聚合物防水之分)、干混自流平砂浆、干混陶瓷黏结砂浆等类别。

4.8　本章小结

混凝土是主要的结构用材料。混凝土的质量关系工程结构安全和寿命,不合格的混凝土会威胁生命安全,造成经济损失。混凝土质量受原材料、配合比、浇筑与养护等的影响,因此在混凝土生产、施工中都要树立高度的质量控制意识,确保混凝土工程质量。

本章要求掌握混凝土的组成材料、技术性质、配合比设计和常见技术问题的处理措施,初步具备混凝土应用和试验的能力。具体如下:

(1) 理解混凝土的分类,掌握普通混凝土组成材料的品种、技术要求及选用标准。熟练掌握细骨料的细度模数和粗骨料最大粒径的定义及确定方法,粗骨料颗粒级配的定义及连续级配和间断级配的概念等,了解常用混凝土外加剂的主要性质、选用和应用。

(2) 掌握混凝土拌合物工作性的含义及影响因素。

(3) 理解混凝土的立方体抗压强度、立方体抗压强度的标准值及强度等级的概念,影响混凝土强度的因素及提高混凝土强度的措施,了解硬化混凝土的变形性质和耐久性及其影响因素。

(4) 理解混凝土的四项基本要求,重点掌握普通混凝土的配合比设计方法,包括混凝土配制的基本参数(水灰比、砂率、单位用水量)的确定、混凝土配合比调整方法等。

(5) 理解混凝土质量的评定原则、混凝土技术的新进展及其发展趋势。

(6) 理解砂浆和易性概念及测定方法,掌握砌筑砂浆配合比的设计方法,了解普通抹面砂浆的品种与作用及其配制方法。

思考题

1. 名词解释:混凝土、轻混凝土、颗粒级配、碱骨料反应、和易性、合理砂率、立方体抗压强度标准值、混凝土强度保证率、碳化。

2. 简答题

(1) 混凝土用砂为何要提出级配和细度要求? 两种砂的细度模数相同,其级配是否相同? 反之,如果级配相同,其细度模数是否相同?

(2) 粗骨料的强度和坚固性如何评定? 为什么要限制粗、细骨料中泥、泥块及有害物质(硫化物、硫酸盐、有机物、云母等)的含量?

(3) 普通混凝土是由哪些材料组成的? 它们在硬化前后各起什么作用? 简述减水剂的作用机理。

(4) 为什么混凝土中水泥的用量不是越多越好?

(5) 在水泥浆用量一定的条件下,为什么砂率过小和过大都会使混合料的流动性变差?

(6) 混凝土的耐久性通常包括哪些方面的性能? 影响混凝土耐久性的关键因素是什么? 如何提高混凝土的耐久性?

(7) 混凝土拌合物和易性的含义是什么? 如何评定和易性? 影响和易性的因素有哪些?

(8) 影响混凝土强度的主要因素有哪些? 怎样影响? 如何提高混凝土的强度?

(9) 为什么混凝土在潮湿条件下养护时收缩较小,干燥条件下养护时收缩较大,而在水中养护时却不收缩?

(10) 影响砌筑砂浆强度的因素有哪些? 配制砂浆时,为什么除水泥外常常要加入一定量的其他胶凝材料?

(11) 影响砂浆保水性的主要原因是什么? 新拌砂浆的和易性包括哪两方面的含义?

如何测定？如何改善砂浆的保水性？

3. 计算题

(1) 某混凝土试样试拌调整后，各种材料的用量分别为水泥 3.1 kg，水 1.86 kg，砂 6.20 kg，碎石 12.85 kg，实测其表观密度为 2 450 kg/m³。求 1 m³ 混凝土的各种材料实际用量。

(2) 某工程设计要求混凝土强度等级为 C25，工地一个月内按施工配合比施工，先后取样制备了 30 组试件(15 cm×15 cm×15 cm)，测出每组(三个试件)28 d 抗压强度代表值，见表 4.30。请计算该批混凝土强度的平均值、标准差、保证率，并评定该工程的混凝土能否通过验收和生产质量水平检验。

表 4.30　28 d 抗压强度代表值

试件组编号	1	2	3	4	5	6	7	8	9	10	11	12	13	14	15
28 d 抗压强度/MPa	24.1	29.4	20.0	26.0	27.7	28.2	26.5	28.8	26.0	27.5	25.0	25.2	29.5	28.5	26.5
试件组编号	16	17	18	19	20	21	22	23	24	25	26	27	28	29	30
28 d 抗压强度/MPa	26.5	29.5	24.0	26.7	27.7	26.1	25.6	27.0	25.3	27.0	25.1	26.7	28.0	28.5	27.3

(3) 某工程需配制 C20 混凝土，经计算初步配合比为 $m_{c0}:m_{s0}:m_{g0}:m_{w0}=1:2.6:4.6:0.6$，其中水泥密度为 3.10 g/cm³，砂的表观密度为 2.60 g/cm³，石子的表观密度为 2.65 g/cm³。求 1 m³ 混凝土中各材料的用量。按照上述配合比进行试配，水泥和水各加 5%后，坍落度才符合要求，并测得拌合物的表观密度为 2 390 kg/m³，求满足坍落度要求的各种材料用量。

(4) 某工地夏秋季需配置 M5.0 的水泥石灰混合砂浆。采用强度等级 42.5 普通水泥，砂子为中砂，堆积密度为 1 480 kg/m³，施工水平为中等。试求砂浆的配合比。

第5章

建筑钢材

本章介绍建筑钢材的分类、主要技术性能、技术标准和建筑钢材的应用特点,阐述碳素结构钢和低合金结构钢的性质、技术标准、选用原则以及建筑结构用钢和钢筋混凝土用钢的种类、特点和应用。

5.1 钢材的分类

5.1.1 脱氧程度

钢按冶炼时脱氧程度可分为镇静钢、特殊镇静钢、沸腾钢和半镇静钢。沸腾钢的气泡多于镇静钢,沸腾钢是脱氧不完全的钢,浇铸后在钢液冷却时有大量 CO 气体外逸,引起钢液剧烈沸腾。沸腾钢内部杂质和夹杂物多,化学成分和力学性能不够均匀,强度低、冲击韧性和可焊性差,但生产成本低,可用于一般的建筑结构。镇静钢是指在浇铸时钢液平静地冷却凝固,基本无 CO 气体产生,是脱氧较完全的钢。其钢质均匀密实、品质好,但成本高。镇静钢可用于承受冲击荷载等重要结构。此外,还有比镇静钢脱氧程度还要充分彻底的钢,其质量最好,称特殊镇静钢,用于特别重要的结构工程。脱氧程度与质量介于镇静钢和沸腾钢之间的钢,称为半镇静钢,其质量较好。

5.1.2 化学成分

1. 碳素钢

碳素钢的分类见表 5.1。

表 5.1 碳素钢的分类

类型	低碳钢	中碳钢	高碳钢
含碳量/%	<0.25	$0.25\sim0.60$	>0.60

碳是影响钢材性能的主要元素之一,碳素钢中随着含碳量的增加,其强度和硬度提高,塑性韧性降低。当含碳量大于 0.3% 时,钢的可焊性显著降低。含碳量大于 1% 时,脆性增加,硬度增加,弹性下降。此外,含碳量增加,钢的冷脆性和时效敏感性增大,耐大

气锈蚀性降低。

2．合金钢

合金钢的分类见表5.2。建筑工程中,钢结构用钢和钢筋混凝土结构用钢主要使用非合金钢中的低碳钢及低合金钢加工成的产品,合金钢亦有少量应用。

表5.2　合金钢的分类

类型	低合金钢	中合金钢	高合金钢
合金元素总含量/%	<5.0	5.0～10	>10

5.1.3　其他分类

按品质(杂质含量)分类,钢材可分为普通钢、优质钢、高级优质钢、特级优质钢,具体见表5.3。高级优质钢的钢号后加"高"字或"A",特级优质钢的钢号后加"E";按用途分类,可分为结构钢、工具钢、轴承钢等。建筑上常用的钢材是普通碳素结构钢(低碳钢)和普通合金结构钢。

表5.3　钢材按品质分类

类型	普通钢	优质钢	高级优质钢	特级优质钢
含硫量/%	≤0.045～0.050	≤0.035	≤0.035	≤0.015
含磷量/%	≤0.045	≤0.025	≤0.025	≤0.025

5.2　钢材的主要技术性能

5.2.1　力学性能

力学性能又称机械性能,是钢材最重要的使用性能。在建筑结构中,要求承受静荷载的钢材具有一定的力学强度,并要求所产生的变形不致影响结构的正常工作和安全使用;承受动荷载的钢材,还要具有较高的韧性而不致导致断裂。钢材的力学性能主要有强度、塑性、冲击韧性和硬度等。

1．强度

强度是钢材的重要技术指标,是指钢材在外力作用下,抵抗变形和断裂的能力。测定钢材强度的主要方法是拉伸试验。应力-应变关系反映出钢材的主要力学特征。低碳钢的拉伸试验具有典型意义,其应力-应变曲线如图5.1所示。从图中可见,就变形性质而言,曲线可划分为四个阶段,即弹性阶段($O—A$)、屈服阶段($A—B$)、强化阶段($B—C$)、颈缩阶段($C—D$)。

1）弹性极限与弹性模量

在 OA 段内，随着荷载的增加，应力和应变成比例增加，如卸去荷载，试件将恢复原状，钢材呈现弹性变形，所以此阶段为弹性阶段。与 A 点对应的应力为弹性极限，用 σ_p 表示。由图 5.1 可以看出，OA 为一直线，在这一范围内，应力与应变的比值为一常数，称为弹性模量，用 E 表示，即 $E = \sigma / \varepsilon$。弹性模量反映钢材抵抗变形的能力，即材料的刚度，是计算钢材在静荷载作用下结构受力变形的重要指标。E 值越大，钢材抵抗弹性变形的能力越大，在一定的荷载作用下，钢材发生的弹性变形量越小。常用低碳钢的弹性模量 $E = 2.0 \times 10^5 \sim 2.1 \times 10^5$ MPa，弹性极限 $\sigma_p = 180 \sim 200$ MPa。

2）屈服强度

在 OB 段内，当应力超过 σ_p 后，应力与应变不再成正比关系，钢材在荷载作用下产生弹性变形的同时产生塑性变形。当应力达到 B_u 点后，塑性应变迅速增加，曲线出现一个波动的小平台，钢材暂时失去了抵抗塑性变形的能力，这种现象称为屈服。图 5.1 中 B_u 点是这一阶段的应力最高点，称为上屈服点；B_d 点是最低点，称为下屈服点。由于下屈服点的数值比较稳定，所以以下屈服点作为材料屈服强度（或称屈服点）的标准值，用 σ_s 表示。屈服点是确定钢材容许应力的依据，常用低碳钢的 $\sigma_s = 195 \sim 235$ MPa。有些钢材在受力时没有明显的屈服现象，通常以产生残余变形为 0.2% 时所对应的应力作为该钢材的屈服强度，称为条件屈服强度，用 $\sigma_{0.2}$ 表示，见图 5.2。

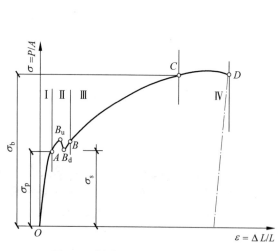

图 5.1　低碳钢受拉的应力-应变图

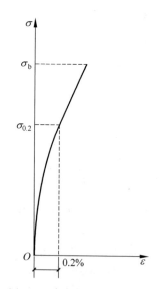

图 5.2　条件屈服强度示意图

3）极限强度

当钢材屈服到一定程度后，由于内部晶粒重新排列，其抵抗变形能力又重新提高，此时虽然变形很快，但却能随着应力的提高而提高，直至应力达到最大值，所以此阶段称为强化阶段。此后，钢材抵抗变形的能力明显降低，并在最薄弱处发生较大的塑性变形，此处试件截面迅速缩小，出现颈缩现象，直至断裂破坏。钢材受拉断裂前的最大应力值（C 点对应值）称为强度极限或抗拉强度 σ_b。

抗拉强度与屈服强度之比,称为强屈比(σ_b/σ_s)。强屈比越大,反映钢材受力超过屈服点工作时的可靠性越大,因而结构的安全性越高,不易发生脆性断裂和局部超载引起的破坏。但强屈比太大,钢材性能不能被充分利用。通常情况下,钢材的强屈比应大于1.2。

4）疲劳强度

钢材在交变应力的反复作用下,往往在应力远小于其抗拉强度时就发生破坏,这种现象称为疲劳破坏。

疲劳破坏的危险应力用疲劳强度来表示,它是指疲劳试验时试件在交变应力作用下,于规定周期基数内不发生断裂所能承受的最大应力。疲劳强度是衡量钢材耐疲劳性能的指标,设计承受反复荷载且须进行疲劳验算的结构时应测定。通常取交变应力循环次数 N 为 10^7 次,试件不发生破坏的最大应力作为疲劳强度,如图5.3所示。

2. 塑性

塑性表示钢材在外力作用下发生塑性变形而不破坏的能力,它是钢材的一个重要指标。钢材塑性用伸长率 δ 表示。伸长率是衡量钢材塑性的指标,它的数值越大,表示钢材塑性越好。

拉伸试验中试件的原始标距为 L_0,拉断后的试件于断裂处对接在一起,如图5.4所示,测得其断后标距 L_1,则其伸长率计算式如下:

$$\delta = \frac{L_1 - L_0}{L_0} \times 100\%$$

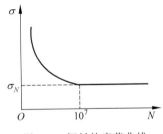

图5.3　钢材的疲劳曲线

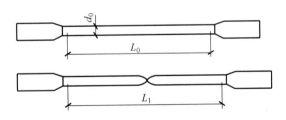

图5.4　钢材拉断前后的试件

3. 冲击韧性

冲击韧性是钢材抵抗冲击荷载作用的能力,它是用试验机摆锤冲击带有 V 形缺口的标准试件的背面,用其冲断后试件单位截面积上所消耗的功来表示,即

$$\alpha_k = \frac{mg(H-h)}{A}$$

式中：α_k——钢材的冲击韧性,J/cm^2;

　　　　m——摆锤质量,kg;

　　　　g——重力加速度,数值为9.81 m/s^2;

　　　　H、h——摆锤冲击前后的高度,m;

A——试件缺口处的截面面积，cm^2。

α_k 值越大，表示冲击试件所消耗的功越多，钢材的冲击韧性越好，抵抗冲击作用的能力越强。对于重要的结构以及经常受冲击荷载作用的结构，特别是处于低温条件下的结构，为了防止钢材的脆性断裂，应对钢材的冲击韧性有一定的要求。

钢材冲击韧性的高低不仅取决于其化学成分、组织状态、冶炼的质量，还与环境温度有关。当温度下降到一定范围内时，冲击韧性突然下降，钢材的断裂呈脆性，这一性质称为钢材的冷脆性，如图 5.5 所示。冲击韧性下降的温度范围称为脆性转变温度。脆性转变温度越低，钢材的低温冲击韧性越好，越能在低温下承受冲击荷载。北方寒冷地区使用的钢材应选用脆性转变温度低于使用温度的钢材，并满足规范规定的－20℃或－40℃下冲击韧性指标的要求。

钢材随时间的延长会表现出强度提高，塑性和冲击韧性下降，这种现象称为时效。经过时效后，钢材的冲击韧性下降显著。为了保证钢材的使用安全，对于承受动荷载的重要结构，应选用时效敏感性小的钢材。

4. 硬度

硬度是指钢材表面局部体积内抵抗硬物压入的能力，它是衡量钢材软硬程度的指标。测定钢材硬度的方法有布氏法、洛氏法和维氏法，较常用的是布氏法和洛氏法。

布氏法使用一定的压力把淬火钢球压入钢材表面，将压力除以压痕面积即得布氏硬度值 HB，如图 5.6 所示。HB 值越大，表示钢材越硬。布氏法的特点是压痕较大，试验数据准确、稳定。布氏法适用于 HB＜450 的钢材。

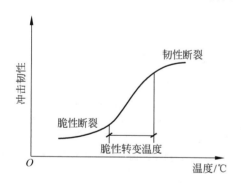

图 5.5　温度对低合金钢冲击韧性的影响

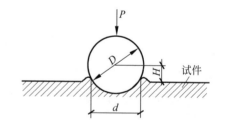

图 5.6　布氏硬度测定示意图

洛氏法是在洛氏硬度机上根据压头压入试件的深度来计算硬度值。洛氏法的压痕很小，一般用于判断机械零件的热处理效果。

钢材的硬度与抗拉强度间存在较好的相关性，当 HB＜175 时，$\sigma_b \approx 3.6HB$；当 HB＞175 时，$\sigma_b \approx 3.5HB$。根据这个关系，可以通过测钢材的 HB 值估算钢材的抗拉强度。

5.2.2　钢材的工艺性能

工艺性能是指钢材在各种加工过程中的行为。钢材应具有良好的工艺性能，以保证钢材顺利通过各种加工工艺，使钢材制品的质量不受影响。

1. 冷弯性能

冷弯性能是指钢材在常温下承受弯曲变形的能力,是钢材的重要工艺性能。钢材的冷弯性能指标用试件在常温下所能承受的弯曲程度表示。弯曲程度以试验时的弯曲角度和弯心直径与试件厚度(或直径)的比值来衡量。弯曲角度越大,弯心直径与试件厚度(或直径)的比值越小,表示对钢材的冷弯性能要求越高。按规定的弯曲角度和弯心直径进行试验时,试件的弯曲处不发生裂缝、裂断或起层,表明冷弯性能合格。图5.7为钢材冷弯试验示意图。

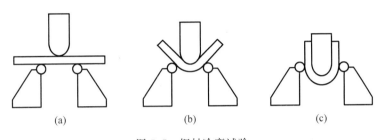

(a)   (b)   (c)

图5.7 钢材冷弯试验

(a) 试样安装;(b) 弯曲90°;(c) 弯曲180°

钢材的冷弯性能与伸长率一样,也是反映钢材在静荷载作用下的塑性,但钢材在弯曲过程中,受弯部位产生局部不均匀塑性变形,这种变形在一定程度上比伸长率更能反映出钢材的内应力、微裂纹、表面状况及夹杂物等缺陷。

2. 焊接性能

焊接是各种型钢、钢板、钢筋的重要连接方式。焊接性能(又称可焊性)指钢材在通常的焊接方法和工艺条件下获得良好焊接接头的性能。

在焊接中,由于高温作用和焊接后的急剧冷却,焊缝及其附近的过热区会发生晶体组织及结构变化,产生剧烈的膨胀和收缩变形及内应力,形成焊接缺陷。可焊性好的钢材用一般焊接方法和工艺焊接时,不易形成裂纹、气孔、夹渣等缺陷,焊接接头牢固可靠,焊缝及其附近过热区的性能不低于母材。

在工业与民用建筑的钢结构中,焊接结构占到90%以上。在钢筋混凝土结构中,焊接也大量应用于钢筋接头、钢筋网、钢筋骨架、预埋件及连接件等。因此要求钢材具有良好的可焊性。低碳钢具有优良的可焊性,高碳钢的焊接性能较差。

3. 冷加工强化及时效强化

1) 冷加工强化

冷加工指钢材在再结晶温度下(一般为常温)进行的机械加工,如冷拉、冷轧、冷拔(图5.8)、冷扭和冷冲等。钢材经冷加工后,产生塑性变形,屈服点明显提高,而塑性、韧性降低,弹性模量下降,这种现象称冷加工强化。冷加工的钢材,其屈服点提高而抗拉强度基本不变,塑性和韧性相应降低,弹性模量也有所降低。产生冷加工强化的原因是:钢材在冷加工变形时,由于晶粒间已产生滑移,晶体形状改变,同时在滑移区域,晶粒破碎,晶格歪扭,

从而对继续滑移造成阻力,要使它重新产生滑移就必须增加外力,这就意味着屈服强度有所

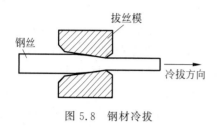

图 5.8　钢材冷拔

提高,但由于减少了可以利用的滑移面,故钢的塑性降低。另外,在塑性变形中产生了内应力,钢材的弹性模量降低。

钢材经冷拉后的性能变化规律见图 5.9。将钢筋拉伸超过 σ_s（B 点对应值）至某一点 K,卸去荷载,此时由于试件已产生塑性变形,则曲线沿 KO' 下降,KO' 大致与 BO 平行。如立即再拉伸,则应力-应变曲线成为 $O'KCD$,屈服点由 B 点提高到 K 点。但如在 K 点卸载后进行时效处理,然后拉伸,则应力-应变曲线成为 $O'K_1C_1D_1$,屈服点提高至 K_1 点,抗拉强度提高至 C_1 点。图 5.9 曲线表明,经冷加工和时效对钢筋产生了强化作用。

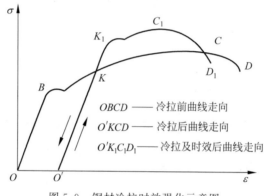

图 5.9　钢材冷拉时效强化示意图

2) 时效强化

钢材随着时间的延长,钢的屈服强度和抗拉强度提高,而塑性和韧性降低的现象,称为时效。将冷加工处理后的钢筋,在常温下存放 15～20 d,或加热至 100～200 ℃后保持一定时间（2～3 h）,其屈服强度进一步提高,且抗拉强度也提高,同时塑性和韧性也进一步降低,弹性模量则基本恢复,这个过程称为时效处理。前者为自然时效,适用于低强度钢筋;后者为人工时效,适用于高强度钢筋。经时效处理的钢筋,其屈服点、抗拉极限提高,塑性和韧性降低。钢材产生时效的原因是由于溶于 Fe 晶格中的氮和氧等原子,以 Fe_4N 与 FeO 的形式析出并向缺陷处移动和聚集。当钢材冷加工塑性变形后,或受动载的反复振动,都会促进氮、氧原子的移动和聚集,加速时效的发展,使晶格畸变加剧,阻碍晶粒发生滑移,增加了抵抗塑性变形的能力。

4. 钢材的热处理

热处理是将钢材按一定的温度进行加热、保温和冷却,以改变其金相组织和纤维结构组织,从而获得所需性能的一种综合工艺,钢材热处理如图 5.10 所示。土木工程所用钢材一般在生产厂家进行热处理。在施工现场,有时需要对焊接件进行热处理。

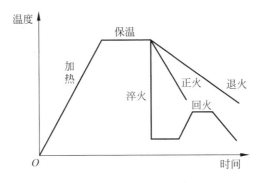

图 5.10 钢材热处理示意图

1）淬火

淬火指将钢材加热至基本组织改变温度以上，然后投入水或矿物油中急冷，使晶粒细化，碳的固溶量增加，强度和硬度增加，塑性和韧性明显下降。

2）回火

将比较硬脆、存在内应力的钢，再加热至基本组织改变温度以下（150～650 ℃），保温后按一定制度冷却至室温的热处理方法称回火。回火后的钢材，内应力消除，硬度降低，塑性和韧性得到改善。

3）退火

退火指将钢材加热至基本组织转变温度以下（低温退火）或以上（完全退火），适当保温后缓慢冷却，以消除内应力，减少缺陷和晶格畸变，使钢的塑性和韧性得到改善。

4）正火

正火是将钢件加热至基本组织改变温度以上，然后在空气中冷却，使晶格细化，钢的强度提高而塑性有所降低。

对于含碳量高的高强度钢筋和焊接时形成硬脆组织的焊件，适合以退火方式来消除内应力和降低脆性，保证焊接质量。

5.3　钢材的技术标准与应用

5.3.1　常用建筑钢种

1. 碳素结构钢

1）牌号

国家标准《碳素结构钢》（GB/T 700—2006）规定由代表屈服强度的字母、屈服强度数值、质量等级符号、脱氧程度符号组成碳素结构钢牌号。

牌号：Q195、Q215、Q235、Q275，其中 Q 为屈服点代号，数值为屈服点数值。

质量等级：按硫、磷等有害杂质的含量多少分成 A、B、C、D 四个等级，随 A、B、C、D 的顺序碳素结构钢的质量等级逐级提高。

脱氧程度：F 为沸腾钢、Z 为镇静钢、TZ 为特殊镇静钢。当为镇静钢或特殊镇静钢时，牌号中的 Z、TZ 可省略。

例如牌号为 Q235AF，表示这种碳素结构钢的屈服强度为 235 MPa，质量等级为 A，脱氧程度为沸腾钢。

2）技术要求

碳素结构钢的技术要求包括化学成分、力学性能及冷弯性能等，其指标应分别满足表 5.4、表 5.5 和表 5.6 的要求。

表 5.4　碳素结构钢的化学成分（GB/T 700—2006）

牌　号	等　级	化学成分/%					脱氧方法
		C	Mn	Si	S	P	
					≤		
Q195		0.12	0.50	0.30	0.040	0.035	F、Z
Q215	A	0.15	1.20	0.35	0.050	0.045	F、Z
	B				0.045		
Q235	A	0.22[①]	1.40	0.35	0.050	0.045	F、Z
	B	0.20			0.045		
	C	0.17			0.040	0.040	Z
	D	0.17			0.035	0.035	TZ
Q275	A	0.24	1.50	0.35	0.050	0.045	F、Z
	B	0.21			0.045	0.045	Z
	C	0.22			0.040	0.040	Z
	D	0.20			0.035	0.035	TZ

① 经需方同意，Q235B 的含碳量可不大于 0.22%。

表 5.5　碳素结构钢的力学性能（GB/T 700—2006）

牌号	质量等级	屈服点 σ_s/MPa						抗拉强度 σ_b/MPa	伸长率/%					冲击试验	
		钢材厚度（直径）/mm							钢材厚度（直径）/mm					温度/℃	V 形冲击功（纵向）/J
		≤16	>16~40	>40~60	>60~100	>100~150	>150~200		≤40	>40~60	>60~100	>100~150	>150~200		
		≥							≥						≥
Q195		195	185					315~390	33						
Q215	A	215	205	195	185	175	165	335~410	31	30	29	27	26		
	B													+20	27
Q235	A	235	225	215	205	195	185	370~500	26	25	24	22	21		
	B													+20	27
	C														
	D													−20	
Q275	A	275	265	255	245	235	225	410~540	22	21	20	18	17		
	B													+20	27
	C														
	D													−20	

表 5.6　碳素结构钢的冷弯性能（GB/T 700—2006）

牌　号	试样方向	冷弯试验（$d = 2d_0$，180°）	
		钢材厚度（直径）d_0/cm	
		≤60	60～100
Q195	纵	0	
	横	$0.5d_0$	
Q215	纵	$0.5d_0$	$1.5d_0$
	横	d_0	$2d_0$
Q235	纵	d_0	$2d_0$
	横	$1.5d_0$	$2.5d_0$
Q275	纵	$1.5d_0$	$2.5d_0$
	横	$2d_0$	$3d_0$

　　一般来说，碳素结构钢的塑性较好，适用于各种加工，其化学性质稳定，对轧制、热处理及急冷的敏感性小，常用于热轧钢筋的生产。

2. 优质碳素结构钢

　　优质碳素结构钢在生产过程中严格控制杂质的含量（含硫量不高于 0.035%，含磷量不高于 0.035%），因此其质量稳定，综合性能较好，优于碳素结构钢。优质碳素结构钢分为普通含锰量（0.35%～0.80%）和较高含锰量（0.70%～1.20%）两大组。按照《优质碳素结构钢》（GB/T 699—1999）规定，优质碳素结构钢共有 31 个牌号，其中有 3 个牌号是沸腾钢，其他均为镇静钢。

　　优质碳素结构钢的牌号由数字和字母两部分组成。两位数字表示平均含碳量（以 0.01% 为单位）；字母分别为含锰量标注、脱氧程度代号。当锰的含量较高时，两位数字后加"Mn"，普通含锰量时不做标注。如果是沸腾钢，则在数字后加注"F"，镇静钢则不做标注。例如钢号 15F 表示平均含碳为 0.15%，普通含锰量的沸腾钢；45Mn 表示平均含碳量为 0.45%，较高含锰量的镇静钢。

　　在土木工程中，优质碳素结构钢主要用于重要结构的钢铸件和高强螺栓，常用的是 30～45 钢，45 钢也用作预应力混凝土锚具。65～80 钢主要用于生产预应力钢筋混凝土用的钢丝、刻痕钢丝和钢绞线。

3. 低合金高强度结构钢

1）牌号

　　根据国家标准《低合金高强度结构钢》（GB/T 1591—2018）规定，用屈服点符号、屈服点数值、交货状态代号、质量等级表示低合金高强度结构钢牌号，当需要钢板具有厚度方向性能时，则在上述规定的牌号后加上代表厚度方向（Z 向）性能的符号，如：Q355NDZ 25。

　　牌号：Q355、Q390、Q420、Q460、Q500、Q550、Q620、Q690。

　　交货状态代号：热轧 AR 或 WAR（可省略）、N（正火、正火轧制）、M（热机械轧制）。

　　质量等级：B、C、D、E、F 五个等级。

2）技术要求

低合金高强度结构钢的技术要求包括化学成分、力学性能及冷弯性能等，其指标应分别满足表5.7～表5.9的要求。

表 5.7　低合金高强度结构钢的化学成分（GB/T 1591—2018）

钢级	质量等级	C≤ 直径或厚度/mm ≤40	C≤ >40	Si≤	Mn≤	P≤	S≤	Nb	V	Ti	Cr≤	Ni≤	Cu≤	Mo≤	N≤	B≤	Als≥
Q355	B	0.24	0.24		≤1.60	0.035		—				0.30		—	0.012		
	C	0.20	0.22			0.030									0.012		
	D	0.20	0.22			0.025											
Q390	B			≤0.55	≤1.70						0.30	0.50	0.40	0.10		—	—
	C	0.20													0.015		
	D							≤0.05	≤0.13	≤0.05							
Q420	B				≤1.70	0.035	0.030					0.80		0.20	0.015		
	C																
Q460	C				≤1.80	0.030						0.80		0.20		0.04	
Q355N	B	0.20				0.035	0.035										
	C	0.20			0.90	0.030	0.030	0.005	0.01								
	D	0.20		0.50	~	0.030	0.025	~	~						0.015	—	
	E	0.18			1.65	0.025	0.020	0.05	0.12			0.50					
	F	0.16				0.020	0.010										
Q390N	B				0.90	0.035	0.035										
	C			0.50	~	0.030	0.030			0.006	0.30	0.50	0.40	0.10	0.015	—	0.015
	D				1.70	0.030	0.025			~							
	E					0.025	0.020			0.05							
Q420N	B	0.20				0.035	0.035	0.01	0.01						0.015	—	
	C				1.00	0.030	0.030	~	~						0.015		
	D			0.60	~	0.030	0.025	0.05	0.20						0.025		
	E				1.70	0.025	0.020					0.80			0.025		
Q460N	C					0.030	0.030								0.015	—	
	D					0.030	0.025								0.025		
	E					0.025	0.020								0.025		

牌号		化学成分/%															
钢级	质量等级	C≤ 直径或厚度/mm ≤40	>40	Si≤	Mn≤	P≤	S≤	Nb	V	Ti	Cr≤	Ni≤	Cu≤	Mo≤	N≤	B≤	Als≥
Q355M	B	0.14		0.50	≤1.60	0.035	0.035		0.01~0.10		0.50			0.10	0.015		
	C					0.030	0.030										
	D					0.030	0.025										
	E					0.025	0.020										
	F					0.020	0.010										
Q390M	B	0.15				0.035	0.035	0.01~0.05			0.30		0.40			—	
	C					0.030	0.030										
	D					0.030	0.025										
	E					0.025	0.020										
Q420M	B	0.16			1.70	0.035	0.035								0.015		
	C					0.030	0.030								0.015		
	D					0.030	0.025								0.025		
	E					0.025	0.020								0.025		
Q460M	C					0.030	0.030			0.006~0.05				0.20	0.015		0.015
	D					0.030	0.025								0.015		
	E					0.025	0.020								0.025		
Q500M	C				1.80	0.030	0.030		0.01~0.12		0.60		0.55		0.015		
	D					0.030	0.025								0.025		
	E					0.025	0.020					0.80			0.025		
Q550M	C	0.18		0.60		0.030	0.030				0.80				0.015		
	D					0.030	0.025								0.025		
	E					0.025	0.020	0.01~0.11							0.025	0.004	
Q620M	C				2.00	0.030	0.030						0.30	0.80	0.015		
	D					0.030	0.025								0.025		
	E					0.025	0.020				1.00				0.025		
Q690M	C					0.030	0.030								0.015		
	D					0.030	0.025								0.025		
	E					0.025	0.020								0.025		

表 5.8　低合金高强度结构钢的力学、工艺性能（GB/T 1591—2018）

热轧钢材

| 牌号 | | | 上屈服强度（R_{eH}）/MPa，不小于 | | | | | | | | | 抗拉强度 R_m/MPa | | | |
| 钢级 | 质量等级 | | 热轧钢材公称厚度或直径/mm | | | | | | | | | 热轧钢材公称厚度或直径/mm | | | |
		≤16	16~40	40~63	63~80	80~100	100~150	150~200	200~250	250~400	≤100	100~150	150~250	250~400
Q355	B,C	355	345	335	325	315	295	285	275	—	470~600	450~600	450~600	—
	D	355	345	335	325	315	295	285	275	265	470~600	450~600	450~600	450~600
Q390	B,C,D	390	390	360	340	340	320	—	—	—	490~650	470~620	470~620	—
Q420	B,C	420	410	390	370	370	350	—	—	—	520~680	500~650	500~650	—
Q460	C	460	450	430	410	410	390	—	—	—	550~720	530~700	530~700	—

正火、正火轧制钢材

| 牌号 | | | 上屈服强度（R_{eH}）/MPa，不小于 | | | | | | | | | 抗拉强度 R_m/MPa | | |
| 钢级 | 质量等级 | | 正火、正火轧制钢材公称厚度或直径/mm | | | | | | | | | 正火、正火轧制钢材公称厚度或直径/mm | | |
		≤16	16~40	40~63	63~80	80~100	100~150	150~200	200~250	—	≤100	100~200	200~250
Q355N	B,C,D,E,F	355	345	335	325	315	295	285	275	—	470~630	450~600	450~600
Q390N	B,C,D,E	390	380	360	340	340	320	310	300	—	490~650	470~620	470~620
Q420N	B,C,D,E	420	400	390	370	360	340	330	320	—	520~680	500~650	500~650
Q460N	C,D,E	460	440	430	410	400	380	370	370	—	540~720	530~710	510~690

热机械轧制钢材

| 牌号 | | | 上屈服强度（R_{eH}）/MPa，不小于 | | | | | | 抗拉强度 R_m/MPa | | | | |
| 钢级 | 质量等级 | | 热机械轧制钢材公称厚度或直径/mm | | | | | | 热机械轧制钢材公称厚度或直径/mm | | | | |
		≤16	16~40	40~63	63~80	80~100	100~120	≤40	40~63	63~80	80~100	100~120
Q355M	B,C,D,E,F	355	345	335	325	325	320	470~630	450~610	440~600	440~600	430~590

续表

热机械轧制钢材公称厚度或直径/mm

牌号 钢级	质量等级	≤16	16~40	40~63	63~80	80~100	100~120	—	—	—	≤40	40~63	63~80	80~100	100~120
Q390M	B、C、D、E	390	380	360	340	340	335	—	—	—	490~650	480~640	470~630	460~620	450~610
Q420M	B、C、D、E	420	400	390	380	370	365	—	—	—	520~680	500~660	480~640	470~630	460~620
Q460M	C、D、E	460	440	430	410	400	385	—	—	—	540~720	530~710	510~690	500~680	490~660
Q500M	C、D、E	500	490	480	460	450	—	—	—	—	610~770	600~760	590~750	540~730	—
Q550M	C、D、E	550	540	530	510	500	—	—	—	—	670~830	620~810	600~790	590~780	—
Q620M	C、D、E	620	610	600	580	—	—	—	—	—	710~880	690~880	670~860	—	—
Q690M	C、D、E	690	680	670	650	—	—	—	—	—	770~940	750~920	730~900	—	—

续表

断后伸长率 A/%，不小于

牌号		试样方向	热轧钢材公称厚度或直径/mm					
钢级	质量等级		≤40	40~63	63~100	100~150	150~200	250~400
Q355	B,C	纵向	22	21	20	18	17	17
	D	横向	20	19	18	18	17	17
Q390	B,C,D	纵向	21	20	20	19	—	—
		横向	20	19	19	18	—	—
Q420	B,C	纵向	20	19	19	19	—	—
Q460	C	纵向	18	17	17	17	—	—

夏比（V 型缺口）冲击试验
（注：冲击试验取纵向试样，经供需双方协商，也可取横向试样）

牌号		试样方向	冲击吸收能量最小值/J				
钢级	质量等级		20 ℃	0 ℃	−20 ℃	−40 ℃	−60 ℃
Q355、Q390、Q420	B	纵向	34	—	—	—	—
		横向	27	—	—	—	—
Q355、Q390、Q420、Q460	C	纵向	—	34	—	—	—
		横向	—	27	—	—	—
Q355、Q390	D	纵向	—	—	34	—	—
		横向	—	—	27	—	—

断后伸长率 A/%，不小于

牌号		正火、正火轧制钢材公称厚度或直径/mm					
钢级	质量等级	≤16	16~40	40~63	63~80	80~200	200~250
Q355N	B,C,D,E,F	22	22	22	21	21	21
Q390N	B,C,D,E	20	20	20	19	19	19
Q420N	B,C,D,E	19	19	19	18	18	18
Q460N	C,D,E	17	17	17	17	17	16

牌号		试样方向	冲击吸收能量最小值/J				
钢级	质量等级		20 ℃	0 ℃	−20 ℃	−40 ℃	−60 ℃
Q355N、Q390N、Q420N	B	纵向	34	—	—	—	—
		横向	27	—	—	—	—
Q355N、Q390N、Q420N、Q460N	C	纵向	—	34	—	—	—
		横向	—	27	—	—	—
	D	纵向	55	47	40	—	—
		横向	31	27	20	—	—
	E	纵向	63	55	47	31	—
		横向	40	34	27	20	—
Q355N	F	纵向	63	55	47	31	27
		横向	40	34	27	20	16

续表

机械轧制钢材断后伸长率 A/%，不小于

牌号 钢级	质量等级	断后伸长率 A/%，不小于
Q355M	B、C、D、E、F	22
Q390M	B、C、D、E	20
Q420M	B、C、D、E	19
Q460M	C、D、E	17
Q500M	C、D、E	17
Q550M	C、D、E	16
Q620M	C、D、E	15
Q690M	C、D、E	14

夏比（V型缺口）冲击试验

（注：冲击试验取纵向试样，经供需双方协商，也可取横向试样）

牌号 钢级	质量等级	试样方向	冲击吸收能量最小值/J				
			20 ℃	0 ℃	−20 ℃	−40 ℃	−60 ℃
Q355M、Q390M、Q420M	B	纵向	34	—	—	—	—
		横向	27	—	—	—	—
	C	纵向	—	34	—	—	—
		横向	—	27	—	—	—
	D	纵向	—	—	40	—	—
		横向	—	—	20	—	—
Q500M、Q550M、Q620M、Q690M	D	纵向	55	47	—	—	—
		横向	31	27	—	—	—
	E	纵向	63	55	47	31	—
		横向	40	34	27	20	—
Q355M	F	纵向	63	55	47	31	27
		横向	40	34	27	20	16
Q500M、Q550M、Q620M、Q690M	C	纵向	—	55	—	—	—
		横向	—	34	—	—	—
	D	纵向	—	—	47	—	—
		横向	—	—	27	—	—
	E	纵向	—	—	47	31	—
		横向	—	—	20	20	—

表 5.9 低合金高强度结构钢的冷弯性能

试样方向	180°弯曲试验 D—弯曲压头直径，a—试样厚度或直径	
	公称厚度或直径/mm	
	≤16	16～100
对于公称宽度不小于600 mm的钢板及钢带，取横向试样；其他钢材取纵向试样	$D=2a$	$D=3a$

低合金高强度结构钢广泛应用于钢结构和钢筋混凝土结构中，特别是大型结构、重型结构、大跨度结构、高层建筑、桥梁工程、承受动力荷载和冲击荷载的结构。

5.3.2　钢结构用钢

钢结构用钢主要是热轧成型的钢板和型钢等；薄壁轻型钢结构中主要采用薄壁型钢、圆钢和小角钢；钢材所用的母材主要是普通碳素结构钢及低合金高强度结构钢。钢结构用钢有热轧型钢、冷弯薄壁型钢、棒材、钢管和板材。

钢结构常用的型钢有工字钢、H型钢、T型钢、槽钢、等边角钢、不等边型钢等。如图5.11所示为几种常用型钢示意图。型钢由于截面形式合理，材料在截面上分布对受力最为有利，且构件间连接方便，所以是钢结构中采用的主要钢材。型钢的规格通常以反映其断面形状的主要轮廓尺寸来表示。

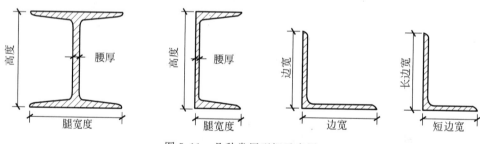

图 5.11　几种常用型钢示意图

5.3.3　钢筋混凝土用钢

1. 热轧钢筋

热轧钢筋是土木工程中用量最大的钢材品种之一，主要用于钢筋混凝土和预应力钢筋混凝土结构的配筋。热轧钢筋按外形可分为光圆和带肋两种。带肋钢筋的横截面通常为圆形，表面带有两条纵肋和沿长度方向均匀分布的横肋，通常横肋的纵截面呈月牙形（图5.12）。根据《钢筋混凝土用钢第1部分：热轧光圆钢筋》（GB/T 1499.1—2017）和《钢筋

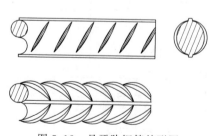

图 5.12　月牙肋钢筋外形图

混凝土用钢　第2部分：热轧带肋钢筋》(GB/T 1499.2—2018)，热轧钢筋的牌号、性能见表 5.10。

表 5.10　热轧钢筋的牌号、性能

牌　号	外形	力　学　性　能						弯曲性能	
		下屈服强度 R_{eL}/MPa	抗拉强度 R_m/MPa	断后伸长率 A/%	最大力总延伸率 A_{gt}/%	R_m^o/R_{eL}^o	R_{eL}^o/R_{eL}	公称直径 d/mm	冷弯 180°，弯心直径 D
		不小于					不大于		
HPB300	光圆	300	420	25	—	—	—	6～22	$D=d$
HRB400 HRBF400	带肋	400	540	16	7.5	—	—	6～25 28～40	4d 5d
HRB400E HRBF400E				—	9.0	1.25	1.30	>40～50	6d
HRB500 HRBF500		500	630	15	7.5	—	—	6～25 28～40	6d 7d
HRB500E HRBF500E				—	9.0	1.25	1.30	>40～50	8d
HRB600		600	730	14	7.5	—	—	6～25 28～40 >40～50	6d 7d 8d

注：R_m^o 为钢筋实测抗拉强度；R_{eL}^o 为钢筋实测屈服强度。

2. 冷轧带肋钢筋

冷轧带肋钢筋采用热轧圆盘条经冷轧而成，表面带有沿长度方向的两面或三面的月牙肋。根据《冷轧带肋钢筋》(GB/T 13788—2017)规定，冷轧带肋钢筋按抗拉强度分为六个等级，即 CRB550、CRB650、CRB800、CRB600H、CRB680H、CRB800H。牌号中 C、R、B、H 分别表示冷轧、带肋、钢筋、高延性，数值为抗拉强度的最低值，单位为 MPa。

冷轧带肋钢筋各等级的力学性能和工艺性能应符合表 5.11 的要求。冷轧带肋钢筋采用了冷加工强化，冷轧后强度明显提高，但塑性也随之下降，使强屈比变小。这种钢筋在中小型预应力混凝土结构构件中和普通混凝土结构构件中得到了越来越广泛的应用。其中 CRB550、CRB600H 为普通钢筋混凝土用钢筋，其他牌号为预应力混凝土用钢筋。

3. 预应力混凝土用钢棒

预应力混凝土用钢棒是盘条经加工后，加热到奥氏体化温度后快速冷却，然后在相变温度以下加热进行回火所得。根据《预应力混凝土用钢棒》(GB/T 5223.3—2017)规定，钢棒按外形分为光圆钢棒、螺旋槽钢棒、螺旋肋钢棒、带肋钢棒四种；按韧性级别分为延性 35、延性 25 两种。预应力混凝土用钢棒具有高强度韧性、低松弛性，与混凝土握裹力强，良好的可焊接性等特点，主要应用于预应力混凝土离心管桩、电杆、高架桥墩、铁路轨枕等预应力构件中。

表 5.11　冷轧带肋钢筋的力学性能和工艺性能

分类	牌号	规定塑性延伸强度 $R_{p0.2}$/ MPa,≥	抗拉强度 R_m/ MPa,≥	$\dfrac{R_m}{R_{p0.2}}$ ≥	断后伸长率/%,≥		弯曲试验 180°	反复弯曲次数	应力松弛初始应力应相当于公称抗拉强度的70% 1 000 h 松弛率/%,≤
					A	$A_{100\,mm}$			
普通混凝土用	CRB550	500	550	1.05	11.0	—	$D=3d$	—	—
	CRB600H	540	600	1.05	14.0	—	$D=3d$	—	—
	*CRB680H	600	680	1.05	14.0	—	$D=3d$	4	5
预应力混凝土用	CRB650	585	650	1.05	—	4.0	—	3	8
	CRB800	720	800	1.05	—	4.0	—	3	8
	CRB800H	720	800	1.05	—	7.0	—	4	5

注：当该牌号钢筋作为普通混凝土用时，对反复弯曲和应力松弛不做要求；当该牌号钢筋作为预应力钢筋混凝土用时，应进行反复弯曲试验代替180°弯曲试验，并检测松弛率。

4. 预应力混凝土钢丝和钢绞线

预应力混凝土钢丝是用优质碳素结构钢经冷加工及时效处理或热处理而制得的高强度钢丝。《预应力混凝土用钢丝》（GB/T 5223—2014）中按加工状态将钢丝分为冷拉钢丝（WCD）和低松弛钢丝（WLR）两类，其中冷拉钢丝仅用于压力管道。钢丝按外形分为光圆钢丝（DP）、螺旋肋钢丝（H）和刻痕钢丝（I）三类。预应力钢丝有强度高、韧性好、无接头、质量稳定可靠、施工方便，不需冷拉、不需焊接等优点，主要用于桥梁、大跨度屋架、管桩等预应力混凝土构件中。

预应力混凝土用钢绞线是由冷拉光圆钢丝及刻痕钢丝捻制而成。《预应力混凝土用钢绞线》（GB/T 5224—2014）中按结构将其分为八类，如用 7 根钢丝捻制的标准型钢绞线，代号 1×7。公称直径为 15.20 mm、抗拉强度为 1 860 MPa 的 7 根钢丝捻制的标准型钢绞线标记为：预应力钢绞线 1×7—15.20—1860—GB/T 5224—2014。预应力钢绞线具有强度高、柔性好、无接头、质量稳定、成盘供应等优点，适用于大型屋架、薄腹梁、大跨度桥梁等负荷大、跨度大的预应力结构。

5.4　钢材的质量控制

5.4.1　钢材化学成分对钢性能的影响

钢材的化学成分主要是指碳、硅、锰、硫、磷等，在不同情况下往往还需考虑氧、氮及各种合金元素。为控制钢材的质量，应控制这些元素的含量。

1. 碳

土木工程用钢材含碳量不大于 0.8%。在此范围内，随着钢中碳含量的提高，强度和硬度相应提高，而塑性和韧性则相应降低，碳还可显著降低钢材的可焊性，增加钢的冷脆性和时效敏感性,降低抗大气锈蚀性。

2.硅

当硅在钢中的含量较低(小于1%)时,可提高钢材的强度,对塑性和韧性影响不明显。

3.锰

锰是我国低合金钢的主加合金元素,锰含量一般在1%~2%范围内,它的作用主要是提高强度,锰还能消减硫和氧引起的热脆性,使钢材的热加工性质得到改善。

4.硫

硫是有害元素,呈非金属硫化物夹杂物存在于钢中,具有强烈的偏析作用[①],能降低各种机械性能。硫化物造成的低熔点使钢在焊接时易于产生热裂纹,显著降低可焊性。

5.磷

磷为有害元素,含量提高,钢材的强度提高,塑性和韧性显著下降,特别是温度越低,对韧性和塑性的影响越大,磷在钢中的偏析作用强烈,使钢材冷脆性增大,并显著降低钢材的可焊性。磷可提高钢的耐磨性和耐腐蚀性,在低合金钢中可配合其他元素作为合金元素使用。

6.氧

氧为有害元素,主要存在于非金属夹杂物内,可降低钢的机械性能,特别是韧性,氧有促进时效倾向的作用,氧化物造成的低熔点亦使钢的可焊形变差。

7.氮

氮对钢材性质的影响与碳、磷相似,使钢材的强度提高,塑性特别是韧性显著下降。氮可加剧钢材的时效敏感性和冷脆性,降低可焊性。在有铝、铌、钒等的配合下,氮可作为低合金钢的合金元素使用。

8.钛

钛是强脱氧剂。它能显著提高强度,改善韧性和可焊性,减少时效倾向,是常用的合金元素。

9.钒

钒是强的碳化物和氮化物形成元素。它能有效提高强度,并减少时效倾向,但增加焊接时的淬硬倾向。

---

① 偏析是指微量元素在钢材中分布不均,部分富集,部分极少,致使钢材的材质不均匀,进而产生缺陷,影响其力学性能,如承载力、塑性性能等。

5.4.2　钢材的锈蚀与防护

1. 钢材的锈蚀

钢材的锈蚀是指其表面与周围介质发生化学反应而遭到破坏。钢材锈蚀后，产生不同程度的锈坑使钢材的有效受力面积减小，承载能力下降，不仅浪费钢材，而且会造成应力集中，加速结构破坏。根据锈蚀作用的机理，钢材的锈蚀可分为化学锈蚀和电化学锈蚀两种。

化学锈蚀是指钢材直接与周围介质发生化学反应而产生的锈蚀。这种锈蚀多数是氧化作用，使钢材表面形成疏松的氧化物。电化学锈蚀是指钢材与电解质溶液接触产生电流，形成微电池而引起的锈蚀。

2. 钢材的防护

钢结构防止锈蚀的方法通常是采用表面刷漆。常用底漆有红丹、环氧富锌漆、铁红环氧底漆等。面漆有调和漆、醇酸磁漆、酚醛磁漆等。薄壁钢材可采用热浸镀锌等措施。

混凝土配筋的防锈措施应根据结构的性质和所处环境条件等决定，主要是保证混凝土的密实，保证足够的保护层厚度，限制氯盐外加剂的掺加量和保证混凝土一定的碱度等，还可掺用阻锈剂。钢材的组织及化学成分是引起钢材锈蚀的内因。通过调整钢的基本组织或加入某些合金元素，可有效地提高钢材的抗腐蚀能力。例如，炼钢时在钢中加入铬、镍等合金元素，可制得不锈钢。总之通过改变钢材本身的易腐蚀性、隔离环境中的侵蚀性介质或改变钢材表面的电化学过程等途径，可以起到钢材防腐蚀的作用。

5.5　本章小结

钢材在土木工程中占有十分重要的地位，作为韧性材料，拉伸是建筑钢材的主要受力形式。为了合理选用建筑钢材，要求重点理解和掌握建筑钢材的主要力学性能和工艺性能及钢材冷加工强化和时效的概念，掌握碳素结构钢和低合金结构钢的性质、技术标准及选用原则，并理解建筑结构用钢和钢筋混凝土用钢的种类、特点和应用。

钢材工程案例：中国第一批 Q460E-Z35 钢用于国家体育场（鸟巢）

"鸟巢"——被评为 2007 年世界十大建筑奇迹的体育馆，一个全球跨度最大的钢结构建筑、全球最大的环保型体育场，完全采用钢桁架编织而成，仅外部钢结构总重就达到 4.2 万 t，最大跨度达到 343 m，而全部重量最终都需要靠 12 对呈 V 字形挺立的立柱支承，每根立柱都要承受来自多个角度的拉扭力。经专家论证认为，这 12 对立柱必须要采用 Q460E-Z35 钢。在当时的国家建筑结构用钢标准中，强度、低温韧性和防震指标的最高极限值，分别是 Q460E 和 Z35（此前中国钢建构使用过的钢板最大级别是 Q390 级，Q460 钢材仅用于机械方面，如大型挖掘机等）；理想的钢板厚度是 110 mm，超出了当时国家建筑结构用钢标准的极限 100 mm。当时在"鸟巢"的建设中，如果从国外进口 Q460E 钢材，不但价格昂贵，而且可能交货期长耽误工期，最重要的是，奥运工程全部"中国制造"的梦想将就此破灭。为实现"鸟巢"100%中国制造的夙愿，北京奥组委专门召集国内大型钢铁企业进行座谈，征求意见，最终,拥有"共和国功勋轧机"——4 200 mm 特厚板热轧机的舞阳钢铁公司承担了 Q460E-Z35 钢板研发生产任务。2005 年 10 月,680 t Q460E-Z35 鸟巢用钢交货,奥运工程用钢实现全部国产化。

思考题

1. 钢有哪几种分类方法？土木工程常用什么钢材？
2. 钢材的化学成分对性能有何影响？
3. 镇静钢和沸腾钢各有何优缺点？在什么情况下不宜选用沸腾钢？
4. 为什么说屈服点、抗拉强度和伸长率是钢材的重要技术指标？
5. 钢材的冲击韧性影响因素有哪些？何谓脆性转变温度和时效敏感性？
6. 什么是钢材的冷弯性能？它的表示方法及实际意义是什么？
7. 冷加工和时效处理后,钢材的性能如何变化？
8. 碳素结构钢的牌号是如何划分的？说明 Q235 AF 和 Q235 D 性能上有何区别。
9. 钢筋混凝土用热轧钢筋的级别是如何划分的？
10. 钢材的腐蚀类型及原因是什么？有哪些防腐措施？

第6章

墙体与屋面材料

本章介绍墙体与屋面材料的生产工艺、技术性质和应用,如天然石材;烧结普通砖、烧结多孔砖、烧结空心砖、非烧结砖;小型空心砌块、加气混凝土砌块等墙用砌块;玻璃纤维增强混凝土(glassfiber reinforced concrete,GRC)隔墙板等墙用板材。简要介绍屋面用材中的各类瓦材及板材的组成、特性及应用等。

墙体材料约占建筑物总质量的 50%,用量较大,墙体材料除必须具有一定强度、能承受荷载外,还应具有一定的防水、抗冻、绝热、隔声等使用功能,而且要自重轻,价格适当,耐久性好。同时要满足绿色经济和可持续发展的要求,原材料本地化,尽量利用工业副产品或废料,生产及使用中应满足环保的要求等。合理选用墙体材料,对改善建筑物的使用功能、降低工程造价、提高建筑物的使用寿命及安全等有重要意义。

6.1 天然石材

6.1.1 常用的天然石材

建筑上常用的天然石材常加工为散粒状、块状、板材等类型的石制品。根据这些石制品用途的不同,可分为砌筑用石材、颗粒状石料、装饰用板材三类,其中砌筑用石材分为毛石、料石两种,毛石是在采石场爆破后直接得到的不规则形状的石块,料石一般是用较致密均匀的砂岩、石灰岩、花岗岩等开凿而成,制成条石、方料石或拱石,用于建筑物的基础、勒脚、地面等;颗粒状石料主要用作配制混凝土的骨料,按其形状的不同,可分为卵石、碎石和石渣三种,其中卵石、碎石应用最多。用于建筑装饰的天然石材品种很多,但按其基本属性可归为大理石和花岗石两大类。饰面板材要求耐久、耐磨、色泽美观、无裂缝。花岗石板材种类不同,其装饰效果不同,应根据不同的使用场合选择不同的板材。

6.1.2 天然石材的技术性质

1. 物理性质

1) 表观密度

表观密度大于 $1\,800\ \mathrm{kg/m^3}$ 的为重石;表观密度小于 $1\,800\ \mathrm{kg/m^3}$ 的为轻石。同种石

材表观密度越大,抗压强度越高,吸水率越小,耐久性好,导热性好。

2) 吸水性

石材吸水性的大小主要与石材的化学成分、孔隙率大小、孔隙特征等因素有关。石材吸水后会对其强度、耐水性、导热性及抗冻性产生很大影响。

3) 耐水性

石材的耐水性以软化系数 K 表示。$K>0.90$ 为高耐水性石材;K 在 $0.70\sim0.90$ 的为中耐水性石材;K 在 $0.60\sim0.70$ 的为低耐水性石材。一般 $K<0.80$ 的石材,不允许用于重要建筑。

4) 抗冻性

石材的抗冻性用冻融循环次数表示,一般有 F10、F15、F25、F100、F200。致密石材的吸水率小、抗冻性好。

5) 耐火性

石材的耐火性与其化学成分及矿物组成有关,含有石膏的石材,在 100 ℃ 以上时开始破坏;含有碳酸镁和碳酸钙的石材,在 $700\sim800$ ℃ 即发生分解;含有石英的石材,在 700 ℃ 会由于受热膨胀而破坏。

2. 力学性质

1) 抗压强度及强度等级

石材是典型的脆性材料,其力学性能中抗压强度较高,抗拉强度为抗压强度 $1/20\sim1/10$。砌筑用的石材抗压强度以三个边长为 70 mm 的立方体试件在水饱和状态下的极限抗压强度平均值表示。强度等级按抗压强度划分为 MU100、MU80、MU60、MU50、MU40、MU30、MU20、MU15、MU10 九个等级。

2) 硬度与耐磨性

石材的硬度以莫氏硬度表示,石材的强度越大、硬度越大,耐磨性越好。

6.2　砌墙砖

6.2.1　烧结砖

以黏土、页岩、煤矸石、粉煤灰等为主要原材料,经成型、焙烧而成的块状墙体材料称为烧结砖。烧结砖按其孔洞率(砖面上孔洞总面积占砖面积的百分率)的大小分为烧结普通砖(没有孔洞或孔洞率小于 15%的砖)、烧结多孔砖(孔洞率大于或等于 15%的砖,其中孔的尺寸小而数量多)和烧结空心砖(孔洞率大于或等于 35%的砖,其中孔的尺寸大而数量少)。

1. 烧结普通砖

烧结普通砖是指以黏土、粉煤灰、页岩、煤矸石为主要原材料,经过成型、干燥、入窑焙烧、冷却而成的实心砖。根据国家标准《烧结普通砖》(GB/T 5101—2017)的规定,烧结普通砖按其主要原料分为黏土砖(N)、页岩砖(Y)、煤矸石砖(M)和粉煤灰砖(F)、建筑渣土砖(Z)、淤泥砖(U)、污泥砖(W)、固体废弃物砖(G)。烧结黏土砖体积密度为 1 600～1 800 kg/m³,具有生产工艺简单、原材料比较丰富、成本较低的特点,但由于要使用耕地取土,目前在一些地区,烧结实心黏土砖已被限制使用。

按焙烧时的火候(窑内温度分布),烧结砖分为欠火砖、正火砖、过火砖。欠火砖色浅、敲击声闷哑、吸水率大、强度低、耐久性差。过火砖色深、吸水率低、强度较高,但弯曲变形大;按焙烧方法不同,烧结普通砖又可分为内燃砖和外燃砖。内燃砖是将可燃性工业废渣(煤渣、含碳量高的粉煤灰、煤矸石等)以一定比例掺入原料中(作为内燃原料)制坯,当砖坯在窑内被烧到一定温度后,坯体内燃料燃烧而烧结成砖。内燃法制砖,除可节省外投燃料外,由于焙烧时热源均匀、内燃原料燃烧后留下许多封闭小孔,因此砖的体积密度减小,强度提高(约 20%),保温隔热性能和隔声性能增强。

烧结普通砖的尺寸规格是 240 mm×115 mm×53 mm,如图 6.1 所示。在砌筑时,4 块砖长、8 块砖宽、16 块砖厚,再分别加上砌筑灰缝(每个灰缝宽度为 8～12 mm,平均取 10 mm),其长度均为 1 m。理论上,1 m³ 砖砌体大约需用砖 512 块。砖的尺寸允许偏差应符合《烧结普通砖》(GB/T 5101—2017)的规定。烧结普通砖按抗压强度分为 MU30、MU25、MU20、MU15 和 MU10 五个强度等级。

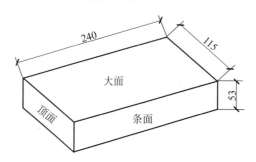

图 6.1　烧结普通砖的规格(单位：mm)

抗风化性能是指在干湿变化、温度变化、冻融变化等物理因素作用下,材料不破坏并长期保持原有性质的能力。烧结普通砖的抗风化性能是一项综合性指标,主要受砖的吸水率与地域位置的影响,用于东北、内蒙古、新疆等严重风化区的烧结普通转,必须进行冻融试验。

石灰爆裂是指烧结普通砖的原料或内燃物质中夹杂着石灰质,焙烧时被烧成生石灰,砖在使用时,吸水后体积膨胀而发生爆裂的现象。石灰爆裂影响砖墙的平整度、灰缝的平直度,甚至使墙面产生裂纹,使墙体破坏。

泛霜是指可溶性的盐在砖表面的盐析现象,一般呈白色粉末、絮团或絮片状,又称起霜、盐析或盐霜。泛霜主要影响砖墙的表面美观。《烧结普通砖》(GB/T 5101—2017)规定每块砖不允许出现严重泛霜。

烧结普通砖具有一定的强度、较好的耐久性、一定的保温隔热性能,并且工艺简单、价格低廉,因此是应用历史最久、应用范围最广的砌墙材料,主要用于砌筑建筑工程的承重墙体、柱、拱、烟囱、沟道、基础等,有时也用于小型水利工程,如闸墩、涵管、渡槽、挡土墙等。但烧结黏土砖取土制砖,大量毁坏农田,且烧结实心砖具有自重大、烧砖能耗高、成品尺寸小、施工效率低、抗震性能差等特点,因此我国大力推广墙体材料改革,以空心砖、工业废渣砖及砌块、轻质板材来代替烧结实心砖。

2. 烧结多孔砖和烧结空心砖

烧结多孔砖和烧结空心砖的外型一般均为直角六面体,在与砂浆的接合面上应设有增加结合力的粉刷槽和砌筑砂浆槽,如图 6.2 和图 6.3 所示,孔洞为有序或交错排列,孔型为矩形孔。根据《烧结多孔砖和多孔砌块》(GB 13544—2011)及《烧结空心砖和空心砌块》(GB/T 13545—2014),砖的规格尺寸、强度等级及密度等级要求见表 6.1。烧结多孔砖和烧结空心砖也有泛霜、石灰爆裂和抗风化性能等技术要求。

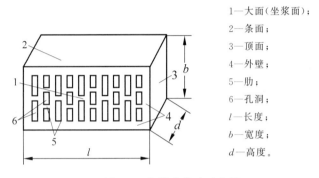

1—大面(坐浆面);
2—条面;
3—顶面;
4—外壁;
5—肋;
6—孔洞;
l—长度;
b—宽度;
d—高度。

图 6.2　烧结多孔砖示意图

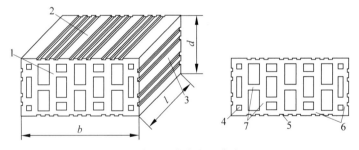

l—长度;b—宽度;d—高度;
1—顶面;2—大面;3—条面;4—壁孔;5—粉刷槽;6—外壁;7—肋。

图 6.3　空心砖和空心砌块示意图

表 6.1　砖的规格尺寸和等级

项　　目	烧结多孔砖	烧结空心砖
规格尺寸/mm	290,240,190,180,140,115,90	长度：390,290,240,190,180(175),140 宽度：190,180(175),140,115 高度：80(175),140,115,90
强度等级 (抗压强度)	MU30,MU25,MU20,MU15,MU10	MU10.0,MU7.5,MU5.0,MU3.5
密度等级	1 000,1 100,1 200,1 300	800,900,1 000,1 100

注：其他规格尺寸由供需双方协商确定。

6.2.2　非烧结砖

非烧结砖是指不经焙烧而制成的砖，如碳化砖、免烧免蒸砖、蒸养（压）砖等。目前，应用较广的是蒸养（压）砖。这类砖是以含钙材料（石灰、电石渣等）和含硅材料（砂子、粉煤灰、煤矸石、灰渣、炉渣等）与水拌合，经压制成型，在自然条件或蒸养（压）条件下反应生成以水化硅酸钙、水化铝酸钙为主要胶结料的硅酸盐建筑制品。蒸压砖主要品种有灰砂砖、粉煤灰砖、炉渣砖等。

1. 蒸压灰砂砖

蒸压灰砂砖（LSB）是以天然砂和磨细生石灰为主要原料，经配料、拌合、压制成型和蒸压养护（175～191 ℃，0.8～1.2 MPa）而制成。蒸压灰砂砖的尺寸规格与烧结普通砖相同，为 240 mm × 115 mm × 53 mm。根据《蒸压灰砂实心砖和实心砌块》（GB/T 11945—2019）规定，蒸压灰砂砖按其抗压强度分为 MU30、MU25、MU20、MU15 和 MU10 五个强度等级。

灰砂砖有彩色（C）和本色（N）两类。MU15、MU20、MU25、MU30 的砖可用于基础及其他建筑；MU10 的砖仅可用于防潮层以上的建筑。灰砂砖不得用于长期受热（200 ℃ 以上）、受急冷急热和有酸性介质侵蚀的建筑部位，也不宜用于有流水冲刷的部位。

2. 粉煤灰砖

粉煤灰砖是利用粉煤灰、石灰和水泥为主要原料，掺入适量的石膏、外加剂和骨料等，经配料、拌合、压制成型，常压或高压蒸汽养护而成的实心砖。其外形尺寸同普通砖，呈深灰色。粉煤灰砖的主要物理力学性能与实心黏土砖相同或接近，是取代实心黏土砖的新型墙材之一。根据《蒸压粉煤灰砖》（JC/T 239—2014）规定，粉煤灰砖按抗压强度和抗折强度分为 MU30、MU25、MU20、MU15、MU10 五个强度等级。

粉煤灰砖不得用于长期受热（200 ℃ 以上）、受急冷急热和有酸性介质侵蚀的建筑部位。为避免或减少收缩裂缝的产生，用粉煤灰砖砌筑的建筑物，应适当增设圈梁及伸缩缝。

3. 炉渣砖

炉渣砖是以煤燃烧后的炉渣（煤渣）为主要原料，加入适量的石灰或电石渣、石膏等材料混合、搅拌、成型、蒸汽养护等制成的实心砖。其尺寸规格与普通砖相同，呈黑灰色。按其抗压强度分为 MU25、MU20、MU15 三个强度等级。该类砖可用于一般工程的内墙和非承重外墙，但不得用于受高温、受急冷急热交替作用或有酸性介质侵蚀的部位。

6.3　砌块

砌块是比砌墙砖尺寸大的人造块材，外形一般为直角六面体，也有异形体。砌块是一种新型墙体材料，可以充分利用地方资源和工业废渣，节省黏土资源和改善环境。砌块具有生产工艺简单、原料来源广、适应性强、制作简单及使用方便、可改善墙体功能等特点，因此发展较快。常见的砌块有混凝土砌块、轻骨料混凝土小型空心砌块、加气混凝土砌块和粉煤灰砌块。

6.3.1　混凝土砌块

按照某种模具用混凝土材料制作而成的块状墙体材料为混凝土砌块，按表观密度分，密度在 $1\,100\sim1\,500\,kg/m^3$ 的为普通砌块，$700\sim1\,000\,kg/m^3$ 的为轻砌块。《普通混凝土小型砌块》（GB/T 8239—2014）规定，砌块的外型宜为直角六面体，常用块型的规格尺寸为（mm）：长度 390；宽度 90、120、140、190、240、290；高度 90、140、190。砌块按空心率分为空心砌块（空心率不小于 25%，代号 H）和实心砌块（空心率小于 25%，代号 S）；砌块按使用时砌筑墙体的结构和受力情况，分为承重结构用砌块（代号 L，简称承重砌块）和非承重结构用砌块（代号 N，简称非承重砌块）。砌块强度等级按抗压强度划分，强度等级分类见表 6.2。

表 6.2　砌块的强度等级

砌块种类	承重砌块（L）	非承重砌块（N）
空心砌块（H）	7.5、10.0、15.0、20.0、25.0	5.0、7.5、10.0
实心砌块（S）	15.0、20.0、25.0、30.0、35.0、40.0	10.0、15.0、20.0

混凝土砌块的吸水率随其表观密度的改变而变化，表观密度大的砌块吸水率小，表观密度小的砌块吸水率大。密实度高，则吸水率低，软化系数高。我国常用普通混凝土小型空心砌块的吸水率为 6%～8%，软化系数为 0.85～0.95。

混凝土砌块的导热系数随混凝土材料不同而不同。普通混凝土小型空心砌块的导热系数比较大，单排孔的导热系数大于多排孔。砌块墙体的保温隔热功能不仅与砌块的导热能力有关，而且与砌筑砂浆的种类、砂浆饱满度及单层或复合墙体有关。目前我国常用的单排孔普通小型混凝土空心砌块的导热系数为 $1.000\sim1.046\,W/(m\cdot K)$。小型混凝土空心砌块在实际使用环境中，由于受干湿、冷热、冻融交替等影响，会受到不同程度的损害。普通混凝土小型空心砌块可使用于地震设防烈度为Ⅶ度及Ⅷ度的一些地区的一般工业与民用建筑的墙体。

6.3.2　轻骨料混凝土小型空心砌块

轻骨料混凝土小型空心砌块是指空心率不低于 25% 的，以各种轻骨料为主要原料生产得到的砌块。其主规格也为 390 mm×390 mm×190 mm，但壁和肋较薄，孔的排数有单排、双排、3 排和 4 排等几种。轻骨料混凝土小型空心砌块主要用于保温墙体或非承重墙体（强度等级小于 3.5）、承重保温墙体（强度等级大于等于 3.5）。根据《轻集料混凝土小型空心砌块》（GB/T 15229—2011）的规定，轻骨料混凝土小型空心砌块的强度级别有 MU2.5、MU3.5、MU5.0、MU7.5、MU10.0 五个。砌块的强度等级、密度等级和抗压强度应满足表 6.3 的要求，经查阅文献，地震设防烈度也是Ⅷ度。

表 6.3   轻骨料混凝土小型空心砌块强度等级及密度等级

强度等级	抗压强度/MPa		密度等级范围 /kg·m⁻³
	平均值	最小值	
MU2.5	≥2.5	≥2.0	≤800
MU3.5	≥3.5	≥2.8	≤1 000
MU5.0	≥5.0	≥4.0	≤1 200
MU7.5	≥7.5	≥6.0	≤1 200① ≤1 300②
MU10.0	≥10.0	≥8.0	≤1 200① ≤1 400②

注:① 除自燃煤矸石掺量不小于砌块质量 35% 以外的其他砌块;
② 自燃煤矸石掺量不小于砌块质量 35% 的砌块。

6.3.3   蒸压加气混凝土砌块

蒸压加气混凝土砌块是以钙质材料(水泥、石灰等)和硅质材料(砂、矿渣、粉煤灰等)以及加气剂(粉)等,经配料、搅拌、浇筑、发气(由化学反应形成孔隙)、预养切割、蒸汽养护等工艺过程制成的多孔硅酸盐砌块。

蒸压加气混凝土砌块具有自重小、保温隔热性能好、吸声好、抗震性好、加工方便和施工效率高等优点,但强度不高,因此主要用于砌筑隔墙等非承重墙体以及作为保温隔热材料等。在无可靠的防护措施时,该类砌块不得用在水中、高湿度和有侵蚀介质的环境中,也不得用于建筑物的基础和温度长期高于 80 ℃ 的建筑部位。

《蒸压加气混凝土砌块》(GB/T 11968—2020)规定,蒸压加气混凝土砌块按尺寸偏差分为Ⅰ型和Ⅱ型,Ⅰ型适用于薄灰缝砌筑,Ⅱ型适用于厚灰缝砌筑;按抗压强度分为 A1.5、A2.0、A2.5、A3.5、A5.0 五个级别,强度级别 A1.5、A2.0 适用于建筑保温;按干密度分为 B03、B04、B05、B06、B07 五个级别,干密度级别 B03、B04 适用于建筑保温。

6.4   墙板

在不同的建筑体系中,采用各种类型的预制板材是提高设计标准化、施工机械化和构件装配化的有效途径,也是推进墙体材料改革的重要措施。我国目前墙体板材品种较多,大体可分为轻质面板、轻质条板和轻质复合墙板三类。

轻质面板常见品种有纸面石膏板、纤维水泥平板、水泥刨花板、纤维增强硅酸钙板等。轻质条板常见品种有石膏空心条板、玻璃纤维增强水泥(GRC)板、轻骨料混凝土条板、加气混凝土条板等。轻质复合墙板一般是由强度和耐久性较好的混凝土板或金属板作结构层或外墙面板,采用矿棉、聚苯乙烯泡沫塑料等作保温层,采用各类轻质板材做面板或内墙面板的一种建筑预制板材。本节介绍几种具有代表性的板材。

6.4.1　GRC轻质多孔隔墙条板

　　GRC轻质多孔隔墙条板是以低碱度的硫铝酸盐水泥轻质砂浆为基材,运用一定的工艺技术制成的中间具有若干孔洞的条形板材,如图6.4所示。GRC轻质多孔隔墙条板具有质量轻、强度高、防火性好、防水防潮性好、抗冲击和抗震性好、干缩变形小、寿命较长且经济等特点。在建筑工程中适用于非承重的墙体部位,主要用于建筑的分室和分户墙、厨房和卫生间隔墙、阳台分户墙、公共建筑的内隔墙、工业厂房的内隔墙、工业建筑的围护外墙等。

图6.4　GRC轻质多孔隔墙条板

6.4.2　纸面石膏板

　　纸面石膏板是以建筑石膏为主要原料,掺入纤维、外加剂和适量的轻质填料等制成芯材,然后表面牢固黏结护面纸的建筑板材,它是与龙骨相配合构成墙面或墙体的轻质面板。

　　纸面石膏板有普通纸面石膏板、耐水纸面石膏板和耐火纸面石膏板三类。三种芯材的添加料均有纤维增强材料。普通纸面石膏板是以重磅纸为护面纸。耐水纸面石膏板采用耐水护面纸,并在石膏料浆中加入适量的憎水外加剂,以达到降低石膏板的吸水率和含水率,提高石膏板的耐水能力。耐火纸面石膏板的芯材是在石膏料浆中掺入适量无机耐火纤维增强材料后制作而成,其主要技术要求是在高温明火下燃烧时,能在一定时间内保持不断裂。

　　纸面石膏板表面平整、尺寸稳定,具有自重轻、保温隔热、隔声、防火、抗震、可调节室内湿度、加工性好、施工方便等优点。纸面石膏板既可用作室内内隔墙,也可直接贴在砖墙上。在厨房、卫生间以及空气湿度大于70%的潮湿环境中使用时,必须采取相应的防潮措施,否则石膏板受潮后会下垂,又由于纸面受潮后与芯板之间的黏结力削弱,从而导致纸的隆起和剥离。通常耐水纸面石膏板主要用于厨房、卫生间等潮湿场合。耐火纸面石膏板主要用于耐火要求较高的室内隔墙。

　　纸面石膏板与轻钢龙骨组成的轻质墙体称为轻钢龙骨石膏板墙体体系,适用于多层及高层建筑的分室墙。该体系具有以下优点:

　　(1) 自重小,强度较高,墙体自重为30~50 kg/m³,仅为同厚度红砖墙的1/5;

　　(2) 尺寸稳定,胀缩变形不大于0.1%;

　　(3) 抗震性好,由于石膏板轻,且有一定的弹性,故地震时惯性力小,不易震坍;

　　(4) 调温调湿性好,石膏板芯材中含有轻质填料,且本身孔隙率高,因此保温隔热能力较好,并且大量孔隙的存在,还会根据室内空气的湿度大小,释放或吸收一定的水分,从而起到调湿的作用;

　　(5) 占地面积小,有利于增加室内有效使用面积;

　　(6) 加工性能好,装饰方便,便于管道及电线等工程管线的埋设;

　　(7) 施工方便,效率高,施工不受季节影响。

6.4.3　轻型复合墙板

轻型复合墙板是以绝热材料为芯材，以金属材料、非金属材料为面材，经不同方式复合而成的墙板。其优点是充分发挥所用材料各自的特长，减少墙体自重和厚度，提高使用功能和使用层面。因此轻型复合墙板往往集绝热、防水、装饰为一体，用于大跨度公共建筑、工业厂房、宾馆饭店及轻型组合房屋的围护结构，在国内外发展都非常迅速。目前国内常见的轻型复合墙板类别主要有：

（1）钢丝网架水泥夹芯板。所用芯材为聚苯乙烯泡沫塑料、岩棉、矿棉、膨胀珍珠岩等，面层为水泥砂浆抹面。此类板材包括了泰柏系列、3D系列、舒乐舍板等。

（2）金属面夹芯板。所用芯材为聚苯乙烯泡沫塑料、硬质聚氨酯泡沫塑料、岩棉、矿棉、玻璃棉等，面层一般为镀锌压型钢板。

6.5　屋面材料

屋面是房屋最上层的外围防护结构，起着防水、保温、隔热的作用。烧结瓦是我国使用较多、历史悠久的屋面材料，但烧结瓦的生产破坏耕地、浪费资源，因此逐步被大型水泥类瓦材和高分子复合类瓦材取代。随着大跨度建筑物的兴起，屋面承重结构也由过去的预应力钢筋混凝土大型屋面板向承重、保温、防水三合一的轻型钢板结构发展。本节主要介绍常用的瓦材和板材。

6.5.1　烧结类瓦材

1. 黏土瓦

黏土瓦的原料及生产工艺与烧结普通砖相似。按产品外形分为平瓦和脊瓦；按颜色分为青瓦和红瓦。黏土瓦主要用于农村民用建筑的坡形屋面防水，其自重大、质脆易碎，生产的施工效率低，浪费土地资源，已逐步被新型产品替代。

2. 琉璃瓦

琉璃瓦是我国陶瓷宝库中的古老珍品之一。它是一种高级屋面材料，表面光滑、质地致密、色彩绚丽、造型古朴。常用的有黄、绿、黑、蓝、青、紫和翡翠等颜色，其造型主要有板瓦、筒瓦、滴水和勾头等，有时还制成飞禽、走兽等形象，作为檐头和屋脊的装饰。因此琉璃瓦是一种古老而又现代的屋面材料，其耐久性好，但价格昂贵、自重大，一般只限于仿古建筑、纪念性建筑及园林建筑的亭、台、楼阁中使用。

6.5.2　新型屋面瓦材与板材

常用的新型屋面用瓦类和板类材料的主要组成、特性及应用见表6.4。

表6.4 常用新型屋面材料

种 类		主要组成材料	主要特性	主要用途
水泥类瓦材	混凝土瓦	水泥、砂	成本低、耐火,但自重大	民用建筑坡形屋面
	石棉水泥瓦	水泥、石棉	防水、防潮、防腐、绝缘	厂房、库房、货棚等屋面
	钢丝网水泥大波瓦	水泥、砂、钢丝网	尺寸和自重大	工厂散热车间、仓库及临时建筑的围护结构
高分子类复合瓦材	玻璃钢波形瓦	不饱和聚酯树脂、玻璃纤维	质轻、高强、耐冲击、耐热、透光性好、耐腐蚀、耐高温、制作简单	售货亭、凉棚、遮阳、车站站台等屋面
	玻璃纤维沥青瓦	玻璃纤维薄毡、改性沥青	质轻、抗风化能力强、黏结性强、施工方便	民用建筑的坡形屋顶
	塑料瓦楞板	聚氯乙烯树脂、添加剂	质轻、高强、防水、耐腐蚀、色彩鲜艳、透光性好	凉棚、遮阳板、简易建筑屋面
	木质纤维波形瓦	木纤维、酚醛树脂防水剂	弯曲强度大、变形性小	活动房屋及轻结构房屋的屋面、车间、仓库、料棚等屋面
轻型板材	EPS[①]轻型板	彩色涂层钢板、自熄聚苯乙烯、热固胶	集承重、防水、保温、装饰于一体、施工方便	体育馆、展览厅、冷库等大跨度屋面
	硬质聚氨酯夹芯板	硬质聚氨酯泡沫板、镀锌彩色压型钢板	集防水、保温、装饰于一体、施工方便	厂房、仓库、公共建筑等大跨度结构的屋面

注:① 最常用的工业产品,内衬防震包装材料为发泡聚苯乙烯,俗称白色发泡胶,常简称EPS。

6.6 本章小结

本章介绍了传统的砌墙材料的种类与应用,对常用的墙体材料砖、砌块和板材进行分类介绍。砖分为传统的烧结普通砖、新型的烧结多孔砖及空心砖,非烧结类的灰砂砖、粉煤灰砖等。砌块有轻骨料混凝土小型砌块、加气混凝土砌块等。常用的板材有GRC隔墙板、纸面石膏板及轻型复合墙板等。屋面材料在建筑结构中起防水、保温、隔热的作用,传统及新型的屋面材料包括烧结瓦、水泥类瓦、高分子复合类瓦和轻型复合板材等。要求掌握墙体与屋面材料的主要应用特点,了解墙体与屋面材料的发展趋势。

思考题

1. 建筑上常用的天然石材有哪几类?天然大理石板材和天然花岗石板材主要用于哪些装饰部位?为什么一般大理石板材不宜用于室外?

2. 砌墙砖有哪几类?它们各有什么特性及应用?

3. 根据什么指标来确定烧结普通砖、烧结多孔砖和烧结空心砖的强度等级和产品等级？

4. 建筑工程中常用的非烧结砖有哪几种？

5. 简述加气混凝土砌块的性能与应用。

6. 轻钢龙骨石膏板墙体体系有何优点？

7. 新型屋面材料主要有哪几类？

第7章

防水材料

防水材料是防止雨水、地下水和其他水分渗透的材料,在建筑、公路、桥梁、水利等土木工程中有着广泛的用途,是土木工程不可缺少的材料之一。防水材料具有防潮、防渗、防漏的功能,避免外界水分侵蚀基材,保证基材良好的工作性。此外,防水材料还应具有良好的变形性能和耐老化性能,具有与基材协同工作的能力。防水材料的质量好坏直接影响到人们的居住环境、生活质量和建筑物的寿命。

土木工程防水分为刚性防水和柔性防水两种。刚性防水是指采用较高强度、无延伸能力的防水材料,如防水混凝土和防水砂浆等;柔性防水是指具有一定柔韧性和较大延伸率的防水材料,如防水卷材、防水涂料及密封材料等。

本章介绍石油沥青的主要技术性质、质量标准及应用;主要讲述沥青防水卷材、高聚物改性沥青防水卷材、合成高分子防水卷材及新型密封材料的性质和应用。

7.1 沥青防水材料

7.1.1 沥青

沥青是一种有机胶凝材料,它是复杂的高分子碳氢化合物及非金属(氧、硫、氮等)衍生物的混合物,具有良好的黏结性、塑性、憎水性和耐腐蚀性能。在建筑工程中沥青主要作为屋面、防水等工程材料。

沥青可分为地沥青和焦油沥青两大类。地沥青分为天然沥青和石油沥青;焦油沥青可分为煤沥青和页岩沥青等多种。地壳中的石油在自然因素作用下,经过轻质油分蒸发、氧化及缩聚作用形成的产物为天然沥青;石油原油或石油衍生物经过常压或减压蒸馏,提炼出汽油、煤油、柴油、润滑油等轻质油分后的残渣,经加工制成的产物为石油沥青。焦油沥青为各种有机物(如煤、页岩、木材等)干馏加工得到的焦油,经再加工而得到的产品。

1. 焦油沥青

焦油沥青俗称柏油,包括煤沥青、木沥青、页岩沥青等。这类沥青具有良好的防腐性能和特强的黏结性能,主要用于铺筑路面、制取染料、配制胶黏剂、制作涂料、嵌缝油膏和油毡等。

建筑工程中应用较广泛的沥青为石油沥青和改性石油沥青,煤沥青应用较少。

2. 石油沥青

石油沥青是建筑工程中常用沥青的主要品种，其成分与性能取决于原油的成分与性能。有关技术性质如下。

（1）黏滞性

石油沥青的黏滞性（简称黏性）是指沥青材料在外力作用下抵抗变形的性能。沥青质含量高时，黏性较大，温度升高，则黏性下降。黏性大，说明沥青与其他材料的黏附力强，本身结构紧密，硬度大。黏性一般用针入度来表示，数值越小，表明黏度越大。针入度是在 25 ℃时，质量 100 g 的标准针，经 5 s 沉入沥青试样中的深度，每深 1/10 mm，定为 1 度。

（2）塑性

塑性是指在外力作用下沥青产生变形而不破坏的能力。沥青的塑性用延度表示，延度越大，塑性越好。延度是将 8 字形沥青试样放入 25 ℃水中，以 5 cm/min 的速度拉伸至试件断裂时的伸长值，以 cm 为单位。

（3）温度稳定性

温度稳定性（温度感应性）是指石油沥青的黏滞性和塑性随温度变化而改变的程度的性能。温度稳定性用软化点表示，它是沥青受热由固态转变为具有一定流动态时的温度。

（4）大气稳定性

大气稳定性是指石油沥青在热、阳光、空气中的氧气和潮湿等因素长期综合作用下性能稳定的程度。在大气因素的综合作用下，沥青中的低相对分子质量组分会向高相对分子质量组分转化递变，即油分→胶质→沥青质，因此石油沥青会随时间进展而变硬变脆，亦即"老化"。石油沥青的大气稳定性以沥青试样在 163 ℃下蒸发 5 h 前后的"蒸发损失百分率"和"蒸发后针入度比"来评定：

$$蒸发损失百分率 = \frac{蒸发前质量 - 蒸发后质量}{蒸发前质量} \times 100\%$$

$$蒸发后针入度比 = \frac{蒸发后针入度}{蒸发前针入度} \times 100\%$$

（5）闪点和燃点

闪点指标是施工的安全警戒温度，沥青加热到闪点温度，极易起火。燃点则表示若继续加热，一经引火，火焰可持续燃烧时的最低温度。

针入度、延度和软化点是评价黏稠沥青性能最常用的指标，也是石油沥青划分牌号的主要依据。石油沥青按用途分为建筑石油沥青、道路石油沥青、普通石油沥青，应用最普遍的是建筑石油沥青和道路石油沥青。

建筑石油沥青具有黏性较大、延伸性小、耐热性好的特点，按其针入度值的大小分为 10号、30 号、40 号三个牌号。道路石油沥青具有黏性小、延伸性好、耐热性低的特点，按其针入度值的大小分为 160 号、130 号、110 号、90 号、70 号、50 号、30 号七个牌号。随着牌号的增大，石油沥青的黏性减小（针入度值增大）、塑性增大（延度增大）、温度敏感性增大（软化点减小）。普通石油沥青中含蜡量较高（可达 15%～20%），有的甚至高达 25%～35%。由于石蜡的熔点很低、黏结力差，当沥青温度达到软化点时，蜡已接近流动状态，所以容易使沥青流淌。当普通石油沥青用于工程上时，随着时间增长，沥青中的石蜡还会向胶结层表面渗透，形成薄膜，使沥青黏结层的耐热性和黏结力下降。所以在建筑工程中一般不宜采用普通石油沥青。

3. 改性石油沥青

石油沥青在建筑工程中主要用于制造油纸、油毡、防水涂料和沥青嵌缝膏,多用作屋面及地下防水、沟槽防水防腐蚀及管道防腐等工程。为改善沥青低温脆性和高温流淌的缺点,常在沥青中加入橡胶、树脂、纤维等,以改善沥青的性能。常用的改性石油沥青有如下几种。

(1) 橡胶类改性沥青

采用苯乙烯-丁二烯-苯乙烯的嵌段共聚物(即 SBS)改性的石油沥青可使沥青低温变形能力提高,韧性增大,高温黏度增大。

(2) 树脂类改性沥青

树脂类改性沥青主要有聚乙烯(PE)、聚丙烯(PP)、聚氯乙烯等热塑性树脂改性。聚乙烯和聚丙烯改性沥青可提高沥青的黏度,改善高温稳定性,增加韧性。

(3) 纤维类改性沥青

纤维类改性沥青主要有石棉、聚丙烯纤维、聚酯纤维、纤维素纤维等。纤维可显著提高沥青的高温稳定性,增加低温抗拉强度。

若采用一种沥青不能满足所要求的软化点时,可用两种或三种沥青进行掺配。掺配要注意遵循同源原则,即同属石油沥青才可掺配。两种沥青掺配的比例可用下式估算:

$$Q_1 = \frac{T - T_1}{T_2 - T_1} \times 100\%$$

$$Q_2 = 100 - Q_1$$

式中:Q_1,Q_2——较软、较硬沥青用量;

T——要求配制沥青的软化点;

T_1,T_2——较软、较硬沥青软化点。

7.1.2 沥青防水材料

1. 沥青防水涂料

(1) 冷底子油

冷底子油是将沥青溶解于有机溶剂中制成的沥青涂料,它常用 30 号或 10 号建筑石油沥青加入溶剂(柴油、煤油、汽油或苯等)配成溶液。冷底子油的流动性好,便于涂刷,但形成涂膜较薄,故一般不单独作防水材料使用,往往仅作防水材料的配套材料使用。

冷底子油可用于涂刷在水泥砂浆或混凝土基层,也可用于金属配件的基层处理,提高沥青类防水卷材与基层的黏结性能。

(2) 乳化沥青

乳化沥青是一种冷施工的防水涂料,是将石油沥青在乳化剂水溶液作用下,经乳化机强烈搅拌而成。当该乳化液涂在基层上后,水分逐渐蒸发,沥青颗粒随即成膜,形成均匀、稳定、黏结强度高的防水层。乳化沥青防水涂料有石棉沥青防水涂料(AE-1-A)、膨润土沥青乳液(AE-1-B)和石灰乳化沥青(AE-1-C)三种。

(3) 沥青胶(沥青玛蹄脂)

沥青胶是在沥青中加入适量的粉状或纤维状填充料配制而成的一种胶结材料。沥青胶具有良好的耐热性、黏结力和柔韧性,应用范围很广,普遍用于黏结防水卷材等。

2．沥青防水卷材

沥青防水卷材是以沥青为主要浸涂材料，以原纸、纤维布等为胎基，表面施以隔离材料而制成的防水卷材。其中具有代表性的是纸胎沥青防水卷材，简称油毡或油毛毡。它是用低软化点的石油沥青浸渍原纸，然后用高软化点的石油沥青涂盖油纸的两面，再涂撒隔离材料制成的防水卷材。

传统的纸胎沥青防水卷材抗拉强度较低，吸水率较大，不透水性较差，且易腐烂、耐久性差。近年来出现的玻璃布胎、玻璃纤维布胎沥青油毡和石油沥青铝箔油毡等一系列沥青防水卷材，对传统沥青防水卷材的性能具有明显的改进，抗拉强度提高，耐腐蚀性能增强，耐久性能提高一倍以上。玻璃布油毡适用于地下防水、防腐层，并用于屋面防水层及低温金属管道的防腐保护层。

3．建筑防水沥青嵌缝油膏

建筑防水沥青嵌缝油膏是以石油沥青为基料，加入改性材料、稀释剂及填充料混合制成的膏状密封材料。主要用于各种混凝土屋面板、墙板等建筑构件节点的防水。

7.2　新型防水材料

7.2.1　高聚物改性沥青防水卷材

高聚物改性沥青防水卷材是以改性沥青为涂盖层，纤维织物或纤维毡为胎体，粉状、片状、粒状或薄膜材料为覆盖层材料制成的防水卷材。沥青改性剂主要有 SBS、APP[①]、再生胶或废胶粉等。改性沥青防水卷材改善了普通沥青防水卷材温度稳定性差、延伸率小等不足，具有高温不流淌、低温不脆裂、抗拉强度较高、延伸率较大等特点。常见高聚物改性沥青防水卷材的特点和适用范围见表 7.1。

表 7.1　常见高聚物改性沥青防水卷材的特点和适用范围

卷 材 种 类	特　　点	适 用 范 围
SBS 改性沥青防水卷材	高温稳定性和低温柔韧性明显改善，抗拉强度和断裂延伸率较高，耐疲劳和耐老化性好	单层铺设的防水层或复合使用，冷热地区均适用，可用于特别重要、重要及一般防水等级的屋面、地下防水工程、特殊结构防水工程，且特别适用于寒冷地区及变形频繁的结构
APP 改性沥青防水卷材	抗拉强度高，延伸率大，耐老化、耐腐蚀和耐紫外线老化性能好，可在130 ℃以下的温度使用	单层铺设的防水层或复合使用，适用范围与 SBS 改性沥青防水卷材基本相同，特别适合于高温地区和太阳辐射强烈的地区使用

---

① SBS 是苯乙烯-丁二烯-苯乙烯聚合物英文名的缩写；APP 是无规聚丙烯聚合物英文名的缩写。

1. SBS 改性沥青防水卷材

SBS 改性沥青防水卷材是以苯乙烯-丁二烯-苯乙烯热塑性弹性体浸渍胎基,两面涂以该弹性体涂盖层,上表面撒以细砂、矿物粒(片)或覆盖聚乙烯膜,下表面撒以细砂或覆盖聚乙烯膜制成的防水卷材。此防水卷材可单层、多层使用,施工方法也可根据不同卷材选择热熔法、冷黏法和自黏法。

SBS 改性沥青防水卷材的幅宽规格为 1 m,长度规格为 10 m/卷。按胎体分为聚酯胎(PY)和玻纤胎(G)两类。按上表面隔离材料分为聚乙烯膜(PE)、细砂(S)与矿物粒(片)料(M)。按性能档次分为Ⅰ型和Ⅱ型。Ⅰ型产品技术指标相当于国际一般水平,标志性指标为低温柔度 $-18\,℃$;Ⅱ型产品技术指标相当于国际先进水平,低温柔度 $-25\,℃$。

2. APP 改性沥青防水卷材

APP 改性沥青防水卷材是以无规聚丙烯塑性体聚合物浸渍胎基,并涂盖两面,上表面撒以细砂、矿物粒(片)或覆盖聚乙烯膜,下表面撒以细砂或覆盖聚乙烯膜所制成的防水卷材。另外,APP 改性沥青卷材热熔性非常好,特别适合热熔法施工,也可冷黏法施工。

7.2.2 合成高分子防水卷材

以合成橡胶、合成树脂或二者的共混体为基料,加入适量的助剂和填充料等,经过混炼、压延或挤出等工序加工而成的防水卷材称为合成高分子防水卷材,有橡胶基、树脂基、橡塑共混基之分。

合成高分子防水卷材具有抗拉伸和抗撕裂强度高、断裂伸长率大、耐热性好、低温柔性好、耐腐蚀、耐老化及可以冷施工等一系列优点。

1. 三元乙丙橡胶(EPDM)防水卷材

三元乙丙橡胶防水卷材是以乙烯、丙烯及少量双环戊二烯三种单体聚合成的,以橡胶为主体,掺入适量的硫化剂、促进剂、软化剂、填充料等经过密炼、拉片、过滤、压延或挤出成型、硫化等工序制成。三元乙丙橡胶防水卷材物理性能应符合《高分子防水材料 第1部分:片材》(GB 18173.1—2006)的规定。三元乙丙橡胶防水卷材具有以下优点:

(1)耐老化能力好,使用寿命长达 $30\sim50$ 年。

(2)拉伸强度可高达 7 MPa 以上,断裂伸长率可达 450% 以上,弹性好,且对基层变形开裂的适应跟踪能力极强。

(3)耐高低温性能好,适用温度范围广,其中脆性温度在 $-40\,℃$ 以下。

基于以上优点,三元乙丙橡胶广泛适用于防水要求高,耐用年限要求长的工业与民用建筑防水工程,特别适合于屋面单层外露部位的防水工程。但三元乙丙橡胶防水卷材价格高,且需要与之相配套使用的黏结材料。

2. 聚氯乙烯(PVC)防水卷材

PVC 防水卷材是以聚氯乙烯树脂为主要原料,掺加填充料及适量的改性剂、增塑剂及其他助剂,经过混炼、压延或挤出工序制成的防水卷材。

PVC防水卷材根据其基料的组成及特性分为S型和P型。其中S型是以煤焦油及聚氯乙烯树脂混溶料为基料的防水卷材，P型是以增塑聚氯乙烯树脂为基料的防水卷材。S型卷材性能远低于P型卷材。以P型产品为代表的PVC防水卷材的突出特点是拉伸强度高，断裂伸长率也较大，虽然与三元乙丙橡胶相比性能稍逊，但其原材料丰富，价格较便宜。PVC防水卷材适用于新建和翻修工程的屋面防水，也适用于水池、堤坝等防水工程。

3. 氯化聚乙烯-橡胶共混防水卷材

氯化聚乙烯-橡胶共混防水卷材是以氯化聚乙烯树脂和合成橡胶为主体，加入适量的硫化剂、促进剂、稳定剂、软化剂和填料等，经过混炼、压延或挤出等工序制成的防水卷材。

氯化聚乙烯-橡胶共混防水卷材兼有橡胶和塑料的特点。它不仅具有聚氯乙烯的高强度和优异的耐老化、耐臭氧性能，而且具有橡胶的高弹性、高延伸性以及良好的低温柔性。从性能上看，该类卷材已接近三元乙丙橡胶防水卷材，其适用范围和施工方法与三元乙丙橡胶防水卷材基本相同，最适用于屋面工程作单层外露防水。但由于原材料丰富，价格上比三元乙丙橡胶有优势。

除以上高分子卷材外，还有氯丁橡胶防水卷材、EPT/IIR防水卷材、丁基橡胶、再生橡胶等橡胶基高分子防水卷材。其中氯丁橡胶防水卷材与三元乙丙橡胶防水卷材相比，除耐低温性稍差些，其他性能基本类似，其使用年限可达20年以上。EPT/IIR防水卷材是以三元乙丙橡胶、丁基橡胶为主要原料制成，丁基橡胶的加入降低了成本，同时保持了三元乙丙橡胶良好的性能，与三元乙丙橡胶基本类似，在高层建筑、工业建筑中都有推广使用。还有氯化聚乙烯防水卷材，聚乙烯经氯化改性后，不仅防水材料的常规性能得以改善，还具有优良的耐磨性能，除用于防水工程外，还可用作室内地面材料，兼有防水和装饰的效果。

7.2.3　聚合物改性沥青防水涂料

1. 氯丁橡胶改性沥青防水涂料

氯丁橡胶改性沥青防水涂料是以氯丁橡胶和石油沥青为基料制成的防水涂料，有水乳型和溶剂型两种。

水乳型氯丁橡胶沥青防水涂料，又称氯丁胶乳沥青防水涂料。该防水涂料具有成膜快、强度高、耐候性好、抗裂性好、难燃、无毒、可冷施工等优点，已成为我国防水涂料中的主要品种之一。但由于该涂料固体含量低、防水性能一般，在屋面上一般不能单独使用，也不适用于地下室及浸水环境下的表面防水。溶剂型氯丁橡胶改性沥青防水涂料与水乳型相当，但由于成膜条件不同，溶剂型防水涂料可以用于地下室及浸水环境下建筑物表面的防水。

2. 水乳型再生橡胶改性沥青防水涂料

水乳型再生橡胶改性沥青防水涂料是由再生乳胶和沥青乳胶混合均匀，其微粒稳定分散在水中而形成的水乳型防水涂料。该涂料具有无毒、无味、不燃的优点，可在常温下冷施工作业，并可在稍潮湿无积水的表面施工，涂膜具有一定的柔韧性和耐久性，原材料来源广，价格低。该涂料一般要加衬玻璃纤维布或合成纤维加筋毡构成防水层。该涂料适用于工业与民用建筑混凝土基层屋面防水、以沥青珍珠岩为保温层的保温屋面防水、地下混凝土建筑防潮及刚性自防水屋面的维修等。

7.2.4 合成高分子防水涂料

1. 聚氨酯防水涂料

聚氨酯防水涂料是一类双组分反应型防水涂料。其组成是含有异氰酸基的聚氨酯预聚体(甲组分)和含有羟基和胺基的固化剂及其他助剂的混合物(乙组分),按一定比例混合所形成的反应型防水涂料,聚氨酯防水涂料涂膜固化时无体积收缩,具有较大的弹性和延伸率,较好的抗裂性、耐候性、耐酸碱性、耐老化性,且施工方便。聚氨酯防水涂料产品等级分为Ⅰ型(高延伸率)和Ⅱ型(高强度)。施工厚度在 1.5～2.0 mm 的膜层,使用年限可达 10 年以上。聚氨酯防水涂料在中高级建筑的卫生间、水池、屋面和地下室防水工程中得到了广泛的应用。

2. 水性丙烯酸防水涂料

水性丙烯酸防水涂料是以高含量丙烯酸酯共聚乳液为基料,掺加填料、颜料及各种助剂经混炼研磨而成的水性单组分防水涂料。该涂料的最大优点是具有良好的耐候性、耐热性和耐紫外线性,涂膜柔软,弹性好,能适应基层一定的变形开裂,温度适应性强,在 -30～$80\ ℃$ 范围内性能无大的变化,并且可根据需要调制成不同色彩,兼有装饰和隔热效果。适用于各类建筑工程的防水及防水层的维修和保护等。

3. 硅橡胶防水涂料

硅橡胶防水涂料是一种水乳型防水涂料,具有良好的防水性、抗渗透性、成膜性、弹性、黏结性、延伸性和耐高低温特性,适应基层变形的能力强。可深入基底,与基底牢固黏结,成膜速度快,可在潮湿基层上施工,可刷涂、喷涂和滚涂。该涂料适用各类工程尤其是地下工程的防水、防渗和维修。

4. 丙烯酸丁酯-丙烯腈-苯乙烯(AAS)屋面隔热防水涂料

丙烯酸丁酯-丙烯腈-苯乙烯屋面隔热防水涂料分面层和底层,其中面层涂料以 AAS 共聚乳液为基料,再掺入高反射的氧化钛白色颜料及玻璃粉填料配成,底层涂料由水乳型再生橡胶乳液掺入一定量的碳酸钙和滑石粉配成。涂料对阳光的反射率可高达 70%,因此具有良好的绝热性能,较黑色屋面温度可降低 25～30 ℃。AAS 防水涂料具有良好的耐水、耐碱、抗裂、耐老化等性能,加入颜料可制成装饰防水涂料,主要用于金属、混凝土屋面的防水、防腐等。

7.2.5 防水密封材料

1. 弹性密封膏

弹性密封膏是新型密封材料的主要品种,有单组分型和双组分型之分。其中单组分型又分为溶剂型、无溶剂型和乳液型三种。按其主要聚合物的类型又分为硅酮系、聚氨酯系、聚硫系及丙烯酸系。

聚氨酯密封膏一般为双组分，是预聚体在交联固化剂的作用下固化而获得的弹性体。聚氨酯密封膏不易流坠，施工性好；与混凝土有良好的黏结性能，是优质的密封材料。广泛应用于屋面板、楼地板、阳台、窗框、卫生间等部位的接缝、施工缝的密封及泳池、给排水管道、贮水池等接缝密封，也可用于公路、机场跑道的补缝、接缝，还可用于金属及玻璃材料的嵌缝。

聚硫密封膏是以液态聚硫橡胶为基料的室温硫化双组分建筑密封胶。聚硫密封膏是一种饱和聚合物，不含有容易老化的不饱和键，有良好的抗老化性，可分为非下垂和自流平两个类型。适用于金属幕墙、预支混凝土、玻璃钢、窗框、游泳池、地坪及构筑物接缝的防水处理及黏结，是优质的防水密封材料。

有机硅橡胶（硅酮）密封膏以有机硅为主要组成，有单组分和双组分之分。有优良的耐高低温性、耐久性和良好的变形性能，以及对多种基材黏结性能好等特点，广泛应用于玻璃幕墙的黏结密封。

丙烯酸类密封膏是由丙烯酸类树脂掺入填料、增塑剂等添加剂制成，分溶剂型和水乳型两种，目前以水乳型为主。具有良好的抗紫外线性能、伸长率和变形能力。主要用于建筑物的屋面、墙板、门窗的嵌缝，由于其耐水性不够好，不宜用于长期浸水的部位，属中等价格和性能的密封材料。

2. 其他密封材料

水乳型氯丁橡胶建筑密封膏是以氯丁橡胶为主要原料，掺入少量增塑剂、硫化剂和填料制成。具有优良的弹塑性、耐热耐寒性、延伸性和黏结性，同时又具有很好的挤出施工性能，适用于混凝土内外墙板、地板等板缝及门窗框、卫生间等的接缝密封。

聚氯乙烯嵌缝油膏，除用于一般工程外，还适用于生产硫酸、盐酸、硝酸、NaOH 等有腐蚀性气体的屋面防水工程。

止水带，主要用于混凝土内部的定型密封材料，按用途分为 B 类（用于变形缝）、S 类（用于施工缝）和 J 类（用于沉管隧道接头缝）。

7.2.6 水泥基渗透结晶型防水材料

水泥基渗透结晶型防水材料是一种用于水泥混凝土基体的刚性防水材料，在水长时间的作用下，材料中的活性物质硫酸铝、硅酸钠等溶解，随水溶液沿着毛细孔、裂缝等混凝土内部结构缺陷不断扩散渗透，与裂缝空隙处积存的水泥水化产物氢氧化钙发生固相反应，生成不溶于水的 CSH 凝胶和次生钙矾石、水化硅酸钙凝胶等堵塞孔隙及裂缝，钠盐则以碳酸钠、硫酸钠形式随水蒸气迁移到混凝土表面结晶析出，从而提高混凝土的致密性，达到自修复防水目的。水泥基渗透结晶型防水材料可用作混凝土结构表面防水涂料，也可用作混凝土内掺防水剂。

水泥基渗透结晶型防水材料有以下性能特点：

（1）独特的自修复功能。活性组分干燥下休眠，遇水再次激活。

（2）具有双重防水性能。一方面减少混凝土开裂，一方面生成不溶性晶体。

（3）极强的抗渗性能。处理后能够使混凝土长期承受较强的水压力。

（4）提高混凝土强度。生成的晶体填充了孔隙、裂缝,提高了混凝土密实度。

（5）实现永久性防水。活性物质起催化剂的作用,反应前后自身的含量不发生变化。

（6）能够防腐、耐老化、保护钢筋。

（7）施工简便。可随时施工,可喷涂、可涂刷、可干撒。

（8）符合环保标准,无毒、无公害。适用于饮用水、水库、泳池等。

7.3 防水材料的选用

防水材料品种繁多,形态各异,性能各有不同,价格也有相差悬殊。因此应本着因地制宜、按需选材的原则进行选用。选用时考虑以下几点。

1. 按屋面防水等级和设防要求进行选择

国家标准《屋面工程技术规范》(GB 50345—2012)按建筑物的类别、重要程度、使用功能将屋面防水工程分为两级,屋面防水等级和设防要求见表 7.2。Ⅰ级屋面防水做法中,也有相关标准对仅用单层卷材做防水层的技术规定。

表 7.2 屋面防水等级和设防要求

防水等级	建筑类别	设防要求	防水做法
Ⅰ级	重要建筑和高层建筑	两道防水设防	卷材防水层与卷材防水层、卷材防水层与涂膜防水层、复合防水层
Ⅱ级	一般建筑	一道防水设防	卷材防水层、涂膜防水层、复合防水层

2. 按气候作用强度进行选择

气候作用强度是指屋面最高温度与最低温度之差。我国气候作用强度有强作用区(温差高于 65 ℃)、较强作用区(温差为 55～65 ℃)、中作用区(温差为 45～55 ℃)和弱作用区(温差低于 45 ℃)之分。对极端温差大的地区,应选择耐高低温性能优良和延伸率大的防水材料,使防水层适应温差引起的热胀冷缩变化,防止防水层破坏而渗漏。

3. 按建筑物结构特点和施工条件进行选择

建筑物结构特点和施工条件包括屋面结构是现浇混凝土还是预制构件,是保温屋面还是非保温屋面,顶层结构各跨是否均匀,设备管道多少以及建筑物受振动状况,使用环境是否有腐蚀性介质等。对屋面变截面大、设备管道多的应选择防水涂料,以方便施工。对受振动大的应选用抗拉强度高、延伸率大的防水卷材,当使用环境中有腐蚀性介质时,选用的防水材料应有相应的耐酸碱侵蚀能力。

4. 按防水层的暴露程度进行选择

外露防水层应选用耐紫外线的防水材料,种植屋面所用防水材料应具有耐霉性等。地下室防水工程的防水等级按其工程重要性和使用要求分为四级：一级不允许漏水，结构表面无湿渍；二级不允许漏水，结构表面允许有少量湿渍；三级允许有少量漏水点，但不得有线流和漏泥砂；四级允许有漏水点，但不得有线流和漏泥砂。地下室所用防水材料的选用原则同屋面防水工程。

7.4　本章小结

沥青防水材料是一种传统的防水材料，因其工艺简单、成本低廉、具有一定的防水能力，在国内外得到了广泛的应用，但沥青防水材料的高温软化、低温脆硬、延伸率小的缺点限制了其工程应用。自 20 世纪 60 年代以来聚合物改性沥青防水卷材迅速发展，80 年代以来合成高分子防水材料得到发展，新型防水材料具有高温不流淌、低温不脆硬、拉伸强度高、延伸率大等性能，能很好地适应温度的变化和基层的变形，因此得到更广泛的应用。

不同种类的防水卷材具有不同的个性，要求重点掌握建筑石油沥青的主要性能（黏性、塑性、温度敏感性、大气稳定性）、技术指标（针入度、延伸度、软化点）及牌号的概念，正确理解建筑石油沥青、防水卷材、防水涂料、密封材料，特别是新型防水材料的性能特点，能根据不同环境的特点和工程部位进行合理选用。

思考题

1. 石油沥青主要有哪些技术性质？
2. 石油沥青牌号划分的依据是什么？
3. 常见的沥青防水卷材有哪些？各自的用途是什么？
4. SBS 改性沥青防水卷材与 APP 改性沥青防水卷材的性能及用途有何不同？
5. 三元乙丙橡胶防水卷材有何优点？
6. 聚氨酯防水涂料性能如何？
7. 常见的密封材料有哪几类？用途各是什么？

第8章

建筑塑料

本章介绍塑料的定义、基本组成、分类、特点以及常用建筑塑料的种类及其建筑塑料制品。

8.1 高分子材料的基本知识

1. 高分子材料的概念

相对分子质量在10 000以上的化合物称为高分子化合物(简称高分子),一般又称为聚合物或高聚物。高分子是相对分子质量较小的单体通过聚合反应而成的:

$$—CH_2CH_2CH_2CH_2—$$

由低分子单体合成聚合物的反应称作聚合反应。按照反应是否有副产品生成分为加聚反应和缩聚反应。加聚反应是由单体加成而聚合起来的反应,氯乙烯加聚成聚氯乙烯就是一个例子,反应产物只有聚合物而没有其他单体。缩聚反应是由数种单体,通过缩合反应形成聚合物(也称缩聚物),同时析出水、卤化物、氨基醇等低分子化合物的过程。缩聚物的重复结构单元是由相应单体单元的大部分(去除水或者其他低分子后)结构构成的。

2. 高分子材料的基本组成

高分子材料的主要成分是聚合物,但为了加工或改性的需要常加入一些助剂。

(1) 稳定剂

稳定剂包括抗氧剂、光稳定剂和热稳定剂。抗氧剂可防止高分子建筑材料在加工和使用过程中氧化老化;光稳定剂可提高高聚物材料抵抗紫外线的能力;热稳定剂可防止聚合物在加工和使用工程中的热降解。

(2) 增塑剂

增塑剂一般是高沸点的液体或低熔点的固体有机化合物,可提高聚合物在高温加工条件下的可塑性,增加高分子建筑材料制品在使用条件下的弹性和韧性,改善高分子建筑材料的低温脆性。

(3) 填充剂和增强剂

填充剂又称填料,主要是一些粉状的无机化合物,如碳酸钙、滑石粉等。可降低高分子材料的成本,提高耐热性能。纤维状填料称为增强剂,是一些纤维状材料,如玻璃纤维,可以提高高分子建筑材料的机械强度和耐热性能。

（4）固化剂

固化剂可使低相对分子质量、线形分子的合成树脂发生交联反应，使其变成网状体型结构的分子。

除上述助剂外，还有发泡剂、阻燃剂、着色剂、抗静电剂等。

3. 高分子材料的结构与基本性能

1）聚合物的结构

高分子材料的性能与聚合物的化学结构密切相关。聚合物的化学结构可以分成线形、支链形和交联网状结构三类。

线形、支链形大分子彼此以物理次价键力（范德华引力）吸引，相互聚集在一起，形成聚合物。这类聚合物如聚乙烯，可以加热融化软化，用适当溶剂可以溶解的称为热塑性树脂。交联网状结构的聚合物就像一个巨型分子，不能熔融，不能软化，这类聚合物称为热固性树脂。

2）聚合物的基本性能

（1）物理状态

线形聚合物的玻璃态、高弹态、黏流态是受热和受力下的行为的反映，故称作力学三态。交联聚合物没有黏流态，少交联的聚合物（例如：橡胶制品）有玻璃态和高弹态，高度交联的聚合物（例如：硬橡胶和大多数热固性高分子建筑材料）只有玻璃态而没有高弹态和黏流态。结晶聚合物加热到熔点以上，可能直接进入黏流态，如果相对分子质量很大，也可能进入一小段高弹区后再进入黏流态。

（2）耐热性、耐腐蚀性、耐老化性

聚合物材料的耐热性和耐老化性能一般较差，而耐腐蚀性能很好。所谓老化是指聚合物材料受外界条件影响，性能逐渐变坏、质量下降的过程。光、热、力、氧、臭氧以及其他化学介质在一定条件下将引起聚合物化学结构破坏，导致聚合物降解，表现为聚合物材料变软发黏，强度降低，或者变硬发脆，失去弹性。

（3）力学性能

由于大分子长链的柔性，使得聚合物具有高弹性，但也使其弹性模量较小。聚合物的黏弹性是指聚合物材料不但具有弹性材料的一般特性，同时还具有黏性流体的一些特征。聚合物的黏弹性表现在它有突出的力学松弛现象，如应力松弛、蠕变等。描述聚合物的力学行为时，必须同时考虑应力、应变、时间和温度这四个参数。

4. 高分子材料的分类

按照高分子材料在土木工程中的应用，分成合成树脂（高分子建筑材料）、合成橡胶和合成纤维三大材料。除了上述三类材料，高分子材料还常用作涂料（包括油漆）和黏结剂。

8.2　塑料的组成与特性

8.2.1　塑料的组成

根据塑料所含组分数目可分为单组分塑料和多组分塑料，大多数塑料是多组分的，除含有树脂外，还有填料、增塑剂、固化剂、着色剂和其他助剂。根据其受热后形态、性能、表现分为热塑性塑料和热固性塑料两大类。

1. 聚合物

聚合物是塑料中的基本组分,一般含量为 40%～100%,成型后在制品中成为均一的连续相,能将各种添加剂黏结在一起,并赋予制品必要的物理机械性能。

(1) 聚合物的分子构型

聚合物是由一种或多种有机小分子通过主价键一个接一个连接而成的链状或网状分子,分子量都在 10 000 以上,有的可高达数十万至数百万。如氯乙烯的分子量为 44,聚合成高分子聚氯乙烯的分子量在 50 000～150 000。

(2) 聚合反应

由低分子单体合成聚合物的反应称作聚合反应,按单体和聚合物在组成和结构上发生的变化分为加聚反应和缩聚反应。

由单体加成而聚合起来的反应为加聚反应,其产物为加聚物。如乙烯加聚成聚乙烯:$n\mathrm{C_2H_2} \rightarrow (\mathrm{C_2H_2})_n$。由两种或两种以上带有官能团($-\mathrm{H}$、$-\mathrm{OH}$、$-\mathrm{Cl}$、$-\mathrm{NH_2}$、$-\mathrm{COOH}$)的单体共聚,同时产生低分子副产物(如水、醇、氨或氯化氢)的反应叫缩聚反应,其生成的聚合物叫缩聚物。

(3) 聚合物的物理状态

有些聚合物处于无定形状态,也有些聚合物处于结晶状态,结晶度达不到 100%,许多小晶区与无定形相交织在一起。

(4) 聚合物的熔点和玻璃化温度

熔点 T_m 是结晶聚合物的主要热转变温度,而玻璃化温度 T_g 则是无定形聚合物的热转变温度。

2. 添加剂

塑料添加剂主要有四大类型:改进材料力学性能的填料、增强剂、增塑剂等;改善加工性能的润滑剂和热稳定剂;提高耐燃性能的阻燃剂;改进使用过程中耐老化性能的各种稳定剂等。

8.2.2 塑料的特性

(1) 表观密度小

塑料的表观密度一般只有 0.8～2.2 g/cm³,是钢的 1/8～1/4,混凝土的 1/3。

(2) 比强度高

塑料的强度较高,其比强度接近或超过钢材,是混凝土的 5～15 倍。

(3) 可加工性好

塑料可采用多种方法加工成型,制成薄板、管材、门窗异形材等各种形状的产品。

(4) 耐化学腐蚀性好

对酸、碱等化学试剂的耐腐蚀性比金属材料和部分无机材料强,特别适合做化工厂的门窗、地面、墙壁等。

(5) 抗振、吸声和保温性好

塑料的导热性很小，一般导热系数为 $0.024\sim0.81$ W/(m·K)；塑料的保温性能良好。

（6）耐水性和耐水蒸气性强

一般塑料吸水率和透气性很低，可用于防潮防水工程。

（7）装饰性强

塑料制品可有各种鲜艳的颜色，还可进行印刷、电镀、压花等，使其呈现丰富的装饰效果。

（8）电绝缘性优良

一般塑料都是电的不良导体。

8.3　常用建筑塑料及制品

与传统材料相比，建筑塑料及其制品具有许多优良性能：密度小，比强度高，加工性能优良，装饰性好，耐腐蚀性好，电绝缘性好，减振震、吸声和隔热性好，耐水性和耐水蒸气性好。但其也存在一些缺点：弹性模量较低，热膨胀系数较大，易燃烧、有毒烟。

8.3.1　热塑性塑料

热塑性塑料的基本组分是线形或支链形的聚合物。

1. 聚氯乙烯（PVC）塑料及制品

聚氯乙烯在常温下是无色、半透明、坚硬的固体，可以制成硬质、软质或发泡制品，由于含有氯，所以具有自熄性。聚氯乙烯是无定形聚合物，难燃（离火即灭），脆化温度－50 ℃以下，玻璃化温度 T_g 通常为 $80\sim85$ ℃，可溶于四氢呋喃和环己酮，相关制品可用上述溶剂进行黏结。建筑上使用最多的是聚氯乙烯塑料制品，成本低、产量大、耐久性较好，加入不同的添加剂可加工成硬质和软质的多种产品。硬质 PVC 是建筑上最常用的一种塑料，力学强度高，具有很好的耐分化性能和良好的抗腐蚀性能，但使用温度低。硬质 PVC 适于做给排水管道、瓦棱板、门窗、装饰零件等。

2. 聚乙烯（PE）塑料及其制品

聚乙烯是一种结晶性聚合物，是由乙烯聚合而成的。它是一种透明材料，柔而韧，比水轻，无毒，易燃烧，易光氧化、热氧化、臭氧分解，对酸、碱和溶剂作用有很好的化学稳定性。主要用来制作防水薄膜、管子及某些卫生设备（冷水箱）。紫外线作用下容易发生降解，相应的建筑塑料制品有管道、冷水箱，制成柔软薄膜可用于防水工程。透明度随结晶度的增加而降低。低压聚乙烯塑料主要用于喷涂金属表面作为防蚀耐磨层。

3. 聚丙烯（PP）塑料及其制品

聚丙烯为白色蜡状材料，脆性温度－10～20 ℃，外观、溶解性及渗透性与聚乙烯相近，但密度比聚乙烯小，约为 0.9 g/cm^3，透明度也大一些，常用来生产管道、容器、建筑零件、耐腐蚀衬板等。

4. 聚苯乙烯(PS)塑料及其制品

聚苯乙烯是非结晶聚合物,透明度高达 $88\%\sim90\%$,有光泽,其机械性能较高,但脆性大。PS 的耐溶剂性较差,能溶于苯、甲苯等芳香族溶剂,其导热系数不随温度变化,具有高绝热性,所以主要用于制作泡沫隔热材料,聚苯乙烯可用于生产建筑五金和各种管材。

8.3.2 热固性塑料

热固性塑料的基本组分是体型结构的聚合物,且大都含有填料。热固性塑料较热塑性塑料耐热好、刚性大、制品尺寸稳定性好。

1. 酚醛(PF)塑料及其建筑制品

酚类化合物和醛类化合物缩聚而成的聚合物称为酚醛树脂,其中主要是苯酚和甲醛的缩聚物。将热固性酚醛树脂加入木粉填料可模压成电工器材"电木"。

2. 聚酯(UP)塑料及其建筑制品

聚酯树脂是多元酸和二元醇缩聚成的线形初聚物,在固化前是高黏度的液体,加入固化促进剂后固化交联形成体型结构。聚酯树脂的优点是加工方便,可在室温不加压或低压下固化成型,主要用于制作玻璃纤维增强塑料、涂料和聚酯装饰板等。

3. 环氧(EP)塑料及其建筑制品

环氧树脂大多是由双酚和环氧氯丙烷缩聚而成。在未固化前是高黏度液体或脆性固体,易溶于丙酮或二甲苯等溶剂,其最大的特点就是与各种材料均有很强的黏结力,主要用于制作玻璃纤维增强塑料(即用于人造大理石和人造玛瑙),另一重要的用途是用作黏合剂。

4. 有机硅(Si)塑料及其建筑制品

有机硅分子主链为硅氧链,由于硅的存在使其具有耐高温、耐水、耐候的特点。有机硅憎水、透明,可用作防水及防潮涂层,并在许多防水材料中用作为憎水剂。有机硅塑料的主要特点是不燃,介电性能优异,耐水,常作为防水材料,耐高温,可在 $250\ ℃$ 以下长期使用。

5. 聚甲基丙烯酸甲酯(俗称有机玻璃)

聚甲基丙烯酸甲酯是透明(不仅透过可见光还透过紫外线)的,有机物透光率高达 92% ,而且重量轻,多制成扁材或块体,可用作透光的维护结构,也可制成管子。

6. 聚丙烯腈-丁二烯-苯乙烯

ABS 是聚丙烯腈-丁二烯-苯乙烯的共聚物,综合三者的特点,其性能优异,可用作结构材料。

7. 聚酰胺(尼龙)

聚酰胺高分子建筑材料坚韧耐磨,抗拉强度高,冲击韧性高,耐热性高,以及能耐油、耐酸、耐碱和耐其他一般溶剂。通常被制作成建筑小五金等。

8．聚氨酯

聚氨酯是多异氰酸酯与聚酯或聚醚多元醇的聚合物。依反应组分类，可得热塑性的聚氨酯（弹性体、纤维、薄膜、泡沫高分子建筑材料）和热固性的聚氨酯（泡沫高分子建筑材料、弹性体）。

8.3.3　玻璃纤维增强塑料

玻璃纤维增强塑料又称玻璃钢制品，是一种优良的纤维增强复合材料，因比强度很高而被越来越多地用于一些新型建筑结构。

玻璃纤维增强塑料是以聚合物为基体，以玻璃纤维及其制品（玻璃布、带、毡等）为分散质制成的复合材料。玻璃钢最主要的特点就是密度小、强度高，其比强度接近甚至超过高级合金钢，因此得名"玻璃钢"。玻璃钢的比强度为钢的 $4\sim5$ 倍，这对于高层和空间结构有特别重要的意义，但玻璃钢的最大缺点就是刚度不如金属。玻璃纤维在玻璃钢中的用量一般为 $20\%\sim70\%$。玻璃纤维在玻璃钢中的分布状态决定了玻璃钢性能的方向性，即玻璃钢制品通常是各向异性的。

8.4　本章小结

建筑塑料较传统的建筑材料有许多优点，在建筑物上使用很广泛。本章学习要以高分子化合物为基础，了解塑料的定义、基本组成、分类、特点以及常用建筑塑料的种类及其制品。

思考题

1. 简述塑料的特性。
2. 简述塑料的基本组成及分类。
3. 为什么塑料能用作建筑材料？
4. 常用建筑塑料及其建筑制品有哪些？
5. 何谓玻璃钢？玻璃钢有哪些特点？

第9章

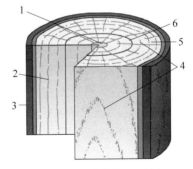

木 材

本章介绍木材的分类与构造、性能及应用、防护与防火等基本知识。

9.1 木材的分类与构造

9.1.1 木材的分类

木材产自本本植物中的乔木,分为针叶树和阔叶树两大类。大部分针叶树纹理直、木质较软、易加工、变形小,建筑上广泛用作承重构件和装修材料,如杉树、松树等。大部分阔叶树质密、木质较硬、加工较难、易翘裂、纹理美观,适用于室内装修,如水曲柳、核桃木等。

9.1.2 木材的构造

1. 木材的宏观构造

从木材三个不同切面观察木材的宏观构造可以看出,树干由树皮、木质部、髓心组成。

从木材的横切面看,靠近树皮的部分材色较浅,水分较多,称为边材。在髓心周围部分,材色较深,水分较少,称为心材。在横切面上所看到的,围绕着髓心构成的同心圆称为生长轮(图 9.1)。温带和寒带树木的生长期,一年仅形成一个生长轮就是年轮。同一年轮的木材,在春季生成的胞壁较薄、形体较大、颜色较浅、材质较松软,称为早材(春材),到夏季形成的则胞壁较厚、组织致密、颜色较深、材质较硬,称为晚材(夏材)。

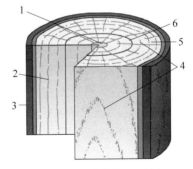

1—髓心;2—木质部;3—树皮;
4—髓线;5—边材;6—心材。

图 9.1 木材的构造

2. 木材的微观构造

木材的微观构造是指借助光学显微镜观察的结构。针叶树显微构造简单而规则,它主要由管胞和髓线组成,一般针叶材的年轮界明显,早材壁薄腔大,颜色较浅,晚材则壁厚腔小,颜色较深。阔叶材的显微构造较复杂,其细胞主要有导管、木纤维、木射线和轴向薄壁组织等。细胞壁越厚,腔越小,木材越密实,强度越高,但胀缩越大。

3. 木材的结构缺陷

木材在生长、采伐及保存过程中，会产生内部和外部的缺陷，这些缺陷统称为疵病。木材的疵病主要有木节、斜纹、腐朽及虫害等，这些疵病将影响木材的力学性质，但同一疵病对不同木材强度的影响不尽相同。木节分为活节、死节、松软节、腐朽节等几种，活节影响最小。木节使木材顺纹抗拉强度显著降低，对顺纹抗压强度影响最小。在木材受横纹抗压和剪切时，木节反而增加其强度。斜纹为木纤维与树轴成一定夹角，斜纹木材严重降低其顺纹抗拉强度，抗弯次之，对顺纹抗压强度影响较小。裂纹、腐朽、虫害等疵病会造成木材构造的不连续性或破坏其组织，因此严重影响木材的力学性质，有时甚至能使木材完全失去使用价值。

9.2 木材的性能及应用

9.2.1 木材的物理力学性质

1. 密度

木材的密度是指构成木材细胞壁物质的密度。一般木材密度为 $1.50\sim1.56\ \mathrm{g/cm^3}$，各材种之间相差不大，实际计算和使用中常取 $1.53\ \mathrm{g/cm^3}$。

2. 含水率

木材的含水率是木材中水分质量占干燥木材质量的百分比。木材中的水分按其与木材结合形式和存在的位置，可分为自由水、吸附水和化学结合水。自由水是存在于木材细胞腔和细胞间隙中的水，它影响木材的表观密度、抗腐蚀性、燃烧性和干燥性；吸附水是被吸附在细胞壁内纤维之间的水，吸附水的变化则影响木材强度和木材胀缩变形性能；化学结合水即为木材中的化合水，它在常温下不变化，故其对木材的性质无影响。木材干燥时，首先是自由水蒸发，而后是吸附水蒸发。木材受潮时，先是细胞壁吸水，细胞壁吸水达到饱和后，自由水才开始吸入。当木材中无自由水，而细胞壁内吸附水达到饱和时，这时的木材含水率称为纤维饱和点。木材中所含的水分是随着环境的温度和湿度的变化而改变的，当木材长时间处于一定温度和湿度的环境中时，木材中的含水量最后会达到与周围环境湿度相平衡，这时木材的含水率称为平衡含水率。

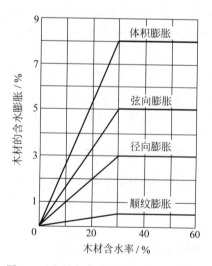

图 9.2 木材含水率与胀缩的变形关系

3. 湿胀干缩性

木材具有显著的湿胀干缩性，见图 9.2。木材含水率在纤维饱和点以下时吸湿具有明显的膨胀变形现象,解吸时具有明显的收缩变形现象。木材具有各向异性,各个方向的干缩率不同。木材弦向干缩率最大。木材在干燥的过程中会产生变形、翘曲和开裂等现象,木材的干缩湿胀变形还随树种不同而异。密度大的、晚材含量多的木材,其干缩率较小。当木材的含水率在纤维饱和点以下时,随着含水率的增大,木材体积产生膨胀;含水率减小,木材体积收缩;而当木材含水率在纤维饱和点以上,只是自由水增减变化时,木材的体积不发生变化。纤维饱和点是木材发生湿胀干缩变形的转折点。

4. 强度

工程上常利用木材的抗压、抗拉、抗弯和抗剪强度。由于木材是一种非均质材料,具有各向异性,使木材的强度有很强的方向性。木材各强度大小的比值关系见表 9.1。

表 9.1 木材各项强度值的比较

强度	顺纹抗压	横纹抗压	顺纹抗拉	横纹抗拉	抗弯	顺纹抗剪	横纹切断
比值	1	1/10～1/3	2～3	1/20～1/3	3/2～2	1/7～1/3	1/2～1

木材在长期荷载作用下不致引起破坏的最大强度称为持久强度。木材的持久强度比其极限强度小得多,一般为极限强度的 50%～60%。木材强度的影响因素主要有含水率、环境温度、负荷时间、表观密度、疵病等。

9.2.2 木材及其制品的应用

木材按供应形式可分为原条、原木、板材和方材。原条是指已经除去皮、根、树梢的木料,但尚未按一定尺寸加工成规定木料。原木是原条按一定尺寸加工而成的规定直径和长度的木料,可直接在建筑中作木桩、格栅、楼梯和木柱等。板材和方材是原木经锯解加工而成的木材,宽度为厚度的 3 倍或 3 倍以上的为板材,宽度不足厚度的 3 倍者为方材。

木材轻质而高强,兼具弹性与塑性,保温绝热、隔声能力好,且具有良好的装饰性,在古建筑和现代建筑中都得到了广泛的应用。在结构上,木材主要用于构架和屋顶,如梁、柱、椽等,木结构古建筑是建筑技术和艺术的高度结合。木材加工方便,广泛应用于房屋的门窗、地板、天花板、栏杆、隔断等,另外在土木工程中还用作混凝土模板及木桩等。

工程中除了直接利用木材外,还对木材进行综合利用,制成各种人造板材,提高木材的利用率,同时改善天然木材的不足。木质人造板是利用木材、木质纤维、木质塑料或其他植物纤维为原料,加胶黏剂和其他添加剂制成的板材。常用的木质人造板有胶合板、纤维板(又称密度板)、细木工板、木屑板、木丝板等。人造板大多存在游离甲醛释放的问题,为防止室内环境污染,国家标准《室内装饰装修用人造板及其制品中甲醛释放限量》(GB 18580—2017)规定了各类板材及其制品中的甲醛限量值为 0.124 mg/m^3。

例 9-1 木塑复合板的应用。

木塑复合板是以废弃的边角木粉、碎木等植物纤维作为基础材料,与热塑性塑料机助剂按一定比例混合均匀后,经加热、挤出、成型等加工制成的新型复合材料。它兼有木材和塑料的特性,既具有木材的纹路和质感,又比木材的尺寸稳定性好,不变形、不开裂、不虫蛀,可制成多种颜色，表面无需淋漆，且可回收再利用。《木塑地板》（GB/T 24508—2020）规定了室外与室内、实心与空心，基材发泡、不发泡，素面与饰面等分类。《建筑用木塑复合板应用技术标准》（JGJ/T 478—2019）对室外、室内用木塑复合板规定了详细的物理化学性能。近年来木塑复合材料的生产与应用越来越多，上海世界博览会中国馆周围采用了大批红木色的木塑复合板，芬兰馆外墙的鳞状材料也是木塑复合板。

9.3　木材的防护与防火

木材作为土木工程材料，最大缺点是容易腐朽、虫蛀和燃烧，因此大大缩短了木材的使用寿命，并限制了它的应用范围。采取措施来提高木材的耐久性，对木材的合理使用具有十分重要的意义。

9.3.1　木材的腐朽与防腐

1. 木材的腐朽

木材的腐朽是真菌在木材中寄生引起的。真菌在木材中生存和繁殖，必须同时具备四个条件：①温度适宜；②木材含水率适当；③有足够的空气；④适当的养料。真菌生长最适宜温度是 25～30 ℃，最适宜含水率在木材纤维饱和点左右。含水率低于 20% 时，真菌难以生长，含水率过大时，空气难以流通，真菌得不到足够的氧气或排不出废气。破坏性真菌所需养分是构成细胞壁的木质素或纤维素。

2. 木材的防腐

根据木材产生腐朽的原因，木材防腐有两种方法：一种方法是破坏真菌生存的条件，使木材不适于真菌的寄生和繁殖。如干存保管法和水存保管法，将木材保持在很高的含水率，木材由于缺乏空气而破坏真菌生存所需的条件，从而达到防腐的目的，或将木材进行干燥，使其含水率降至 20% 以下（即干法保管法）。另一种方法是把木材变成有毒的物质，将化学防腐剂注入木材内，使其不能作真菌的养料，这是木材的化学保管法。

9.3.2　木材的防虫

木材除受真菌侵蚀而腐朽外，还会遭受昆虫的蛀蚀。常见的蛀虫有白蚁、天牛等。白蚁是世界性的重要害虫，特别是热带和亚热带地区更为严重。物体受到白蚁危害，表面形似完好，里面千疮百孔，一旦被人发现，损失已是相当严重，尤其对建筑物和堤坝，更有极大的隐患。白蚁对建筑物的破坏，特别是对砖木结构、木结构建筑的破坏，由于其隐蔽在木结构内部或破坏其承重部位，往往造成房屋突然倒塌，导致财产损失和人员伤亡。木材虫蛀的防护方法主要是采用化学药剂处理，木材防腐剂也能防止昆虫的危害。

9.3.3　木材的防火

木材是可燃性建筑材料。在木材加热过程中，析出可燃气体，随着温度不同，析出的可燃气体浓度也不同,此时若遇火源,析出的可燃气体也会出现闪燃、引燃。若无火源,只要加热温度足够高,也会发生自燃现象。对木材及其制品的防火保护有浸渍、添加阻燃剂和覆盖三种方法。

1. 浸渍

浸渍按工艺可分为常压浸渍、热浸渍和加压浸渍三种。常压浸渍是在常压室温条件下,将木材浸渍在黏度较低的含有阻燃剂的溶液中,使阻燃剂溶液渗入木材表面的组织中,经干燥使水分蒸发,阻燃剂留在木材的浅表面层内,适用于阻燃效果要求不高,木材密度不大的薄板材。热浸渍是在常压下将木材放入热的阻燃剂溶液中浸渍,直至药液冷却。因为木材受热,内部气体膨胀而释放出来,等到阻燃剂冷却后,木材内部孔隙就可以多吸收阻燃剂溶液,然后干燥,将阻燃剂留在木材孔隙内。加压浸渍是先将木材放在高压容器中,抽真空到 $7.9 \sim 8.6$ kPa,并保持 $15 \sim 60$ min,再注入含有阻燃剂的浸渍液并加压到 1.20 MPa,在 $65 \, ℃$ 的温度下保持 7 h,解除压力后,排除阻燃剂药液,为避免木材取出时继续滴液,可再次抽真空数分钟,最后放入烘窑进行干燥。加压浸渍适用于阻燃要求高的木材。

2. 添加阻燃剂

在生产纤维板、胶合板、刨花板、木屑板的过程中可添加适量的阻燃剂。添加阻燃剂的条件是阻燃剂应与胶黏剂及其他添加剂很好地相溶。

3. 覆盖

覆盖就是在需要进行阻燃处理的木材表面覆盖防火涂料。这种防火涂料,除了要求具有好的阻燃性能以外,还要求具有较好的着色性、透明度、黏着力、防水、防腐蚀等普通涂料所具有的性能。

9.4　本章小结

要求掌握木材的分类、构造及木材的物理力学性质和木材的综合利用基本知识。掌握木材的纤维饱和点、平衡含水率、标准含水率的概念及应用意义,理解木材的各向异性、湿胀干缩及含水率对木材性质的影响,了解木材在建筑工程中的主要应用,以及木材的综合利用制品和人造木板材的甲醛释放量问题及选用注意事项,结合教材及认知实践,学会在建筑工程中选择和使用木材。

思考题

1. 名词解释:木材的纤维饱和点、木材的平衡含水率。
2. 为什么在使用木材之前,必须使木材的含水率接近使用环境下的平衡含水率?
3. 有些住宅的木地板使用一段时间后出现接缝不严,亦有一些木地板出现起拱,请分析原因。

第10章

装饰材料

本章介绍绝热、吸声材料及常用的几类建筑装饰材料。

10.1 绝热材料

在建筑工程中,习惯把用于控制室内热量外流的材料叫作保温材料;把防止室外热量进入室内的材料叫作隔热材料。保温材料和隔热材料的本质是一样的,统称为绝热材料。绝热材料的使用本质在于减少结构物与环境之间的热交换,保持室内温度的稳定。冬季寒冷需要保温材料减少室内热量散失;夏季炎热,需要隔热材料减少室外热量向内传递。热量主要通过墙体和屋面等围护结构传递,因此围护结构用良好的保温绝热材料,可以大大降低采暖和空调的能耗,对"建筑节能"意义重大。

1. 绝热材料的性能要求

导热性是材料传递热量的能力。材料的导热能力用导热系数评价,导热系数的物理意义是在稳定传热条件下,单位厚度内的温差 1 ℃时,1 h 内通过 1 m² 面积的热量。材料的导热系数越大,传热能力越好,绝热能力越差。工程将导热系数为零的材料称为绝热材料。影响材料导热系数的因素有:

(1) 物质构成。金属材料导热系数最大,无机非金属材料次之,有机材料导热系数最小。

(2) 微观结构。相同化学组成的材料,结晶结构的导热系数最大,微晶结构次之,玻璃体导热系数最小。

(3) 孔隙构造。由于固体物质的导热系数比空气的导热系数大得多,故一般来讲,材料的孔隙率越大,导热系数越小。对于纤维材料,还与压实程度有关。

(4) 湿度。因固体导热最好,液体次之,空气导热最差,所以,材料受潮会使其导热系数增大,如水结冰则导热系数进一步增大。为保证保温效果,对绝热材料要特别注意防潮。

(5) 温度。材料的导热系数随着温度的升高而增大,故绝热材料在低温下使用效果更好。

(6) 热流方向。对于木材等纤维状材料,热流方向与纤维排列方向垂直时材料的导热系数要小于平行时的导热系数。

2. 绝热材料的类型

(1) 多孔型

多孔材料的传热方式比较复杂,当热量碰到气孔时,固相导热的方向发生变化,总的传热路线大大增加,从而使传热速度减缓。另外,还有以下三种换热方式:高温固体表面对低温固体表面的辐射换热、气体的对流换热、气体的传导换热。

（2）纤维型

与多孔材料类似,顺纤维方向的导热系数大于垂直于纤维方向。

（3）反射型

具有反射性的材料,由于大量热辐射在表面被反射掉,使通过材料的热量大大减少,从而达到绝热的目的。

3. 常用的绝热材料

（1）无机纤维状绝热材料

石棉、矿棉、玻璃棉、陶瓷纤维及其制品,如岩棉管等。

（2）无机散粒状绝热材料

膨胀珍珠岩、膨胀蛭石及其制品,如膨胀蛭石板材、膨胀珍珠岩板材等。

（3）无机多孔类绝热材料

硅藻土、微孔硅酸钙制品、泡沫玻璃、泡沫混凝土和加气混凝土及其制品,如硅藻土墙体砖。

10.2 吸声隔声材料

1. 材料的吸声原理

当入射声能遇到吸声材料时,声能一部分被材料反射回去,一部分穿透材料,还有一部分声能被材料所吸收。

（1）吸声系数

吸声系数是评定材料吸声性能好坏的指标。吸声系数定义为在给定频率和条件下,吸收及透射的声能通量与入射声能通量之比。

声源停止后,声音由于多次反射或散射而延续时间的现象称为混响。稳态声源停止后,声压级衰变 60 dB 所需要的时间称为混响时间。

（2）降噪系数、降噪量

吸声材料的吸声性能按降噪系数可分为四级,以 250 Hz、500 Hz、1 000 Hz 和 2 000 Hz 四个频带实用吸声系数的算术平均值作为降噪系数（NRC）。

在建筑物室内使用吸声材料后的效果,可以用现场实测的混响时间来衡量,或按下式计算降噪量:

$$\Delta L_P = 10 \lg \frac{T_1}{T_2}$$

式中:ΔL_P——吸声降噪率,dB;

T_1、T_2——吸声处理前、后的室内混响时间,s。

2. 吸声材料及其构造

（1）多孔吸声材料

声波进入材料内部互相贯通的孔隙,空气分子受到摩擦和黏滞阻力,使空气振动,从而使声能转化为机械能,最后因摩擦而转变为热能被吸收。材料中开放的、互通的、细致的气孔越多,其吸声性能越好。

（2）柔性吸声材料

具有密闭气孔和一定弹性模量的材料,如泡沫塑料,声波引起的空气振动不易传至内部,只能相应地产生振动,在振动过程中由于克服材料内部的摩擦而消耗了声能,引起声波衰减。

（3）帘幕吸声体

将具有通气性能的纺织品安装在离墙面或窗洞一定距离处,背后设置空气层。这种吸声体对中、高频均有一定的吸声效果。

（4）悬挂空间吸声体

悬挂于空间的吸声体,增加了有效的吸声面积,加上声波的衍射作用,大大提高了实际的吸声效果。

（5）薄板振动吸声结构

将胶合板、薄木板、纤维板、石膏板等的周边钉在墙或顶棚的龙骨上,并在背后留有空气层,即成薄板振动吸声结构。该结构主要吸收低频率的声波。

（6）穿孔板组合共振吸声结构

穿孔的各种材质薄板固定在龙骨上,并在背后设置空气层即成穿孔板组合共振吸声结构,具有适合中频的吸声特性,使用普遍。

（7）空腔共振吸声结构

该结构由封闭的空腔和较小的开口组成,它有很强的频率选择性,在其共振频率附近,吸声系数较大,而对离共振频率较远的声波吸收很小。

3. 隔声材料

隔声材料的作用是隔绝声音,主要用于外墙、隔墙、隔断等。隔声可分为隔绝空气声(空气的振动传播)和隔绝固体声(固体的撞击或振动传播)。两者的隔声原理不同。对于空气声,根据声学中的"质量定律",其传声的大小主要取决于墙或板的单位面积质量,质量越大,越不易振动,隔声效果越好,因此密实、沉重的材料隔声效果好;对于固体声,采用不连续的结构处理最为有效,即在墙壁与承重梁之间,房屋的框架和墙壁及楼板之间加弹性衬垫,如毛毡、软木、橡皮等。

10.3 装饰材料

建筑装饰装修材料一般指主体结构工程完成后,进行室内外墙面、顶棚、地面的装饰和室内空间装饰装修所需要的材料,它是既有装饰目的,又可满足一定使用要求的功能材料。

1. 墙面装饰涂料

（1）合成树脂乳液内墙涂料

合成树脂乳液内墙涂料俗称内用乳胶漆，是以合成树脂乳液为基料，以水为分散介质，加入颜料、填料和各种助剂，经研磨而成的内墙涂料，适用于混凝土、水泥砂浆抹面、砖面、纸筋灰抹面、木质纤维板、石膏饰面板等多种基材。由于乳胶涂料具有透气性，能在稍潮湿的水泥或新老石灰墙壁上施工，广泛用于宾馆、学校等公用建筑物及民用住宅，特别是住宅小区的内墙装修。

（2）合成树脂乳液外墙涂料

合成树脂乳液外墙涂料俗称外用乳胶漆。它是以合成树脂乳液为基料，以水为分散介质，加入颜料、填料和各种助剂制成的水溶性涂料。合成树脂乳液外墙涂料适用于水泥砂浆、混凝土、砖面等各种基材，是公用和民用建筑，特别是住宅小区外墙装修的理想装饰装修材料，既可单独使用也可作为复层涂料的罩面层。

2. 壁纸、墙布

（1）聚氯乙烯壁纸

聚氯乙烯壁纸是以聚氯乙烯为面层，以纸或其他材料为底层的内墙面装饰材料的总称。

（2）复合壁纸

复合壁纸是将两层纸（表纸、底纸）通过施胶、层压复合到一起后，再印刷、压花、涂布而成的一种室内装饰材料。

3. 墙面装饰板

（1）全塑装饰板

全塑装饰板是以合成树脂（聚氯乙烯树脂、聚酯树脂）与稳定剂、色料等经捏和、混炼、拉片、切粒、挤出或压延成型而成的一种高级装饰材料。

（2）塑料贴面装饰板

塑料贴面装饰板是由各种特制的纸印有各种色彩图案、浸以不同类型的热固性树脂溶液，经热压而成的装饰板材。

（3）铝合金装饰板

铝合金装饰板自重轻（为钢材重的 1/3），耐久性好，便于运输和施工，表面光亮可反射阳光，防潮、耐腐蚀，也可用化学或阳极化的方法着上各种所需的颜色。此种板多用于旅馆、饭店、商场等建筑的墙面和屋面装饰。

4. 地面装饰材料

地面装饰材料主要包括塑料地板、地毯、地面涂料和木地板等。由于地面材料要承受人为的磨损和污染，其装饰效果会因此受到影响。

5. 顶棚装饰板

（1）普通装饰石膏板

普通装饰石膏板是以建筑石膏为主要原料，掺入一定量的纤维增强材料和外加剂，经与水搅拌成均匀浆料、浇注成型、干燥等工艺制成不带护面纸的装饰板材。

（2）嵌装式装饰石膏板

嵌装式装饰石膏板是以建筑石膏为主要原料，掺入一定量的纤维增强材料和外加剂，经与水搅拌成均匀浆料浇注成型后，干燥而成的不带护面纸的吊顶装饰板材，其板材背面四边加厚，带有嵌装企口，正面为平面，可带孔，也可带有浮雕图案。

（3）矿棉装饰吸声板

矿棉装饰吸声板是以矿渣棉为主要原料，加入适量的黏结剂和添加剂，经成型、烘干、表面加工处理而成的新型顶棚材料。

（4）膨胀珍珠岩装饰吸声板

膨胀珍珠岩装饰吸声板是以膨胀珍珠岩（体积密度不大于 $80\,\mathrm{kg/m^3}$）为骨料，加入无机胶凝材料及外加剂而制成的板材。

（5）轻质硅钙吊顶板

轻质硅钙吊顶板是以硅质材料和钙质材料经水热合成工艺，并掺入纤维增强材料和降低密度的轻骨料而制成的一种新型纤维增强吊顶板，又称钙塑板。

6. 建筑玻璃

由于玻璃具有很好的透光（透光率 80% 以上）和透视性能，以及化学稳定性好，耐酸性强，有一定的耐碱性等特点，玻璃在建筑上的应用日益广泛。

1）普通平板玻璃

普通平板玻璃又称净片玻璃、白片玻璃，具有透光、挡风、保温和隔声的功能。规格是矩形，厚度有 $3\,\mathrm{mm}$、$4\,\mathrm{mm}$、$5\,\mathrm{mm}$、$6\,\mathrm{mm}$、$8\,\mathrm{mm}$、$10\,\mathrm{mm}$、$12\,\mathrm{mm}$ 等，有建筑物的窗用玻璃、加工安全玻璃或特种玻璃的基板、制作装饰玻璃等用途。

2）装饰平板玻璃

装饰平板玻璃的特点是表面具有一定的颜色、图案和质感等，主要分为毛玻璃、彩色玻璃、花纹玻璃和釉面玻璃。釉面玻璃以平板玻璃为基体，在其表面涂覆一层彩色易熔性色釉，经热处理后釉面层与玻璃牢固结合，可以实现不同的色彩和图案装饰。可用于餐厅、宾馆的室内饰面及门厅、楼梯间的饰面，特别适用于建筑物和构筑物的外立面装饰。

3）安全玻璃

安全玻璃具有强度高、抗冲击性能好的特点，破碎时碎片不会飞溅伤人。

（1）钢化玻璃，又称强化玻璃，具有良好的机械性能和耐热（ $204\,^{\circ}\mathrm{C}$ 的温度变化）抗震性能。普通平板玻璃可通过物理钢化（淬火）和化学钢化方法达到提高玻璃强度的目的。其特点是强度高、弹性好、热稳定性好、安全性高；钢化玻璃不能切割，适用于车辆的窗用玻璃、玻璃幕墙、玻璃隔断、采光屋面、玻璃栏杆等。

（2）夹丝玻璃，又称防碎玻璃或钢丝玻璃，是将预热处理好的金属网或金属丝压入加热到软化状态的玻璃中制成。它具有抗折强度高，耐急冷急热性能好，受到冲击或温度剧变破坏时，破而不缺、碎而不散，隔绝火势，可作防火玻璃。因金属丝网影响视觉效果等特性，主要应用于防火门、天窗、采光屋面、阳台等处。

（3）夹层玻璃，是用柔软透明的有机胶合层将两片或两片以上的玻璃黏合在一起的玻璃制品。胶合层起骨架增强作用，损坏时表面只会产生一些辐射状的裂纹或同心圆状的裂纹,碎片黏在胶合层上,夹层玻璃难以裁割,不同的玻璃原片可以有各种性能。品种包括防紫外线夹层玻璃、钢化夹层玻璃、防盗夹层玻璃、防弹夹层玻璃等。

4)保温隔热玻璃

(1)吸热玻璃是一种能吸收阳光中大量辐射热,同时又能保持良好透视的玻璃。在普通平板玻璃中加入一定具有吸热功能的着色剂或在玻璃表面喷涂一层具有吸热性能的物质而得,具有控制阳光热能透过、吸收可见光、防眩光和吸收紫外线等特性。因可以合理利用太阳光调节室内温度,主要应用于炎热地区的建筑门窗、玻璃幕墙、车辆的挡风玻璃。

(2)热反射玻璃是用一定的生产工艺将金、银、铜、铝等金属氧化物喷涂在平板玻璃的表面,或用等离子交换法向玻璃表面渗透铜、铝等金属离子,以替换玻璃表面原有钠、钾等离子,形成一层均匀膜层而制成的玻璃。具有强的热反射性能(包括红外光,反射率达30%~60%)、良好的隔热性能、热透过率低、单向透视性等特性,常用于炎热地区建筑物的门窗和玻璃幕墙,需要私密隔离的建筑装饰部位以及用作高性能中空玻璃的玻璃原片。

(3)中空玻璃是用两片或多片平板玻璃,沿周边隔开并用高强的气密性黏结剂将其与密封条等密合而成的,中间密封有干燥空气。中空玻璃的光学性能取决于玻璃原片,原片为有色或无色的普通或特种玻璃,不能切割;具有隔声性能,噪声可降低30~40 dB;具有防霜露性能和绝热性能,接近于100 mm混凝土墙,主要应用于需要采暖、防止噪声和结露的建筑物。

近年来,逐渐有Low-e中空玻璃、变色玻璃等节能玻璃的应用。

5)玻璃砖与玻璃马赛克

玻璃砖有实心和空心之分,均具有透光而不透视的特点,主要用作建筑物的透光墙体,以及隔断、门厅、通道等。

玻璃马赛克是一种小规格的彩色饰面玻璃,色彩丰富,颜色绚丽,设计性好,有透明、半透明、不透明三种,抗污性强,能下雨自洗,经久常新,是良好的外墙装饰材料。

10.4 建筑卫生陶瓷

陶瓷制品按所用原料及坯体的致密程度可分为陶器、瓷器和炻器。陶器多孔,通常吸水率较大(一般在10%以上),断面粗糙无光,敲击时声音粗哑,有施釉和无釉、粗陶和精陶之分。瓷器结构致密,基本上不吸水(一般不大于0.5%),具有一定的半透明性,通常表面有釉,有粗瓷和细瓷之分,强度、热稳定性和耐化学腐蚀性较高。炻器介于陶器和瓷器之间。建筑陶瓷中的陶器制品主要是釉面内墙砖和琉璃制品;瓷器制品较多用于日用餐茶具、卫生陶瓷等;炻器制品主要是墙地砖,包括外墙用砖。

《建筑卫生陶瓷分类及术语》(GB/T 9195—2011)规定建筑卫生陶瓷包括建筑陶瓷和卫生陶瓷两大类。建筑陶瓷包括陶瓷砖(各类室内、室外、地面、墙面用陶瓷砖、陶瓷板、陶瓷马赛克、防静电陶瓷砖、广场砖)、建筑琉璃制品、微晶玻璃陶瓷复合砖、陶瓷烧结透水砖、建筑幕墙用陶瓷板等。

1. 陶瓷砖

陶瓷砖是由黏土、长石和石英为主要原料制造的用于覆盖墙面和地面的板状或块状建筑陶瓷制品。陶瓷砖是在室温下通过挤压或干压成型，在满足性能要求的温度下烧制而成。吸水率在 0.5%～3% 的为炻瓷砖，在 3%～6% 的为细炻砖，在 6%～10% 的为炻质砖，大于 10% 的为陶质砖。陶瓷砖又称为墙地砖，用于建筑物内外墙、地面。

2. 建筑琉璃制品

建筑琉璃制品是用难熔黏土烧制，吸水率不大于 12% 的瓦类、脊瓦类、饰件类有釉陶瓷制品。瓦类有板瓦、筒瓦、勾头瓦、滴水瓦，脊瓦类有花脊、光脊、半边花脊，是我国陶瓷宝库中的古老珍品，有悠久的应用历史。具有质细致密、表面光滑、不易沾污、色彩绚丽、造型古朴等优点，富有我国传统的民族特色。

3. 陶瓷马赛克

陶瓷马赛克又称陶瓷锦砖，是用于装饰与保护建筑物地面及墙面的，由多块小砖（表面面积不大于 55 cm^2）拼贴成联使用的陶瓷砖。陶瓷马赛克具有图案美观、质地坚硬、耐污染、抗冻、耐磨、易清洗等诸多优点，主要用于民用建筑的门厅、走廊、厨卫间的地面、墙面铺装，也可用于外墙面的饰面，装饰效果好，耐久性好。

10.5 本章小结

建筑绝热、吸声及装饰材料在当代生活中的应用越来越普遍。通过学习，要求掌握绝热材料、吸声材料及装饰材料的一些相关基本概念及其特性，了解常用装饰建筑材料的构造特点。

思考题

1. 热量的传热方式有哪几种？影响导热系数的因素有哪些？
2. 绝热材料的类型有哪几种？
3. 什么是吸声系数？吸声材料及其构造有哪几类？
4. 装饰材料在建筑中起什么作用？有哪几大类？
5. 多孔吸声材料与多孔绝热材料在孔隙结构上有何区别？为什么？
6. 常见建筑玻璃有哪些？主要用于什么地方？

第11章

常用建筑材料性能检测试验

本章简单介绍检测室管理知识,水泥、骨料、混凝土、钢材、防水材料等常见材料试验方法及数据处理方法。

11.1 检测实验室管理

11.1.1 检测室管理

建筑材料检测单位是接受政府部门、司法机关、社会团体、企业或个人的委托,依据国家现行的法律、法规和技术标准,从事检测工作,向社会(或本单位内部)出具检测报告,实施有偿服务,并承担相应的法律责任的社会中介机构。建设工程实行见证取样和送检。建筑材料的试验检测在建设工程质量管理、建筑施工生产、科学研究及科技进步中占有重要地位。建筑材料科学知识和试验检测技术标准,不仅是评定和控制建筑材料的质量、监控施工过程、保障工程质量的手段和依据,也是推动科技进步、合理使用建筑材料、降低生产成本、提高企业效益的有效途径。

检测室要根据所进行的检验项目进行布置,如设置收样室、水泥室、混凝土室、养护室、力学性能室、防水材料室等。检测工作管理基本规定如下。

1. 人员

(1) 从事检测试验工作的专业技术人员应熟悉相关规定和技术要求,经培训合格后上岗。

(2) 检测机构技术负责人、授权签字人应具有相关专业中级以上技术职称或同等能力。

(3) 检测人员应进行必要的继续教育和培训。

2. 仪器设备

(1) 各实验室应配备与所开展检测工作相适应的仪器设备,仪器设备的布置要互不干扰,方便操作。

(2) 应建立完整的仪器设备台账和档案。

(3) 仪器设备应定期进行校准或检定。

(4) 如果仪器设备有过载或错误操作,或显示的结果可疑,或通过其他方式表明有缺陷时,应立即停止使用,并加以明显标识;如可能修复,修复后的仪器设备必须经检定、校准等合格后方可继续使用。

（5）仪器设备应有明显的标识表明其状态。

（6）仪器设备应按照有关规定及使用说明书的要求进行维护保养，并做好记录。

3．设施及环境

（1）检测室的设施及环境条件应满足相关法律法规、技术规范或标准的要求。

（2）设施和环境条件对结果的质量有影响时，实验室应监测、控制和记录环境条件。在非固定场所进行检测时应特别注意环境条件的影响。

（3）区域间的工作相互之间有不利影响时，应采取有效的隔离措施。

（4）对影响工作质量和涉及安全的区域和设施应有效控制并正确标识。

（5）检测工作过程中产生的废气、废液、粉尘、噪声、固废物等的处理应符合环境和健康的要求。

11.1.2　实验室安全管理

（1）实验室各种仪器摆放合理，使用方便、安全、整洁，不得放置与试验无关的物品，不得擅自移动已固定的试验设备。

（2）实验室内不准吸烟，不得擅自使用电炉。带电作业应有 2 人以上操作，采取绝缘措施，并在闸刀上挂牌，方能进行工作，工作结束后恢复原状。

（3）操作电器设备，应熟悉其操作规程，否则不得使用。使用前应检查设备运转是否正常，查看是否漏电，如有故障应报老师处理，学生不得擅自处置。

（4）坚持试验结束后的检查制度，清整场地与设备、切断使用电源、关闭电灯和水源、关好门窗。

（5）烘箱、高温炉不得在无人看管下使用。

（6）使用大型或连续运转的设备，必须填写该设备使用记录。

11.2　水泥试验

根据国家标准《水泥标准稠度用水量、凝结时间、安定性检验方法》(GB/T 1346—2011)及《水泥胶砂强度检验方法》(GB/T 17671—2021)测定水泥的有关性能和胶砂强度。

11.2.1　标准稠度用水量试验

1．主要仪器

标准稠度用水量试验的主要仪器有维卡仪(图 11.1)、水泥净浆搅拌机等。

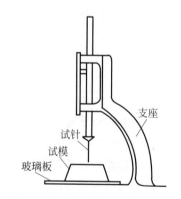

图 11.1　测定水泥标准稠度与凝结时间用的维卡仪

2. 试验方法

标准稠度用水量测定分为标准法和代用法。标准法采用调整用水量的方法,代用法有调整用水量法和不变用水量法。采用调整用水量方法时拌合水量按经验给水,采用不变用水量方法时拌合水量为 142.5 mL。

3. 试验前的准备

(1) 维卡仪的金属棒能自由滑动。
(2) 采用标准法时,调整至试杆接触玻璃板时,指针对准零点。
(3) 采用代用法时,调整至试锥接触锥模顶面时,指针对准零点。
(4) 保证搅拌机运行正常。

4. 试验步骤

1) 水泥净浆的拌制

用水泥净浆搅拌机搅拌,搅拌锅和搅拌叶先用湿布擦过,将拌合水倒入搅拌锅内,然后在 5~10 s 内小心地将称好的 500 g 水泥加入水中,防止水和水泥溅出。拌合时,先将锅放在搅拌机的锅座上,升至搅拌位置,启动搅拌机,低速搅拌 120 s,停 15 s,同时将叶片和锅壁上的水泥浆刮入锅中间,接着高速搅拌 120 s,停机。

2) 标准稠度用水量的测定

(1) 标准法。拌合结束后,立即取适量水泥净浆一次性将其装入已置于玻璃底板上的试模中,浆体超出试模上端,用宽约 25 mm 的直边刀轻轻拍打超出试模部分的浆体 5 次以排除浆体中的孔隙,然后在试模上表面约 1/3 处,略倾斜于试模分别向外轻轻锯掉多余净浆,再从试模边沿轻抹顶部一次,使净浆表面光滑。在锯掉多余净浆和抹平的操作过程中,注意不要压实净浆。抹平后迅速将试模和底板移到维卡仪上,并将其中心定在试杆下,降低试杆直至与水泥净浆表面接触,拧紧螺丝 1~2 s 后,突然放松,使试杆垂直自由地沉入水泥净浆中。在试杆停止沉入或释放试杆 30 s 时记录试杆与底板之间的距离,升起试杆后,立即擦净。整个操作应在搅拌后 1.5 min 内完成,以试杆沉入净浆并距底板(6±1)mm 的水泥净浆为标准稠度净浆。其拌合水量为该水泥的标准稠度用水量 P,按水泥质量的百分比计。

(2) 代用法。拌合结束后,立即将拌制好的水泥净浆装入锥模中,用宽约 25 mm 的直边刀在浆体表面轻轻插捣 5 次,再轻振 5 次。刮去多余的净浆,抹平后迅速放到试锥下面固定的位置上,将试锥降至净浆的表面,拧紧螺丝 1~2 s 后,突然放松,让试锥垂直自由地沉入水泥净浆中,到试锥停止沉入或释放试锥 30 s 时记录试锥下沉深度。整个操作应在搅拌后 1.5 min 内完成。

用调整用水量方法测定时,以试锥下沉深度(30±1)mm 时的净浆为标准稠度净浆。其拌合水量为该水泥的标准稠度用水量 P,按水泥质量的百分比计。如下沉深度超出范围需另称试样,调整水量,重新试验,直至达到(30±1)mm 为止。

用不变水量方法测定时,根据测得的试锥下沉深度 S(mm)计算(或仪器上对应标尺)

得到标准稠度用水量 $P(\%)$，计算式[①]如下：

$$P = 33.4 - 0.185S$$

当试锥下沉深度小于 13 mm 时，应改用调整用水量方法测定。

11.2.2 凝结时间试验

1. 主要仪器

主要仪器与标准稠度用水量（标准法）试验相同，只是将维卡仪的试杆换成试针。

2. 试验前的准备

调整凝结时间测定仪的时针接触玻璃板时，指针对准零点。

3. 试验步骤

（1）试件的制备

以标准稠度用水量制成标准稠度净浆，按标准法装模和刮平后，立即放入标准养护箱中。记录水泥全部加入水中的时间作为凝结时间的起始时间。

（2）初凝时间的测定

试件在标准养护箱内养护至加水中后 30 min 时进行第一次测定。测定时，从标准养护箱中取出试模放到试针下，降低试针与水泥净浆表面接触。拧紧螺丝 1~2 s 后，突然放松，使试针垂直自由地沉入水泥净浆中。观察试针停止沉入或释放试杆 30 s 时指针的读数。当试针沉至距底板（4±1）mm 时，水泥达到初凝状态。水泥全部加入水中至初凝状态的时间为水泥的初凝时间，单位为 min。

（3）终凝时间的测定

为了准确观察试针沉入的状况，在终凝针上安装了一个环形附件。在完成初凝时间测定后，立即将试模连同浆体以平移的方式从玻璃板上取下，翻转 180°，直径大端向上，小端向下放在玻璃板上，再放入标准养护箱中继续养护，临近终凝时每隔 15 min 测定一次；试针沉入试体 0.5 mm 时，即环行附件开始不能在试体上留下痕迹时，为水泥达到终凝状态，水泥全部加入水中至终凝状态的时间为水泥的终凝时间，单位为 min。

测定时应注意，在最初测定的操作时应轻轻扶持金属柱，使其徐徐下降，以防试针撞弯，但结果以自由下落为准，在整个测试过程中试针沉入的位置至少要距试模 10 mm。临近初凝时，每隔 5 min（或更短时间）测定一次，临近终凝时每隔 15 min 测定一次，到达初凝时应立即重复测试一次，两次结论相同时才能定为初凝状态。到达终凝时，需要在试体另外两个不同点测试，确认结论相同才能确定到达终凝状态。每次测定不能让试针落入原孔，每次测试完毕须将试针擦干净并将试模放回标准养护箱内，整个测试过程要防止试模受振。

---

① 这个公式是标准稠度用水量代用法常使用的经验公式，可以参照《水泥标准稠度用水量、凝结时间、安全性检验方法》(GB/T 1346—2011)。

4．试验结果评定

对照《通用硅酸盐水泥》(GB 175—2007)对各种水泥的技术要求,判定凝结时间是否合格(表 11.1)。

表 11.1　通用水泥凝结时间要求

凝结时间	水 泥 品 种						
	P·Ⅰ	P·Ⅱ	P·O	P·S	P·P	P·F	P·C
初凝时间(不小于)/min	45						
终凝时间(不大于)/min	390		600				

11.2.3　安定性试验

1．主要仪器

安定性试验主要仪器有水泥净浆搅拌机、沸煮箱、雷氏夹(图 11.2)等。

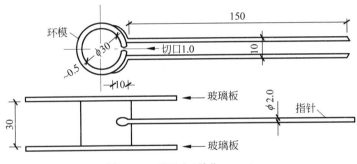

图 11.2　雷氏夹(单位:mm)

2．安定性的测定方法

安定性的测定方法分为标准法(雷氏法)和代用法(试饼法)。试饼法是观察水泥净浆试饼沸煮后的外形变化来检验水泥的体积安定性。雷氏法是测定水泥净浆在雷氏夹中沸煮后的膨胀值。

3．试验前的准备

若采用雷氏法时,每个雷氏夹需配备边长或直径约为 80 mm、厚度为 4～5 mm 的玻璃板两块;若采用饼法时,一个样品需准备约 100 mm×100 mm 的玻璃板两块。每种方法每个试样需成型两个试件。凡与水泥净浆接触的玻璃板和雷氏夹表面都要稍稍涂上一层油。

4．试验步骤

1) 水泥标准稠度净浆的制备

以标准稠度用水量加水泥制成标准稠度净浆(见标准稠度用水量测定的水泥净浆拌制

方法）。

2）试件的成型

（1）试饼。将制好的标准稠度净浆取出一部分分成两等份，使之呈球形，放在预先准备的玻璃板上，轻轻振动玻璃板，并用湿布擦过的小刀由边缘向中央抹动，做成直径 70～80 mm、中心厚约 10 mm、边缘渐薄、表面光滑的试饼，接着将试饼放入标准养护箱内养护（24±2）h。

（2）雷氏夹试件。将雷氏夹放在预先准备的玻璃板上，并立刻将制好的标准稠度净浆一次装满试模，装模时一只手轻扶试模，另一只手用宽约 25 mm 的小刀在浆体表面轻轻插捣 3 次，然后抹平。盖上玻璃板，立刻将试件放入标准养护箱内养护（24±2）h。

3）沸煮

（1）调整好沸煮箱内的水位，保证在整个沸煮过程中水都没过试件，不需中途添补试验用水，同时又保证在（30±5）min 内加热至沸腾。

（2）脱下玻璃板取下试件，放入沸煮箱。当用饼法时先检查试饼是否完整（如已开裂翘曲要检查原因，确认无外因时，该试饼已属不合格，不必沸煮），在试饼无缺陷的情况下将试饼放在沸煮箱的水中篦板上；当用雷氏法时，先测量试件指针尖端间的距离 A，精确到 0.5 mm，接着将试件放入水中篦板上，指针朝上，试件之间互不交叉。

（3）加热沸煮箱，要在（30±5）min 内加热至沸腾，并恒沸（180±5）min。

5. 试验结果评定

沸煮结束，放掉箱中的热水，打开箱盖，待箱体冷却至室温，取出试件进行判别。

（1）试饼法

目测未发现裂缝，用直尺检查也没有弯曲的试饼为安定性合格，反之为不合格。当两个试饼判别有矛盾时，该水泥的安定性不合格。

（2）雷氏法

测量试件指针尖端的距离 C，准确至 0.5 mm。当两个试件沸煮后增加距离（$C-A$）的平均值不大于 5.0 mm 时，即认为该水泥安定性合格，当两个试件（$C-A$）的平均值大于 5.0 mm 时，应用同一样品立即重做一次试验。以复检结果为准。

11.2.4　胶砂强度试验

1. 主要仪器

主要仪器有水泥胶砂搅拌机、试模、水泥胶砂振实台、抗折强度试验机及抗压强度试验机等。

2. 试验步骤

1）试件的制备

（1）胶砂质量配合比为水泥∶ISO 标准砂∶水＝1∶3∶0.5，即水泥（450±2）g，ISO 标准砂（1350±5）g，水（225±1）g。

（2）胶砂搅拌。先把水加入锅里，再加入水泥，把锅放在固定架上，上升至固定位置。然后立即开动机器，低速搅拌 30 s 后，在第 2 个 30 s 开始的时候同时均匀地将砂子加入。

当各级砂是分装时,从最粗粒级开始,依次将所需的每级砂量加完。把机器转至高速再拌 30 s,停拌 90 s,在第 1 个 15 s 内用一胶皮刮具将叶片和锅壁上的胶砂刮入锅中间。在高速下继续搅拌 60 s。各个搅拌阶段,时间误差应在 ±1 s 内。

(3) 成型试件。将空试模和模套固定在振实台上,用一个合适的勺子直接从搅拌锅里将胶砂分两层装入试模。装每一层时,每个槽里约放 300 g 胶砂,用大播料器播平,接着振实 60 次。再装入第二层胶砂,用小播料器播平,再振实 60 次。移走模套,从振实台上取下试模。用一金属直尺以近似 90° 的角度架在试模模顶的一端,沿试模长度方向以横向锯割动作慢慢向另一端移动,一次将超过试模部分的胶砂刮去,并用同一直尺以近乎水平的情况下将试件表面抹平。在试模上作标记或加字条标明试件编号等。

2) 试件的养护

(1) 脱模前的处理和养护。去掉留在模子四周的胶砂,将作好标记的试模放入雾室或湿箱的水平架子上养护,湿空气应能与试模各边接触。养护到规定的脱模时间时取出脱模。脱模前,用防水墨汁或颜料笔对试件进行编号或做其他标记。两个龄期以上的试件,在编号时应将同一试模中的 3 条试件分在两个以上龄期内。

(2) 脱模。脱模前应非常小心,对于 24 h 龄期的,应在破型试验前 20 min 内脱模,脱模后应用湿布覆盖至试验为止;对于 24 h 以上龄期的,应在成型后 20~24 h 脱模。

(3) 水中养护。将做好标记的试件立即水平或竖直放在 (20±1) ℃ 水中养护,彼此间保持一定间距。养护期间试件之间间隔或试件上表面的水深不得小于 5 mm。最初用自来水装满养护池(或容器),随后随时加水保持适当的恒定水位,不允许在养护期间全部换水。除 24 h 龄期或延迟至 48 h 脱模的试件外,任何到龄期的试件应在试验(破型)前 15 min 从水中取出。擦去试件表面沉积物,并用湿布覆盖至试验为止。

3) 强度测定

(1) 试件龄期是从水泥和水搅拌开始试验时算起,试验(破型)过程保持试件潮湿。不同龄期强度试验在下列时间内进行:24 h±15 min,72 h±45 min,7 d±2 h,28 d±8 h。

(2) 抗折强度测定。每个龄期取 3 条试件先测定抗折强度,试验前须擦去试件表面的附着水分和砂粒,清除夹具上圆柱表面黏着的杂物,试件放入抗折夹具内,应使侧面与圆柱接触,试件长轴垂直于支撑圆柱,以 (50±10) N/s 的加荷速率均匀地将荷载垂直地加在棱柱体相对侧面上,加载直至折断。抗折强度(精确至 0.1 N/mm²)计算公式如下:

$$R_f = \frac{1.5 F_f L}{b^3}$$

式中:R_f——抗折强度,N/mm²;

F_f——破坏荷载,N;

b——试件正方形截面边长,mm;

L——支撑圆柱中心距为 100mm。

(3) 抗压强度测定。抗折试验后的 6 个断块应立即进行抗压试验。抗压试验须用抗压夹具进行,试件受压面为 40 mm×40 mm。试验前应清除试件受压面与加压板间的砂粒和杂物。试验时以试件的侧面作为受压面,试件的底面靠紧夹具定位销,并使夹具对准压力机压板中心。以 (2 400±200) N/s 的加荷速度均匀加载直至试件破坏。抗压强度(精确至 0.1 N/mm²)按下式进行计算:

$$R_c = \frac{F}{A}$$

式中：R_c——抗压强度，N/mm^2；

F——破坏时的最大荷载，N；

A——受压面积，mm^2。

3. 试验结果评定

1）抗折强度

试验结果为 3 个试件抗折强度值的平均值。当 3 个强度值中其中 1 个值超过平均值±10％时，应剔除后再取平均值作为抗折强度的试验结果。

2）抗压强度

以一组 3 个棱柱体上得到的 6 个抗压强度值的算术平均值作为试验结果。如 6 个测定值中有 1 个值超出平均值的±10％时，就应剔除这个测定值，而以剩下 5 个的平均值为结果。如果 5 个测定值中再有超过它们平均值±10％的，则此组结果作废。

11.3　骨料试验

骨料试验依据《普通混凝土用砂、石质量标准及检验方法标准》（JGJ 52—2006）、《建设用砂》（GB/T 14684—2022）和《建设用卵石、碎石》（GB/T 14685—2022）等有关标准进行。

11.3.1　骨料的取样与缩分

1. 取样

骨料应按同产地同规格分批取样。在料堆上取样时，取样部位均匀分布，取样时先将取样部位表层铲除，然后由各部位抽取大致相等的砂试样 8 份（石子为 16 份）；从皮带运输机上取样时，应在皮带运输机机尾的出料处用接料器定时抽取砂试样 4 份（石子为 8 份）；从车船上取样时，应从不同部位和深度抽取大致相等的砂试样 8 份（石子为 16 份）。砂、石部分单项试验的取样量分别见表 11.2 和表 11.3。

表 11.2　每一试验项目所需砂的最少取样量　　　　　　　　　　　单位：kg

试 验 项 目	筛分析	表观密度	堆积密度
最少取样量	4.4	2.6	5.0

表 11.3　每一单项检验项目所需碎石或卵石的最少取样量　　　　　单位：kg

试 验 项 目	不同最大粒径/mm							
	10.0	16.0	20.0	25.0	31.5	40.0	63.0	80.0
筛分析	8	15	16	20	25	32	50	64
表观密度	8	8	8	8	12	16	24	24
堆积密度	40	40	40	40	80	80	120	120

2. 缩分

砂通常采用人工四分法缩分试样,将所取每组样品置于平板上,在潮湿状态下拌合均匀,并堆成厚度约为 20 mm 的"圆饼",然后沿互相垂直的两条直径把"圆饼"分成大致相等的四份,取其对角的两份重新拌匀,再堆成"圆饼"。重复上述过程,直至缩分后的材料量略多于进行试验所需的量为止。

石子缩分同样采用四分法,将样品倒在平整洁净的平板上,在自然状态下拌合均匀,堆成锥体,然后按上述四分法将样品缩至略多于试验所需量。

11.3.2 砂的筛分试验

1. 主要仪器

方孔砂筛一套,包括筛的底盘和盖各一个;天平,称量 1 000 g,感量 1 g;摇筛机;烘箱,能使温度控制在(105±5) ℃;浅盘和硬、软毛刷等。

2. 试验步骤

(1) 将试样通过公称直径 10.0 mm 的方孔筛,并记录其筛余百分率。然后称取每份不少于 550 g 的试样两份,分别倒入两个浅盘中,在(105±5) ℃的温度下烘干至恒重,冷却至室温备用。

(2) 准确称取烘干试样 500 g,置于按筛孔大小顺序排列的套筛的最上一只筛上。将套筛装入摇筛机内固紧,摇筛 10 min 左右,然后取出套筛,按筛孔大小顺序,在清洁的浅盘上逐个进行手筛,直至 1 min 的筛出量不超过试样总量的 0.1%时为止,通过的颗粒并入下一个筛中,按此顺序进行,直至每个筛全部筛完为止。如无摇筛机,也可用手筛。如试样为特细砂,在筛分时增加 0.08 mm 的方孔筛一只。

(3) 称量各筛筛余试样量(精确至 1 g),所有各筛的分计筛余量和底盘中剩余量的总和与筛分前的试样总量相比,其差不得超过试样总量的 1%,否则须重做试验。

3. 结果计算与评定

(1) 分计筛余百分率。各号筛上的筛余量除以试样总量的百分率,精确至 0.1%。

(2) 累计筛余百分率。该号筛上的分计筛余百分率与大于该筛的各筛上的分计筛余百分率的总和,精确至 1.0%。

(3) 根据各筛的累计筛余百分率评定该试样的颗粒级配情况。

(4) 按下式计算细度模数 M_X(精确至 0.01):

$$M_X = \frac{(\beta_2 + \beta_3 + \beta_4 + \beta_5 + \beta_6) - 5\beta_1}{100 - \beta_1}$$

式中:$\beta_1 \sim \beta_6$——分别为公称直径 5.00 mm、2.50 mm、1.25 mm、630 μm、315 μm、160 μm 方孔筛上的累计筛余百分率。

筛分试验应采用两个试样平行试验,并以其试验结果的算术平均值为测定值(精确至 0.1)。如两次试验所得的细度模数之差大于 0.2,应重新取样进行试验。

11.3.3　砂的表观密度试验

1. 主要仪器

主要仪器有 500 mL 容量瓶；烘箱，能控温(105±5)℃；天平，称量 10 kg，感量 1 g；盆、毛刷等。

2. 试验步骤

(1) 将试样缩分至约 660 g，放在烘箱中于(105±5)℃烘干至恒量，待冷却至室温后，分为大致相等的两份备用。

(2) 称取试样 300 g，精确至 1 g。将试样装入容量瓶，注入冷开水至接近 500 mL 的刻度处，用手旋转摇动容量瓶，使砂样充分摇动，排除气泡，塞紧瓶盖，静置 24 h。然后用滴管小心加水至容量瓶 500 mL 刻度处，塞紧瓶塞，擦干瓶外水分，称出其质量，精确至 1 g。

(3) 倒出瓶内水和试样，洗净容量瓶，再次注入与上述水温相差不超过 2 ℃(15～25 ℃范围内)的冷开水至 500 mL 刻度线，塞紧瓶塞，擦干瓶外水分，称出其质量，精确至 1 g。

3. 结果计算与评定

砂的表观密度(精确至 10 kg/m³)按下式计算：

$$\rho_0 = \frac{m_0}{m_0 + m_2 - m_1}\rho_w$$

式中：ρ_0——表观密度，kg/m³；

ρ_w——水的密度，取 1 000 kg/m³；

m_0——烘干试样的质量，g；

m_1——试样、水及容量瓶的总质量，g；

m_2——水及容量瓶的总质量，g。

表观密度取两次试验结果的算术平均值，精确至 10 kg/m³；如两次试验结果之差大于 20 kg/m³，应重新取样进行试验。

11.3.4　砂的堆积密度与空隙率试验

1. 主要仪器

主要仪器有 1 L 金属制容量筒；烘箱，能控温(105±5)℃；天平，称量 10 kg，感量 1 g；4.75 mm 方孔筛一只；直尺、浅盘等。

2. 试验步骤

(1) 用干净的盘子装试样约 3 L，在温度为(105±5)℃的烘箱中烘干至恒量，取出并冷却至室温，筛除 5 mm 以上的颗粒并分成大致相等的两份备用。

(2) 取试样一份，用漏斗或料勺将试样从容量筒中心上方 50 mm 处徐徐倒入，让试样以自由落体落下,当容量筒上部试样呈堆体,且容量筒四周溢满时,即停止加料。然后用直尺沿筒口中心线向两边刮平(试验过程应防止触动容量筒),称出试样和容量筒总质量,精确至1g。

3. 结果计算

1) 堆积密度

取两次试验结果的算术平均值,精确至$10\,kg/m^3$,按下式计算:

$$\rho'_0 = \frac{m_2 - m_1}{V}$$

式中:ρ'_0——堆积密度,kg/m^3;

m_1——容量筒质量,g;

m_2——容量筒和试样总质量,g;

V——容量筒的容积,L。

2) 空隙率

取两次试验结果的算术平均值,精确至1%,按下式计算:

$$P' = \left(1 - \frac{\rho'_0}{\rho_0}\right) \times 100\%$$

式中:P'——空隙率,$\%$;

ρ'_0——试样的松散(或紧密)堆积密度,kg/m^3;

ρ_0——试样表观密度,kg/m^3。

11.3.5 砂的含泥量试验(人工砂为石粉含量试验)

1. 主要仪器

主要仪器有烘箱,能控温(105 ± 5)℃;天平,称量1kg,感量0.1g;1.25mm及80μm方孔筛各一只;洗砂筒、浅盘等。

2. 试验步骤

(1) 将试样缩分至约1100g,置于温度为(105 ± 5)℃的烘箱中烘干至恒重,冷却至室温后,立刻称取400g各两份备用。

(2) 取烘干的试样一份置于容器中,并注入饮用水,使水面高出砂面约150mm,充分拌混均匀浸泡2h,然后用手在水中淘洗试样,使尘屑、淤泥和黏土与砂粒分离,并使之悬浮或溶于水中。缓缓地将混浊液倒入1.25mm及80μm的套筛上(1.25mm筛放置上面)滤去小于80μm颗粒。试验前筛子的两面应先用水润湿,在整个试验过程中应注意避免砂粒丢失。

(3) 再次加水于筒中,重复上述过程至筒内的水清澈为止。

(4) 用水冲洗剩留在筛上的细粒,并将80μm筛放在水中(使水面略高出筛中砂粒的上表面)来回摇动,以充分洗除小于80μm的细粒。然后将两只筛上剩留的颗粒和筒中已经洗净的试样一并装入浅盘,置于温度为(105 ± 5)℃的烘箱中烘干至恒重。取出来冷却至室温后,称试样的质量。

3. 结果计算

含泥量（石粉含量）取两次试验结果的算术平均值,精确至 0.1%。此外,检测人工砂石粉含量试验时还应进行亚甲蓝值(methylene blue value,MB)检测,若 MB 值大于 1.40,即认为人工砂中的细粉以泥为主,含泥量不合格；反之以石粉为主,合格。含泥量按下式计算：

$$w_c = \frac{400 - m_1}{400} \times 100\%$$

式中：w_c——含泥量（石粉含量）,%；

m_1——试验后的烘干试样质量,g。

11.3.6 砂的泥块含量试验

1. 主要仪器

主要仪器有烘箱,能控温(105 ± 5) ℃；天平,称量 1 kg,感量 0.1 g；1.25 mm 及 630 μm 方孔筛各一只；洗砂容器、盆、毛刷等。

2. 试验步骤

(1) 将样品缩分至约 3 000 g,置于温度为(105 ± 5) ℃的烘箱中烘干至恒重,取出冷却到室温后,用 1.25 mm 筛筛分,取筛上的砂 400 g 分为两份备用。

(2) 称取试样约 200 g,置于容器中,并注入饮用水,使水面高出砂面约 150 mm,充分拌混均匀浸泡 24 h,然后用手在水中碾碎泥块,再把试样放在 630 μm 筛上,用水淘洗,直至水清澈为止。

(3) 留下来的试样应小心地从筛里取出,装入浅盘后,置于温度为(105 ± 5) ℃的烘箱中烘干至恒重,取出冷却后称重。

3. 结果计算

按下式计算泥块含量,取两次试验结果的算术平均值,精确至 0.1%。

$$w_{c1} = \frac{200 - m_1}{200} \times 100\%$$

式中：w_{c1}——泥块含量,%；

m_1——试验后的烘干试样质量,g。

11.3.7 石的筛分试验

1. 主要仪器

主要仪器有石子标准筛一套,并附有筛底和筛盖；天平,称量 10 kg,感量 1 g；摇筛机；烘箱,能使温度控制在(105 ± 5) ℃；搪瓷盘等。

2. 试验步骤

(1) 将试样缩分至略多于表 11.4 规定的数量,放在烘箱中于(105±5)℃烘干或风干后备用。

表 11.4　筛分试验所需试样量

最大粒径/mm	10.0	16.0	20.0	25.0	31.5	40.0
最小试样质量/kg	2.0	3.2	4.0	5.0	6.3	8.0

(2) 按表 11.4 的规定称取试样,将其倒入套筛上。将套筛置于摇筛机上,筛 10 min 左右,当某号筛上筛余层的厚度大于试样的最大粒径时,应将该号筛上的筛余分成两份,再次进行筛分,直至各筛 1 min 的通过量不超过试样总质量的 0.1%。

(3) 称取各筛的筛余量,精确至 1 g。

3. 结果计算与评定

(1) 分计筛余百分率(精确至 0.1%)和累计筛余百分率(精确至 1%)的计算方法同砂的筛分析试验。分计筛余量和筛底剩余量之和与筛分前试样总和相比,其差不得超过 1%,否则需重新试验。

(2) 根据各筛的累计筛余百分率,评定石子的颗粒级配。

11.3.8　石的表观密度试验

1. 仪器设备

仪器设备有烘箱,能使温度控制在(105±5)℃;天平,称量 2 kg,感量 1 g;1 000 mL 广口瓶,磨口;4.75 mm 方孔筛一只;温度计、搪瓷盘、毛巾等。

2. 试验步骤

(1) 将试样四分法缩分至略大于表 11.5 规定的数量,风干后筛去小于 5.0 mm 的颗粒,然后洗刷干净,分为大致相等的两份备用。

表 11.5　表观密度试验所需试样量

最大粒径/mm	<25	31.5	37.5
最少试样质量/kg	2.0	3.0	4.0

(2) 取试样一份浸水饱和,然后装入广口瓶中。装试样时,广口瓶应倾斜放置,注入饮用水,用玻璃片覆盖瓶口,用上下左右摇晃的方法排除气泡。

(3) 气泡排尽后,向瓶中添加饮用水直至水面凸出瓶口边缘,然后用玻璃片沿瓶口迅速滑行,使其紧贴瓶口水面。擦干瓶外水分后,称出试样、水、瓶和玻璃片总质量,精确至 1 g。

(4) 将瓶中试样倒入浅盘,放在烘箱中于(105±5)℃下烘干至恒量,待冷却至室温后,称出其质量,精确至 1 g。

（5）将瓶洗净并重新注入饮用水，用玻璃片紧贴瓶口水面，擦干瓶外水分后，称出水、瓶和玻璃片总质量，精确至 1 g。

3. 结果计算与评定

取两次试验结果的算术平均值，精确至 10 kg/m³。若两次试验结果之差大于 20 kg/m³，须重新试验。按下式计算表观密度：

$$\rho_0 = \frac{m_0}{m_0 + m_2 - m_1}\rho_w$$

式中：ρ_0——石的表观密度，kg/m³；

　　　m_0——烘干后试样的质量，g；

　　　m_1——试样、水、瓶和玻璃片的总质量，g；

　　　m_2——水、瓶和玻璃片的总质量，g；

　　　ρ_w——水的密度，取 1 000 kg/m³。

11.3.9　石的压碎指标值试验

1. 试验仪器

试验仪器有压力试验机，荷载在 500 kN 以上；压碎指标值测定仪；天平，称量 5 kg，感量 5 g；孔径分别为 2.5 mm、20 mm 的标准筛等。

2. 试验步骤

（1）先将试样筛去 10 mm 以下、20 mm 以上的颗粒，再用针、片状规准仪剔除针状和片状颗粒，然后称取每份 3 kg 的试样三份备用。

（2）置圆筒于底盘上，取试样一份，分两层装入筒中。每装完一层试样后，在底盘下面垫放一直径为 10 mm 的圆钢筋，将筒按住，左右交替颠击地面 25 下。第二层颠实后，试样表面距盘底的高度应在 100 mm 左右。

（3）整平筒内试样表面，把加压头装好（使加压头保持平正），放到试验机上以 1 N/s 的速度均匀加荷到 200 kN，稳定 5 s，然后卸荷，取出测定筒。倒出筒中的试样，称其质量，用公称直径为 2.50 mm 的方孔筛筛除被压碎的细粒，称量剩留在筛上的试样质量。

3. 结果计算

以三次试验结果的算术平均值作为压碎指标值的测定值。按下式计算压碎指标值，结果精确至 0.1%，

$$Q_a = \frac{m_0 - m_1}{m_0} \times 100\%$$

式中：Q_a——压碎指标值，%；

　　　m_0——试样的质量，g；

　　　m_1——试验后筛余的试样质量，g。

11.4　混凝土试验

依据《普通混凝土拌合物性能试验方法标准》(GB/T 50080—2016);《混凝土物理力学性能试验方法标准》(GB/T 50081—2019);《普通混凝土长期性能和耐久性能试验方法标准》(GB/T 50082—2009);《混凝土结构工程施工质量验收规范》(GB 50204—2015);《混凝土外加剂应用技术规范》(GB 50119—2013);《预拌混凝土》(GB/T 14902—2012)等进行试验。

11.4.1　混凝土拌合物的和易性试验

1. 主要仪器

主要仪器有坍落度筒、钢制圆棒、小铲、钢直尺和抹刀等。坍落度筒为铁板制成的截头圆锥筒,厚度不小于1.5mm,内侧平滑,没有铆钉头之类的突出物,在筒上约2/3高度处有两个把手,近下端两侧焊有两个踏脚板,保证坍落度筒可以稳定操作,标准坍落度筒底部直径(200±1) mm,顶部直径(100±1) mm,高度(300±1) mm。捣棒为直径(16±0.2) mm,长(600±5) mm,并具有半球形端头的钢质圆棒。

2. 试验步骤

(1)试验前将坍落度筒内外洗净,放在经水润湿过的底板上,且保证坍落度筒内壁及底板上无明水,踩住踏脚板,装料时应保证坍落度筒在固定的位置。

(2)将拌好的混凝土拌合物试样分三层装入筒内,每层装入高度稍大于筒高的1/3,用捣棒在每一层的横截面上均匀插捣25次,插捣在全部面积上进行,沿螺旋线由边缘至中心,插捣底层时插至底部,插捣其他两层时,应插透本层并插入下层表面。在插捣顶层时,装入的混凝土应高出坍落度筒,插捣过程中随时添加拌合物,当顶层插捣完毕后,取下装料漏斗刮去多余的混凝土,用抹刀抹平筒口。

(3)刮净筒底周围的拌合物,而后立即垂直平稳地提起坍落度筒,提筒在3~7 s完成,从开始装筒至提起坍落度筒的全过程不应超过150 s。

(4)提起坍落度筒后,测量筒高与坍落后混凝土试件最高点之间的高度差,即为该混凝土拌合物的坍落度值。坍落度筒提离后,如混凝土发生崩坍或一边剪坏现象,则应重新取样另行测定;如第二次试验仍出现上述现象,则表示该混凝土和易性(混凝土的和易性包括流动性、黏聚性和保水性)不好,应予记录备查。

(5)观察坍落后混凝土试件的黏聚性及保水性。黏聚性的检查方法是用捣棒在已坍落的混凝土锥体侧面轻轻敲打,此时如果锥体逐渐下沉,则表示黏聚性良好;如果锥体倒塌,部分崩裂或出现离析现象,则表示黏聚性不好。保水性以混凝土拌合物稀浆析出的程度来评定。坍落度筒提起后如有较多的稀浆从底部析出,锥体部分的混凝土也因失浆而骨料外露,则表明此混凝土拌合物的保水性能不好;如坍落度筒提起后无稀浆或仅有少量稀浆自底部析出,即表示此混凝土拌合物保水性良好。

（6）坍落度扩展值。当混凝土拌合物的坍落度大于 220 mm 时，用钢尺测量混凝土扩展后最终的最大直径和与最大直径垂直方向的直径，在这两个直径之差小于 50 mm 的条件下，用其算术平均值作为坍落度扩展值；否则，此次试验无效。如果发现粗骨料在中央集堆或边缘有水泥浆析出，表示此混凝土拌合物抗离析性不好，应予记录。

11.4.2 普通混凝土立方体抗压强度试验

1. 主要仪器

主要仪器有压力试验机，示值相对误差±1%，试件预计破坏荷载为量程的 20%～80%；振动台，频率（50±2）Hz，空载振幅（0.5±0.02）mm；试件，其尺寸按表 11.6 取用。

表 11.6 混凝土试件尺寸及强度的尺寸换算系数

骨料最大粒径/mm	试件最小尺寸/mm	强度的尺寸换算系数
≤31.5	100×100×100	0.95
≤40	150×150×150	1.00
≤63	200×200×200	1.05

2. 试件的制作

（1）成型前，试模内表面应涂一薄层矿物油或其他不与混凝土发生反应的脱模剂（机油）。

（2）取样或拌制好的混凝土拌合物应至少用铁锹再来回拌合三次，取样或实验室拌制的混凝土应在拌制后尽量短的时间内成型，一般不宜超过 15 min。

（3）试件成型。坍落度不大于 70 mm 的混凝土宜用振动振实，此时应将混凝土拌合物一次装入试模，装料时应用抹刀沿各试模壁插捣，并使混凝土拌合物高出试模口。试模应附着或固定在振动台上，振动时试模不得有任何跳动，振动应持续到混凝土表面出浆为止，不得过振。坍落度大于 70 mm 的宜用捣棒人工捣实，此时混凝土拌合物应分两层装入试模内，每层的装料厚度大致相等（捣棒用圆钢制成，表面应光滑，其直径为（16±0.1）mm、长度为（600±5）mm，且端部呈半球形）。插捣应按螺旋方向从边缘向中心均匀进行，在插捣底层混凝土时，捣棒应达到试模底部；插捣上层时，捣棒应贯穿上层后插入下层深度 20～30 mm，插捣时捣棒应保持垂直，不得倾斜，然后应用抹刀沿试模内壁插拔数次。每层插捣次数按每 10 000 mm² 截面面积内不得少于 12 次。插捣后应用橡皮锤轻轻敲击试模四周，直至插捣棒留下的空洞消失为止。

（4）刮除试模上口多余的混凝土，待混凝土临近初凝时，用抹刀抹平。

3. 试件的养护

（1）试件成型后应立即用不透水的薄膜覆盖表面，或采取其他保持试件表面湿度的方法。

（2）采用标准养护的试件，应在温度为（20±5）℃、相对湿度大于 50% 的环境下静置

24～48 h,然后编号、拆模。拆模后应立即放入温度为(20±2) ℃,相对湿度为95%以上的标准养护室中养护,或在温度为(20±2) ℃的不流动的 Ca(OH)$_2$ 饱和溶液中养护。标准养护室内的试件应放在支架上,彼此间隔为10～20 mm,试件表面应保持潮湿,并不得被水直接冲淋。

（3）同条件养护试件的拆模时间可与实际构件的拆模时间相同,拆模后试件仍需保持同条件养护。

（4）标准养护龄期可分为 1 d、3 d、7 d、28 d、56 d 或 60 d、84 d 或 90 d、180 d 等,也可根据设计龄期或需要进行确定,龄期应从搅拌加水开始计时。

4. 抗压强度试验

（1）试件从养护地点取出后,应及时进行试验,将试件表面与压力机上下承压板面擦干净。

（2）将试件安放在试验机的下压板或垫板上,试件的承压面应与成型时的顶面垂直;试件的中心应与试验机下压板中心对准,开动试验机,当上压板与试件或钢垫板接近时,调整球座,使接触均衡。

（3）在试验过程中应连续均匀地加荷,混凝土强度小于 30 MPa 时,加荷速度取 0.3～0.5 MPa/s(试件尺寸为 100 mm 时,取 3～5 kN/s;试件尺寸为 150 mm 时,取 6.75～11.25 kN/s);混凝土强度为 30～60 MPa 时,取 0.5～0.8 MPa/s(试件尺寸为 100 mm 时,取 5～8 kN/s;试件尺寸为 150 mm 时,取 11.25～18 kN/s);混凝土强度不低于 60 MPa 时,取 0.8～1.0 MPa/s。

（4）当试件接近破坏而开始急剧变形时,应停止调整试验机油门,直至破坏,记录破坏荷载。

5. 抗压强度计算

混凝土立方体试件抗压强度 f_{cu} 按下式计算(精确至 0.1 MPa):

$$f_{cu} = \frac{F}{A}$$

式中:f_{cu}——混凝土立方体试件抗压强度,MPa。

　　　F——破坏荷载,N;

　　　A——受压面积,mm^2;

强度值的确定方法如下:三个试件强度测定值的算术平均值作为该组试件的强度值(精确至 0.1 MPa);三个测定值中的最小值或最大值中有一个与中间值的差异超过中间值的15%,则把最大及最小值一并舍除,取中间值作为该组试件的抗压强度值;如最大值和最小值与中间值的差均超过中间值的15%,则此组试件的试验结果无效。

当混凝土强度等级低于 C60 时,用非标准试件测得到强度值均应乘以尺寸换算系数,见表 11.6;当混凝土强度等级大于等于 C60 时,宜采用标准试件;使用非标准试件时,混凝土强度等级不大于 C100 时,尺寸换算系数宜由试验确定,在未进行试验确定的情况下,对边长 100 mm 试件可取为 0.95;混凝土强度等级大于 C100 时,尺寸换算系数应由试验确定。

11.5　建筑砂浆试验

依据《建筑砂浆基本性能试验方法标准》(JGJ/T 70—2009)进行试验。

11.5.1　砂浆稠度试验

1. 主要仪器

主要仪器有砂浆稠度测定仪(图 11.3)；钢制捣棒，
直径为 10 mm,长度为 350 mm,端部磨圆；秒表等。

2. 试验步骤

（1）用少量润滑油轻擦滑杆 4,再将滑杆上多余的
油用吸油纸擦净,使滑杆能自由滑动。

（2）用湿布擦净盛浆容器 7 和试锥 6 表面,再将砂浆
拌合物一次装入容器。砂浆表面宜低于容器口 10 mm。
应用捣棒自容器中心向边缘均匀地插捣 25 次,然后轻
轻地将容器摇动或敲击 5～6 下,使砂浆表面平整,再
将容器置于稠度测定仪的底座 8 上。

（3）拧开制动螺栓 5,向下移动滑杆,当试锥尖端
与砂浆表面刚接触时,应拧紧制动螺栓,使齿条测杆 1
下端刚接触滑杆上端,读出刻度盘 3 上的读数。读数
应精确至 1 mm。

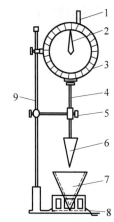

1—齿条测杆；2—指针；3—刻度盘；
4—滑杆；5—制动螺栓；6—试锥；
7—盛浆容器；8—底座；9—支架。

图 11.3　砂浆稠度测定仪

（4）拧开制动螺栓,同时计时间,10 s 时立即拧紧螺栓,将齿条测杆下端接触滑杆上端,
从刻度盘上读出下沉深度(精确至 1 mm),两次读数的差值即为砂浆的稠度值。

（5）盛浆容器内的砂浆,只允许测定一次稠度,重复测定时,应重新取样测定。

3. 试验结果评定

同盘应取两次试验结果的算术平均值作为测定值,并应精确至 1 mm。当两次试验值
之差大于 10 mm 时,应重新取样测定。

11.5.2　砂浆分层度试验

砂浆分层度试验可采用标准法和快速法。当两种方法测得结果不符时,应以标准法的
测定结果为准。

1. 试验主要仪器

试验主要仪器有砂浆分层度筒(图 11.4)；振动台,空载振幅应为(0.5±0.05) mm,频
率应为(50±3) Hz；砂浆稠度仪；木锤等。

2. 标准法测定分层度

（1）按照 11.5.1 节方法测定砂浆拌合物的稠度。

（2）将砂浆拌合物一次装入分层度筒内,待装满后,用木锤在容器周围距离大致相等的四个不同部位轻轻敲击 1～2 下。如砂浆沉落到低于筒口时,应随时添加,然后刮去多余的砂浆并用抹刀抹平。

（3）静置 30 min 后,去掉上层的 200 mm 砂浆,然后将剩余的 100 mm 砂浆倒在拌合锅内拌 2 min,再按照 11.5.1 节方法测其稠度。前后测得的稠度之差即为该砂浆的分层度值。

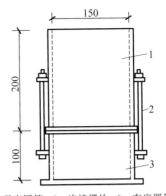

1—无底圆筒；2—连接螺栓；3—有底圆筒。

图 11.4　砂浆分层度筒（单位：mm）

3. 快速法测定分层度

（1）按照 11.5.1 节方法测定砂浆拌合物的稠度。

（2）将分层度筒预先固定在振动台上,砂浆一次装入分层度筒内,振动 20 s。

（3）去掉上层的 200 mm 砂浆,将剩余 100 mm 砂浆倒出放在拌合锅内拌 2 min,再按 11.5.1 节测其稠度,前后测得的稠度之差即为该砂浆的分层度值。

4. 试验结果评定

应取两次试验结果的算术平均值作为该砂浆的分层度值,精确至 1 mm。当两次分层度试验值之差大于 10 mm 时,应重新取样测定。

11.5.3　抗压强度试验

1. 主要仪器

试模应为 70.7 mm×70.7 mm×70.7 mm 的带底试模,应具有足够的刚度并拆装方便；钢制捣棒,直径为 10 mm,长度为 350 mm,端部磨圆；压力试验机,精度为 1%,试件预计破坏荷载应为量程的 20%～80%；振动台,空载中振幅应为(0.5±0.05) mm,频率应为(50±3) Hz；捣棒；刮刀等。

2. 试件制作

（1）采用黄油等密封材料涂抹试模的外接缝,试模内应涂刷薄层机油或脱模剂。

（2）将拌制好的砂浆一次性装满砂浆试模,成型方法应根据稠度确定。当稠度大于 50 mm 时,宜采用人工插捣成型；当稠度不大于 50 mm 时,宜采用振动台振实成型。每组成型三个试件。

人工插捣应采用捣棒均匀地由边缘向中心按螺旋方式插捣 25 次。插捣过程中,当砂浆沉落低于试模口时,应随时添加砂浆,可用油灰刀插捣数次,并用手将试模一边抬高 5～10 mm

各振动 5 次，砂浆应高出试模顶面 6～8 mm。

机械振动时将砂浆一次性装满试模，放置到振动台上，振动时试模不得跳动，振动 5～10 s 或持续到表面泛浆为止，不得过振。

（3）应待表面水分稍干后，再将高出试模部分的砂浆沿试模顶面刮去并抹平。

3. 试件养护

（1）试件制作后应在温度为（20±5）℃的环境下静置（24±2）h，对试件进行编号、拆模。当气温较低时，或者凝结时间大于 24 h 的砂浆，可适当延长时间，但不应超过 2 d。试件拆模后应立即放入温度为（20±2）℃，相对湿度为 90% 以上的标准养护室中养护。养护期间，试件彼此间隔不得小于 10 mm，混合砂浆、湿拌砂浆试件上面应覆盖，防止有水滴在试件上。

（2）从搅拌加水开始计时，标准养护龄期应为 28 d，也可根据相关标准要求增加 7 d 或 14 d。

4. 抗压强度试验

（1）试件从养护地点取出后应及时进行试验。试验前应将试件表面擦拭干净，测量尺寸，检查其外观，并应计算试件的承压面积。当实测尺寸与公称尺寸之差不超过 1 mm 时，可按照公称尺寸进行计算。

（2）将试件安放在试验机的下压板或下垫板上，试件的承压面应与成型时的顶面垂直，试件中心应与试验机下压板或下垫板中心对准。开动试验机，当上压板与试件或上垫板接近时，调整球座，使接触面均衡受压。承压试验应连续而均匀地加荷，加荷速度应为 0.25～1.5 kN/s，砂浆强度不大于 2.5 MPa 时，宜取下限。当试件接近破坏而开始迅速变形时，停止调整试验机油门，直至试件破坏，然后记录破坏荷载。

5. 结果计算与评定

砂浆立方体抗压强度应按下式计算（应精确至 0.1 MPa）：

$$f_{m,cu} = K \frac{N_u}{A}$$

式中：$f_{m,cu}$——砂浆立方体试件抗压强度，MPa；

　　　N_u——试件破坏荷载，N；

　　　A——试件承压面积，mm^2；

　　　K——换算系数，取 1.35。

立方体抗压强度试验结果的确定方法如下：三个试件测值的算术平均值作为该组试件的砂浆立方体试件抗压强度平均值，精确至 0.1 MPa；当三个测值的最大值或最小值中有一个与中间值的差值超过中间值的 15% 时，应把最大值及最小值一并舍去，取中间值作为该组试件的抗压强度值；当两个测值与中间值的差值均超过中间值的 15% 时，该组试验结果应为无效。

11.6　钢材试验

依据《金属材料拉伸试验　第1部分：室温试验方法》(GB/T 228.1—2010)、《金属材料弯曲试验方法》(GB/T 232—2010)、《碳素结构钢》(GB/T 700—2006)、《钢筋混凝土用钢　第2部分：热轧带肋钢筋》(GB/T 1499.2—2018)、《钢筋混凝土用钢　第1部分：热轧光圆钢筋》(GB/T 1499.1—2017)等标准进行试验。不同钢材品种及规格试验具体规定不同，本试验以最常用的热轧带肋钢筋为例。

11.6.1　热轧带肋钢筋原材的取样方法及样品的规格

由同一牌号、同一炉罐号、同一规格组成的验收批时，每批质量通常不大于60 t，超出60 t的部分，每增加40 t(或不足40 t的余数)，增加一个拉伸试验试样和一个弯曲试验试样；由同一牌号、同一冶炼方法、同一浇注方法、不同炉罐号组成混合批时，每批质量不大于60 t，各炉罐号含碳量之差不大于0.02%，含锰量之差不大于0.15%。取样数量及长度见表11.7。

表 11.7　热轧带肋钢筋的取样方法

拉 伸 试 验			
公称直径/mm	取样长度/mm	数量/根	备　　注
$d_0 \leqslant 25$	350＋夹具长		一般试验机夹具长
$25 < d_0 \leqslant 32$	400＋夹具长	2	不小于 200 mm
$32 < d_0 \leqslant 50$	500＋夹具长		

弯 曲 试 验					
牌　　号	公称直径/mm	取样长度/mm	弯心直径/mm	数量/根	备　　注
HRB400、HRBF400 HRB400E、HRBF400E	6～25		4d		
	28～40		5d		
	>40～50		6d		
HRB500、HRBF500 HRB500E、HRBF500E	6～25	宜为 300～500	6d	2	d—钢筋直径
	28～40		7d		
	>40～50		8d		
HRB600	6～25		6d		
	28～40		7d		
	>40～50		8d		

11.6.2　拉伸试验

1. 主要仪器

主要仪器有万能试验机，精度1%；游标卡尺，0.1 mm以上的分辨率；千分尺、标距仪等。

2. 试验过程及结果

（1）根据钢筋的直径确定原始标距,标距尺寸为 5 倍钢筋公称直径。如钢筋平行长度较长,可用标距仪标记一系列套叠的原始标距。

（2）钢筋原始截面面积按钢筋的公称直径计算,公称直径 6～10 mm,精确至 0.01 mm^2;公称直径 12～32 mm,精确至 0.1 mm^2;公称直径大于 32 mm,精确至 1 mm^2。

（3）将试件固定在试验机夹具上,开动试验机加荷,试件屈服前,试验机夹头的分离速率应尽可能保持恒定并在规定的应力速率范围内。若钢材弹性模量小于 150 000 N/mm^2,应力速率为 2～20 MPa/s,否则为 6～60 MPa/s。

（4）屈服强度的确定有图解法和指针法。图解法是应力-应变曲线上首次下降前的最大力和不计初始瞬时效应屈服阶段的最小力或屈服平台的恒定力,分别除以试件原始横截面面积得到上屈服强度和下屈服强度。指针法是试验时读取测力度盘指针首次回转前指示的最大力和不计初始瞬时效应时,屈服阶段中指示的最小力或首次停止转动指示的恒定力,将其分别除以试样原始横截面面积得到上屈服强度和下屈服强度。屈服强度小于等于 200 MPa,精确至 1 MPa;屈服强度为 200～1 000 MPa,精确至 5 MPa;屈服强度大于 1 000 MPa,精确至 10 MPa。

（5）抗拉强度的确定。测定屈服强度后,试验速率可以增加到不大于 0.008 s^{-1} 的应变速率,继续加荷至试件断裂,拉伸过程中的最大荷载除以原始横截面面积得到抗拉强度。精确度与屈服强度相同。

（6）断裂伸长率的确定。将试样断裂的部分仔细配接在一起使其轴线处于同一直线上,并采取特别措施确保试件断裂部分适当接触后测量试样断后标距,准确至 ±0.25 mm;断后标距与原始标距之差除以原始标距即得断后伸长率,精确至 0.5%;原则上只有断裂处与最接近的标距标记的距离不小于原始标距 1/3 的情况方为有效。但断后伸长率大于或等于规定值,不管断裂位置处于何处测量均为有效。

11.6.3 弯曲试验

1. 主要仪器

主要仪器有万能试验机或冷弯试验机,各种弯心直径的压头等。

2. 试验过程及结果

（1）试样长度根据试验设备确定,宜为 300～500 mm。

（2）根据钢材等级选择弯心直径（表 11.7）和弯曲角度（本试验为 180°）。

（3）根据弯心直径选择压头,调整两支辊间距离 $L=(D+3d)\pm0.5d$,其中 D 为弯心直径,d 为试样直径。

（4）将试样放在试验机上,开动试验机加荷弯曲至规定的弯曲角度。试验过程中两支辊间距离不允许有变化。如不能弯至规定的角度,应将试样再置于两平行压板之间,连续施加力压其两端,直至达到规定的弯曲角度。

（5）检查试样弯曲处的外侧面,若无裂缝、裂断或起层现象,则为冷弯合格。

11.7 烧结普通砖试验

依据《砌墙砖试验方法》(GB/T 2542—2012)、《烧结普通砖》(GB/T 5101—2017)等标准进行试验。

1. 主要仪器

主要仪器有压力试验机,试验机的示值误差不大于±1%,其下加压板应为球铰支座,预期最大破坏荷载应为量程的20%～80%;振动台;制样模具;水平尺,规格为250～300 mm;钢直尺等。

2. 试件制作

(1) 将试样切断或锯成两个半截砖,断开的半截砖长不得小于100 mm,如果不足100 mm,应另取备用试样补足,见图11.5(a)。

(2) 在试样制备平台上,将已断开的半截砖放入室温的净水中浸20～30 min后取出,在铁丝网架上滴水20～30 min,以断口相反方向装入制样模具中。用插板控制两个半砖间距不大于5 mm,砖大面与模具间距不大于3 mm,砖断面、顶面与模具间距垫以橡胶或其他密封材料,模具内表面涂油或脱模剂。制样模具及插板如图11.5(b)所示。

(3) 制成的抹面试件,应置于不低于10 ℃的不通风室内养护4 h,再进行试验。

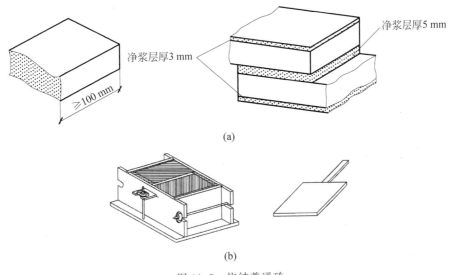

净浆层厚3 mm

净浆层厚5 mm

≥100 mm

(a)

(b)

图 11.5 烧结普通砖

(a) 抗压试件示意图;(b) 制样模具及插板

3. 抗压强度测定

(1) 测量每个试件连接面或受压面的长、宽尺寸各两个,分别取其平均值,精确至1 mm。

(2) 分别将10块试件平放在加压板的中央,垂直于受压面加荷,应均匀平稳,不得发生冲击或振动。加荷速度为(5±0.5) kN/s,直至试件破坏为止,分别记录最大破坏荷载 F（单位为 N）。

4．试验结果评定

1）抗压强度计算

按照下式分别计算 10 块砖的抗压强度值（精确至 0.1 MPa）：

$$R_p = \frac{F}{LB}$$

式中：R_p——抗压强度,MPa；

F——最大破坏荷载,N；

L——受压面（连接面）的长度,mm；

B——受压面（连接面）的宽度,mm。

2）变异系数的计算

按下式计算 10 块砖强度变异系数即抗压强度的标准差：

$$S = \frac{1}{3}\sqrt{\sum_{i=1}^{10}(f_{cu,i} - \bar{f}_{cu})^2}$$

式中：S——10 块砖抗压强度的标准差,精确至 0.01 MPa；

$\bar{f}_{cu}$——10 块砖抗压强度的平均值,精确至 0.1 MPa；

$f_{cu,i}$——分别为 10 块砖的抗压强度值（$i=1\sim10$）,精确至 0.01 MPa。

3）强度等级评定

平均值-标准值方法评定。按实际测定的砖抗压强度平均值和强度标准值,根据标准中强度等级规定的指标,评定砖的强度等级。

样本量 $n=10$ 的强度标准值按下式计算：

$$f_{cu,k} = \bar{f}_{cu} - 1.83S$$

式中：$f_{cu,k}$——10 块砖抗压强度的标准值,精确至 0.1 MPa。

11.8　石油沥青试验

依据《公路工程沥青及沥青混合料试验规程》(JTG E20—2011)进行试验。

11.8.1　针入度试验

1．主要仪器

针入度仪,宜采用能够自动计时的针入度仪；标准针,尺寸及形状如图 11.6 所示；盛样皿；恒温水槽,容量不小于 10 L,控温准确度 0.1 ℃；温度计或温度传感器,精度 0.1 ℃；计时器；位移计或位移传感器；电炉或砂浴等。

2．试验要求

本方法适用于测定道路石油沥青、聚合物改性沥青针入度及液体石油沥青蒸馏或乳化

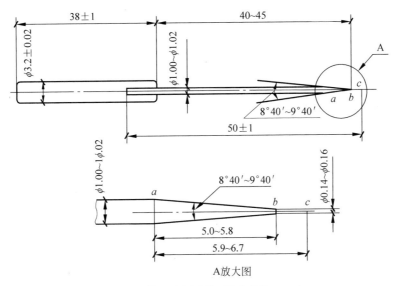

图 11.6　针入度标准针(尺寸单位：mm)

沥青蒸发后残留物的针入度。其标准试验条件为温度 25 ℃,荷重 100 g,贯入时间 5 s。

3. 试样制备

(1) 当沥青试样中含有水分时,将盛样皿放在可控温的砂浴或电热套上加热脱水,加热时间不超过 30 min,并用玻璃棒轻轻搅拌,防止局部加热,在沥青温度不超过 100 ℃的条件下仔细脱水至无泡沫为止,最后的加热温度不宜超过软化点以上 100 ℃(石油沥青)或 50 ℃ (煤沥青)。

(2) 将沥青通过 0.6 mm 的滤筛过滤,然后立即将试样注入盛样皿中,试样高度应超过预计针入度值 10 mm,并盖上盛样皿,以防落入灰尘。盛有试样的盛样皿在 15～30 ℃室温中冷却不少于 1.5 h(小盛样皿)、2 h(大盛样皿)或 3 h(特殊盛样皿)。

4. 针入度测定

(1) 取出达到恒温的盛样皿,移入水温控制在试验温度±0.1 ℃(可用恒温水槽中的水)的平底玻璃皿中的三脚支架上,试样表面以上的水层深度不小于 10 mm。

(2) 将盛有试样的平底玻璃皿置于针入度仪的平台上。慢慢下入针连杆,用适当位置的反光镜或灯光反射观察,使针尖恰好与试样表面接触,将位移计或刻度盘指针复位为零。

(3) 开始试验,按下释放键,这时计时与标准针落下贯入试样同时开始,至 5 s 时自动停止。

(4) 读取位移计或刻度盘指针的读数,准确至 0.1 mm。

(5) 同一试样平行试验至少 3 次,各测试点之间及与盛样皿边缘的距离不应小于 10 mm。每次试验后应将盛有盛样皿的平底玻璃皿放入恒温水槽,使平底玻璃皿中水温保持试验温度。每次试验应换一根干净标准针或将标准针取下用蘸有三氯乙烯溶剂的棉花或布擦净,再用干棉花或布擦干。

(6) 测定针入度大于 200 mm 的沥青试样时,至少用 3 支标准针,每次试验后将针留在试样中,直至 3 次平行试验完成后,才能将标准针取出。

5. 结果评定

同一试样 3 次平行试验结果的最大值和最小值之差在表 11.8 允许误差范围内时，计算 3 次试验结果的平均值，取整数作为针入度试验结果，以 0.1 mm 计。当试验值不符合此要求时，应重新进行试验。

表 11.8 针入度测定允许误差 单位：mm

针入度(0.1)	0～49	50～149	150～249	250～500
允许误差(0.1)	2	4	12	20

11.8.2 沥青延度试验

1. 主要仪器

延度仪（图 11.7），能保持规定的试验温度和拉伸速度，且仪器开动时无明显的振动；恒温水槽，容量不小于 10 L，温度能保持在试验温度的 ±0.1 ℃；温度计，量程 0～50 ℃，分度 0.1 ℃；瓷皿或金属皿、电炉、平刮刀等。

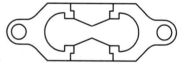

图 11.7 沥青延度试验模具

2. 试验要求

非经特殊说明，试验温度为（25±0.5）℃，延伸速度为（5±0.25）cm/min。

3. 试样制备

将隔离剂拌合均匀，涂于磨光的金属板上和铜模侧模的内表面，将模具组装在金属板上。按规定方法加热沥青试样，然后将试样呈细流状，从模的一端至另一端往返数次注入试模中，使试样略高出模具。灌模时注意勿使气泡混入。试件在室温中冷却不少于 1.5 h，然后用热的平刮刀将高出模具的沥青刮去，使沥青面与模面齐平。沥青的刮法：应自模的中间刮向两边，表面应刮得十分光滑。随后将试件连同金属板再浸入（25±0.1）℃的水槽中 1.5 h。

4. 延度测定

（1）检查延度仪拉伸速度是否符合要求，移动滑板使指针对着标尺零点，保持中水温为（25±0.1）℃。

（2）将保温后的试件连同底板移入延度仪的水槽中，然后将盛有试样的试模自玻璃板或不锈钢板上取下，将试模两端的孔分别套在滑板及槽端固定板的金属柱上，并取下侧模。水面距试件表面应不小于 25 mm。

（3）开动延度仪，并注意观察试样的延伸情况。此时应注意，在试验过程中水温应始终保持在试验温度规定范围内,且仪器不得有振动,水面不得有晃动。当水槽采用循环水时,应暂时中断循环,停止水流。在试验过程中,如发现沥青细丝浮于水面或沉入槽底时,则应在水中加入酒精或食盐,调整水的密度至与试样相近后,重新试验。

(4) 试件拉断时,读取指针所指标尺上的读数,以 cm 表示。在正常情况下,试件延伸时应成锥尖状,拉断时实际断面接近于零。如不能得到这种结果,则应在报告中注明。

5. 试验结果

同一试样,每次平行试验不少于三个,如三个测定结果均大于 100 cm,试验结果记作大于 100 cm,特殊需要也可分别记录实测值。如三个测定结果中,有一个以上的测定值小于 100 cm 时,若最大值或最小值与平均值之差满足重复性试验精度要求,则取三个测定结果的平均值的整数作为延度试验结果;若平均值大于 100 cm,试验结果记作大于 100 cm;若最大值或最小值与平均值之差不符合重复性试验精度要求时,试验应重新进行。

当试验结果小于 100 cm 时,重复性试验的允许误差为平均值的 20%。

11.8.3　软化点试验

1. 主要仪器

沥青软化点测定仪(图 11.8);恒温水槽,能准确控温在 0.5 ℃;温度计、电炉平直刮刀等。

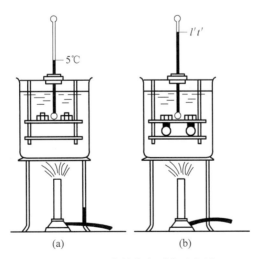

图 11.8　沥青软化点测点示意图

2. 试样制备

将试样环置于涂有甘油滑石粉隔离剂的试样底板上,将准备好的沥青试样徐徐注入试样环内至略高出环面为止。如估计试样软化点高于 120 ℃，则试样环和试样底板（不用玻璃）均应预热至 80～100 ℃。试样在室温冷却 30 min 后，用环夹夹住试样环，并用热刮刀刮除环面上的试样，使其与环面齐平。

3. 软化点测定

1）试样软化点低于 80 ℃

（1）将装有试样的试样环连同试样底板置于装有（5±0.5）℃的保温槽冷水中至少 15 min，同时将金属支架、钢球、钢球定位环等置于相同水槽中。

（2）烧杯内注入新煮沸并冷却至 5 ℃的蒸馏水，水面略低于立杆上的深度标记。

（3）从恒温槽水中取出盛有试样的试样环放置在支架中层板的圆孔中，套上定位环；然后将整个环架放入烧杯中，调整水面至深度标记，并保持水温为（5±0.5）℃。环架上任何部分不得附有气泡。将 0～100 ℃的温度计由上层板中心孔垂直插入，使端部测温头底部与试样环下面齐平。

（4）将盛有水和环架的烧杯移至放有石棉网的加热炉具上，然后将钢球放在定位环中间的试样中央，立即加热，使杯中水温在 3 min 内达到（5±0.5）℃/min 的升温速度。注意，在加热过程中，如温度上升速度超出此范围时，则试验应重做。

（5）试样受热软化逐渐下坠，直至与下层底板表面接触时，立即读取温度，精确至 0.5 ℃。

2）试样软化点高于 80 ℃

（1）将装有试样的试样环连同试样底板置于装有（32±1）℃甘油的恒温槽中至少 15 min，同时将金属支架、钢球、钢球定位环等置于甘油中。

（2）在烧杯内注入预先加热至 32 ℃的甘油，其液面略低于立杆上的深度标记。

（3）从保温槽中取出装有试样的试样环按上述软化点低于 80 ℃的方法进行测定，读取温度精确至 1 ℃。

4. 试验结果评定

同一试样平行试验两次，当两次测定值的差值符合重复性试验精度要求时，取其平均值作为软化点试验结果，准确至 0.5 ℃。

当试样软化点低于 80 ℃时，重复性试验精度的允许差为 1 ℃；当试样软化点等于或高于 80 ℃时，重复性试验精度的允许差为 2 ℃。

11.9　SBS 防水卷材试验

11.9.1　试样制备

按图 11.9 所示的部位和表 11.9 规定的尺寸和数量切取试件，试件边缘与卷材纵向边缘间的距离不小于 75 mm。

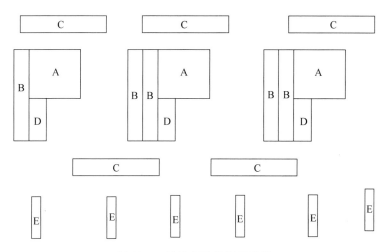

图 11.9　试件切取位置示意图

表 11.9　试件尺寸和数量

试 验 项 目		试件部位	试件尺寸/mm	数量/个
不透水性		A	150×150	3
拉力和延伸率	纵向	B	(250~320)×50	5
	横向	C	(250~320)×50	5
耐热度		D	125×100	纵向3
低温柔度		E	150×25	纵向10

11.9.2　拉力及最大拉力时延伸率试验

1. 主要仪器

拉力试验机,测力范围 0~2 000 N,示值误差不大于±2%。

2. 试验步骤

(1) 将切取的纵、横各 5 块试件置于(23±2)℃和相对湿度 30%~70%的环境下不少于 20 h。

(2) 把试件夹持在拉力机的夹具中心,上下夹具间距离为(200±2)mm。当用引伸计时,试验前应设置标距间距为(180±2)mm。为防止试件产生任何松弛,推荐加载不超过 5 N 的力。

(3) 试验在(23±2)℃ 进行,夹具移动的恒定速度为(100±10)mm/min。

(4) 启动拉力机至试件拉断为止,记录最大拉力及最大拉力时伸长值。

3. 试验结果

(1) 拉力

分别计算纵向或横向 5 个试件拉力的算术平均值作为卷材纵向或横向拉力,单位为

N/50mm。

（2）最大拉力时延伸率

按下式计算：

$$E = 100(L_1 - L_0)/L_0$$

式中：E——最大拉力时延伸率，%；

L_1——试件最大拉力时的标距，mm；

L_0——试件初始标距，mm（不用引伸计时为 200，用引伸计时为 180）；

分别计算纵向或横向 5 个试件最大拉力时延伸率的算术平均值作为卷材纵向或横向延伸率。

11.9.3　不透水性试验

1. 主要仪器

不透水仪，具有 3 个透水盘，透水盘金属压盖上有 7 个均匀分布的、直径 25 mm 的透水孔；压力表，测量范围为 0～0.6 MPa。

2. 试验步骤

（1）将 3 个试件固定于不透水仪上。卷材上表面为迎水面，若上表面为砂面、矿物颗粒时，下表面作为迎水面。下表面材料为细砂时，在细砂面沿密封圈一圈去除表面浮砂，然后涂一圈 60～100 号热沥青，涂平待冷却 1 h 后检测。

（2）升压至规定压力并保持 30 min。

3. 试验结果评定

3 个试件均不透水为合格。

11.9.4　低温柔度试验

1. 主要仪器

两个直径（20±0.1）mm 不旋转的圆筒；一个直径（30±0.1）mm 的圆筒或半圆筒弯曲轴（可以根据产品规定采用其他直径的弯曲轴，如 50 mm）。整个装置浸入能控制温度在 +20～−40 ℃、精度 0.5 ℃温度条件的冷冻液中。

2. 试件制备

去除试件表面的所有保护膜。试验前试件应在（23±2）℃的平板上放置至少 4 h，并且相互之间不能接触，也不能黏在板上。3 mm 厚卷材弯曲直径 30 mm，4 mm、5 mm 厚卷材弯曲直径 50 mm。

3. 试验步骤

（1）冷冻液达到规定的试验温度，误差不超过 0.5 ℃，试件放于支撑装置上，且在圆筒的上端,保证冷冻液完全浸没试件。试件放入冷冻液达到规定温度后,开始保持在该温度 1 h±5 min。

(2) 两组各 5 个试件,一组是上表面试验,一组是下表面试验。试件放置在圆筒和弯曲轴之间,试验面朝上,然后设置弯曲轴以(360±40) mm/mim 速度顶着试件向上移动,试件同时绕轴弯曲。轴移动的终点在圆筒上面(30±1) mm 处。

(3) 在完成弯曲过程 10 s 内,在适宜的光源下用肉眼检查试件有无裂纹。

4. 试验结果评定

一个试验面 5 个试件中至少有 4 个试件达到标准规定指标时判为该项指标合格。

11.9.5　耐热度试验

1. 主要仪器

鼓风烘箱,连接到外面的电子温度计,在试验范围内最大温度波动±2 ℃;悬挂装置(如夹子),至少 100 mm 宽,能夹住试件的整个宽度在一条线;光学测量装置(如读数放大镜),刻度至少 0.1 mm;金属圆插销的插入装置,内径约 4 mm;画线装置等。

2. 试件制备

去除所有非持久保护层。在试件纵向的横断面一边,上表面和下表面的大约 15 mm 一条涂盖层去除直至胎体。在试件中心区域的涂盖层也从上下表面的两个接近处去除,直至胎体。两个直径约 4 mm 的插销在裸露区域穿过胎体。然后标记装置放在试件两边插入插销定位于中心装置,在试件表面整个宽度方向沿着直边用记号笔垂直画一条线(宽度约 0.5 mm)为第一个标记,操作时试件平放。试件在试验前至少放置在(23±2) ℃的平面上 2h。

3. 试验步骤

(1) 将高温箱升至规定温度。

(2) 将 3 个试件垂直悬挂在烘箱的相同高度,间隔至少 30 mm。此时烘箱的温度不能下降太多,开关烘箱门放入试件的时间不超过 30 s。放入试件后加热时间为(120±2) min。试件的中心与温度计的水银球,应在同一水平位置。

(3) 加热周期一结束,试件和悬挂装置一起从烘箱中取出,相互不要接触,在(23±2) ℃自由悬挂冷却至少 2 h,然后除去悬挂装置,在试件两面画第二个标记,用光学测量装置在每个试件的两面测量两个标记底部最大间距 ΔL,精确至 0.1 mm。

(4) 计算卷材每个面 3 个试件的滑动值的平均值,精确至 0.1 mm。

4. 试验结果评定

卷材上表面和下表面的滑动平均值不超过 2.0 mm,认为合格。

11.10　本章小结

　　建筑材料是一门实践性较强的课程，材料试验是课程的重要组成。应了解现行国家或行业标准或其他规范，熟悉水泥、骨料、混凝土、钢材、防水材料等常见材料试验所用仪器设备、试验方法及数据处理方法等。

　　建筑材料试验检测，客观公正至关重要，严格按照标准规定开展试验，对试验数据要本着实事求是的原则进行客观记录，培养试验人员应有的职业素养和操守。

思考题

　　1. 试述砂的筛分析试验步骤。

　　2. 水泥胶砂强度试验结果如何进行评定。

　　3. 简述混凝土拌合物坍落度的试验过程。

　　4. 一组边长为 100 mm 的立方体混凝土试块，其抗压破坏荷载值分别为 280 kN、260 kN、220 kN。问该组试块强度标准值是多少？（写出计算过程与简要理由）

　　5. 一组牌号为 HRB400、公称直径为 18 mm 的热轧带肋钢筋，其弯曲试验合格，拉伸结果为：屈服力 F_{e1} 为 116.7 kN，F_{e2} 为 117.3 kN，最大力 F_{m1} 为 150.3 kN，F_{m2} 为 154.2 kN，原始标距等于 5 倍钢筋直径，断后标距长度 L_{u1} 为 108 mm、L_{u2} 为 107 mm。计算并评定该组钢筋的力学性能。写出计算步骤，钢筋公称面积为 254.5 mm^2；抗拉强度标准值为 540 MPa；断后伸长率为 16%。

　　6. SBS 防水卷材的常规试验项目有哪些？

　　7. 烧结普通砖的强度值如何评定？

　　8. 简述石油沥青针入度测定试验。

第12章

课程实训

本章简要介绍混凝土配合比设计综合实训的目的与要求,主要介绍实训的内容及实训报告。

12.1　目的与要求

对于建筑工程专业方向的学生来说,混凝土配合比设计是需掌握的教学内容,因此混凝土配合比设计课程综合实训具有非常重要的实际意义。综合实训的教学目标不仅是掌握重要知识和技能,更重要的是培养生产第一线人员。混凝土配合比设计综合实训需要较强的专业知识与职业技能,通过检测水泥、砂石、混凝土,处理分析数据,判断并确定材料的技术性质及指标是否达到国家标准的要求或设计要求,决定混凝土材料能否使用与如何使用。要求学生在教师指导下,通过典型问题的实际训练,根据所学内容和专业方向选择相关的内容处理生产第一线可能遇到的问题。

实训模拟工程实际程序,把常规的水泥、砂石材料的材性检测及混凝土配合比设计和试配有机地贯穿在一起,按要求完成不同工程部位的混凝土配合比设计。首先要求学生在充分了解所给出的工程和原材料条件后,认真思考相关的问题,再自行设计相关的方法步骤,逐步完成一系列综合设计型实际技能的培养锻炼。最重要的一点,紧密联系工程实践,熟悉实际工程建设对建材实训检测的有关规定和要求,自己进行完整的设计,并完成实训报告的填写。实训报告采用实际工程中现行的实训报告,充分认识到实践是第一位的,实训先于理论,先有实训才有理论,只有通过实训才能发现新规律。

通过实训,要求能熟练掌握水泥、建筑用砂及石等材料的基本概念、原理和检测方法,熟悉有关实训设备,培养学生的自我动手能力和从事材料实训的严谨作风。

12.2　混凝土配合比设计综合实训

12.2.1　实训题目

可根据不同的工程条件与设计资料自定实训题目。以下几个实训题目仅供参考。

1. 混凝土梁柱用混凝土配合比设计综合实训

某工程采用现浇混凝土梁柱结构，其最小尺寸为 300 mm，钢筋最小净距为 60 mm。混凝土设计强度等级为 C25，采用机械搅拌，插入式振动棒浇捣，施工时要求混凝土坍落度为 130～150 mm。施工单位的强度标准差为 2.5 MPa，并且该梁柱露天受雨雪影响。

2. 大型基础用掺粉煤灰混凝土配合比设计综合实训

某商住楼的大型基础，属于大体积混凝土，工期紧。混凝土设计强度等级为 C30。该施工单位无混凝土强度标准差的历史统计资料。施工要求坍落度为 100～120 mm 的泵送混凝土，该商住楼所处地区无冻害。

3. 钢筋混凝土桥 T 形梁用混凝土配合比设计综合实训

某钢筋混凝土桥梁，其 T 形梁的混凝土设计等级为 C30，施工要求坍落度为 30～50 mm，骨料最大粒径为 31.5 mm。桥梁所处地区为寒冷地区，该施工单位无混凝土强度标准差的历史统计资料。

12.2.2 实训内容

（1）混凝土用原材料性能检测。
（2）确定水泥混凝土配制强度，计算初步配合比。
（3）实验室试拌、调整和强度检验，确定基准配合比、实验室配合比。
（4）根据骨料的含水率计算施工配合比。
（5）混凝土抗压强度测定。
（6）混凝土强度的合格评定。

12.2.3 混凝土配合比设计实训步骤

按 4 人左右组成一组，明确小组负责人，确定每组的实训题目后按照下列步骤展开实训。

1. 原材料性能检测

结合各种材料检测要求的必试项目及具体实训题目的要求进行原材料检测。经检测材性合格后的原材料方可使用。主要原材料检测技术指标参考以下内容。

（1）粗骨料：筛分析、含泥量、泥块含量、针片状颗粒的含量、压碎指标及表观密度等。
（2）细骨料：天然砂，筛分析、含泥量、泥块含量及表观密度等；人工砂，筛分析、石粉含量（含亚甲蓝试验）、泥块含量、压碎指标及表观密度等。
（3）水泥：水泥胶砂强度、水泥安定性、水泥凝结时间。

2. 计算初步配合比

根据实训具体要求，结合原材料检测结果，进行混凝土初算配合比的计算。具体计算过程见第 4 章相关内容。同时需要指出的是,若掺入外加剂和掺合料,其掺量应通过试验确定。

3. 确定基准配合比

在实训室按初步配合比拌制至少 15 L 的混凝土。材料用量应以质量计,称量精度要求骨料为 ±1%;水、水泥掺合料、外加剂均为 ±0.5%。测定混凝土拌合物的坍落度,观察坍落后混凝土拌合物的黏聚性和保水性。当混凝土拌合物的坍落度大于 220 mm 时,用钢尺测量混凝土扩展后最终的最大直径和最小直径,在这两个直径之差小于 50 mm 的条件下,用其算术平均值作为坍落扩展度值;否则,此次试验无效。

在按初步配合比备好试拌材料的同时,另需备好两份为调整坍落度用的水泥与水,其水灰比应与原水灰比相同,其数量为拌合用量的 5% 或 10%。当测得拌合物的坍落度低于要求数值时可掺入备用水泥和水;当坍落度过大时,可酌情增加砂和石的用量(一般砂率不变);当坍落度稍大时可加入少量的砂;当黏聚性、保水性不良时应调整砂率,加入适量的砂,之后应尽快拌合,重新测定坍落度值。重复上述过程直至和易性满足要求,得到基准配合比。

4. 确定实验室配合比

本部分内容参考第 4 章相关内容。

5. 施工配合比的确定

混凝土实验室配合比是以砂石干燥状态计量的,实际施工的砂石皆含不同数量的水分。因此本阶段的任务就是在已确定混凝土实验室配合比的基础上,确定施工用混凝土配合比。以下举一实例供参考。

例 12-1 经试配混凝土的和易性和强度等均符合要求后,混凝土实验室配合比为水泥:水:砂:石:外加剂:掺合料 $=1:0.5:1.89:2.72:0.04:0.15$,现场砂含水率 3.1%,石含水率 1.0%。试计算混凝土的施工配合比。

解:假定 1 m^3 混凝土拌合物的质量为 2 400 kg,水泥为 m_c,由实验室配合比得:

$$m_c + 0.5m_c + 1.89m_c + 2.72m_c + 0.04m_c + 0.15m_c = 2\,400 \text{ kg}$$

$$m_c = 381.0 \text{ kg}$$

进一步计算出 1 m^3 混凝土拌合物其他各材料的用量:砂子 720 kg、石子 1 036.2 kg、水 190.5 kg、掺合料 57.1 kg、外加剂 15.2 kg。因此 1 m^3 混凝土按施工配合比各材料用量为水泥 381.0 kg、掺合料 57.1 kg、外加剂 15.2 kg 不变,其他计算如下:

砂	720 kg×(1+3.1%)=742.3 kg
石子	1 036.2 kg×(1+1%)=1 046.6 kg
水	(190.5−720×3.1%−1 036.2×1%) kg=157.8 kg

6. 混凝土强度质量评定

混凝土质量控制的目标是要生产出质量合格的混凝土,即所生产的混凝土应能按规定的保证率满足设计要求的技术性质。由于混凝土的抗压强度与其他性能有较好的相关性,能较好地反映混凝土整体的质量情况，因此，工程中通常以混凝土抗压强度作为评定和控制其质量的主要指标。

根据《混凝土强度检验评定标准》(GB/T 50107—2010)，实训采取标准差未知方案的统计方法或非统计方法。

当混凝土的生产条件在较长时间内不能保持一致，且混凝土强度变异性不能保持稳定时，应由不少于 10 组的试件组成一个验收批，其实际强度应同时满足以下要求：

$$m_{f_{cu}} \geqslant f_{cu,k} + \lambda_1 S_{f_{cu}}$$

$$f_{cu,min} \geqslant \lambda_2 f_{cu,k}$$

式中：$m_{f_{cu}}$——同一验收批混凝土立方体抗压强度的平均值，MPa；

$S_{f_{cu}}$——同一验收批混凝土立方体抗压强度的标准差，MPa；

$f_{cu,min}$——同一验收批混凝土立方体抗压强度的最小值，MPa；

$f_{cu,k}$——混凝土立方体抗压强度标准值，MPa；

λ_1、λ_2——合格判定系数，当试验组数为 10～14 组时，分别取 1.15、0.90，当试验组数为 15～24 组时，分别取 1.05、0.85，当试验组数为 25 组及以上时，分别取 0.95、0.85。

以上为按统计方法评定混凝土强度，若某些小批量零星混凝土的生产，因其试件数量有限，不具备按统计方法评定时，按非统计方法评定混凝土强度时，其实际强度应同时满足以下要求：

$$m_{f_{cu}} \geqslant \lambda_3 f_{cu,k}$$

$$f_{cu,min} \geqslant \lambda_4 f_{cu,k}$$

式中：λ_3、λ_4——合格评定系数。当混凝土强度等级小于 C60 时，分别取 1.15、0.95；当混凝土强度等级大于等于 C60 时，分别取 1.10、0.95。

当检测结果不能满足上述规定时，该批混凝土判为不合格，由不合格批混凝土制成的结构或构件，应进行鉴定。对不合格的结构或构件必须及时处理。当对混凝土试件强度的代表性有怀疑时，可采用从结构或构件中钻取试件的方法或采用非破损检测方法，按有关标准的规定对结构或构件中混凝土的强度进行推定。

在实训中，可由全班所有组的试验结果组成一个验收批，按上述方法进行强度评定。

12.2.4　混凝土配合比设计实训系列报告

根据某一建筑工程的实际情况，完成混凝土用原材料性能检测、初步配合比设计、实验室试拌、调整和强度检验与评定等综合实训。实训要求每名学生都动手，合理安排时间，统筹协作，实训准备和实训后期填写实训报告的工作都由同学自己完成，可提高学习兴趣，学习上变被动为主动，在较短时间内，高质量地完成实训全过程。在混凝土的配合比设计综合实训结束时，可在教师指导下，由学生再次讨论自己的收获与体会，总结完成实训报告以及完成混凝土配合比设计综合实训过程的体会。

综合实训报告可参考某工程实例的有关报告进行，以下为"×××工程控制站机房工程"混凝土综合实训报告实例，仅供参考。

1. 原材料试验结果

水泥检测报告见表 12.1,细骨料检测报告见表 12.2 或表 12.3,粗骨料检测报告见表 12.4。

表 12.1 水泥检测报告

水泥品种	P·O		使用部位	×××工程控制站机房
强度等级	42.5		执行标准 GB 175—2007	
检测项目	安定性		凝结时间	
	雷氏夹膨胀值/mm		初凝时间/min	终凝时间/min
	1.0		103	165
标准值	≤5.0		≥45	≤600
检测项目	抗折强度/MPa		抗压强度/MPa	
	3 d	28 d	3 d	28 d
	5.1	8.7	21.9	45.8
标准值	≥3.5	≥6.5	≥17.0	≥42.5
结论	依据《硅酸盐水泥、普通硅酸盐水泥》(GB 175—2007),该样品经检测,所检项目符合 P·O 42.5 等级技术要求。			

表 12.2 天然砂检测报告

项目	表观密度 /(kg·m⁻³)	堆积密度 /(kg·m⁻³)	空隙率 /%	级配	细度模数	含泥量 /%	泥块含量 /%
检测结果	2 680	1 560	42	Ⅱ区中砂级配合格	2.7	2.2	0.1

表 12.3 人工砂检测报告

项目	表观密度 /(kg·m⁻³)	堆积密度 /(kg·m⁻³)	空隙率 /%	级配	细度模数	压碎指标 /%	石粉泥量 /%	亚甲蓝 MB 值	泥块含量 /%
检测结果	2 710	1 640	39	Ⅱ区中砂级配合格	2.9	14	6.8	1.0	0.2

表 12.4 粗骨料检测报告

项目	表观密度 /(kg·m⁻³)	堆积密度 /(kg·m⁻³)	空隙率 /%	级配情况	最大粒径 /mm	压碎指标 /%	针片状颗粒含量 /%
检测结果	2 720	1 610	42	5～25 mm 连续粒级	25	8	2.5

2. 混凝土配合比申请

现场混凝土搅拌前,施工单位提出配合比申请单,将对混凝土的要求填入表 12.5。

表 12.5 混凝土配合比申请单

混凝土配合比申请			编号		00×-0×
			委托编号		20××-××××
工程名称及部位	×××工程控制站机房,机房基础混凝土基座				
委托单位	×××建设工程有限公司		试验委托人		张××
设计强度等级	C25		要求坍落度、扩展度		160～180 mm
其他技术要求					
搅拌方法	机械	浇捣方法	机械	养护方法	标准养护
水泥品种及强度等级	P·O 42.5	厂别牌号	琉璃河水泥厂盾牌	试验编号	20××-××××
砂子产地及品种	涿州市永兴砂石厂 中砂			试验编号	20××-××××
石子产地及品种	涿州市永兴砂石厂 碎石	最大粒径	25 mm	试验编号	20××-××××
外加剂名称	JSN-2 泵送剂			试验编号	20××-××××
掺合料名称				试验编号	20××-××××
申请日期	×年×月×日	试验日期	×年×月×日	联系电话	××××××

3. 初步配合比计算

根据混凝土配合比申请及原材料检测结果进行初步配合比计算,见表 12.6。

表 12.6 水泥混凝土初步配合比计算表(质量法)

步骤	目标	计算公式	参数取值	计算结果	结果
1	$f_{cu,0}$	$f_{cu,k}+1.645\sigma$	5.0	33.2 MPa	33.2 MPa
2	W/C	强度要求 $\dfrac{\alpha_a f_{ce}}{f_{cu,0}+\alpha_a \alpha_b f_{ce}}$	$\alpha_a=0.53$ $\alpha_b=0.20$	0.64	0.60
		满足耐久性,查表		0.60	
3	m_{w0}	查表	设计坍落度 180 mm、碎石	223 kg	223 kg
4	m_{c0}	$\dfrac{m_{w0}}{W/C}$		372 kg	372 kg
		满足耐久性,查表		280 kg	
5	S_p	查表	碎石最大粒径 40 mm、中砂	0.36	0.36
6	m_{s0}	$(m_{cp}-m_{c0}-m_{w0})S_p$	$m_{cp}=2\,400\ kg/m^3$	650 kg	650 kg
7	m_{g0}	$m_{cp}-m_{c0}-m_{w0}-m_{s0}$		1 155 kg	1 155 kg
8	初步配合比/(kg·m^{-3})		$m_{c0}:m_{s0}:m_{g0}:m_{w0}=372:650:1\,155:223$		

注：本设计水泥 28 d 实际强度 45.8 MPa;若使用外加剂或掺合料,还需进行相应的计算。

4. 混凝土和易性调整，确定基准配合比

为验证混凝土和易性，进行混凝土试配，得到满足和易性要求的基准配合比，见表12.7。

表 12.7　混凝土和易性调整表

步　骤	材料用量/kg				坍落度/mm	扩展度/mm	黏聚性	保水性
	水泥	砂	石	水				
初步计算配比1 m³ 用量	372	650	1 155	223	—			
配制 15 L 用料量	5.58	9.75	17.32	3.34	150	—	良好	良好
第一次调整	5.86	9.75	17.32	3.52	165	—	良好	良好
第二次调整	—	—	—	—				
基准配合比/(kg・m⁻³)	391	650	1 155	235	—			

5. 检验强度，确定实验室配合比

为校核混凝土强度，在基准配合比的基础上，水灰比分别增加和减少 0.05%，用水量不变，砂率可分别增加和减少 1%，得到 3 个配合比，分别制作 3 组强度试件，标准养护 28 d(或 3 d)后，进行强度试验，测定结果填入表 12.8。以灰水比为横坐标，抗压强度为纵坐标绘制曲线图 12.1，确定符合强度要求的最佳水灰比为 0.60；由此实验室配合比(m 的单位为 kg/m³)为

$$m_{c0} : m_{s0} : m_{g0} : m_{w0} = 391 : 650 : 1\ 155 : 235$$

表 12.8　不同水灰比的混凝土抗压强度值

组别	W/C	C/W	抗压强度/MPa
1	0.60	1.67	28.6
2	0.55	1.82	31.5
3	0.65	1.54	24.2

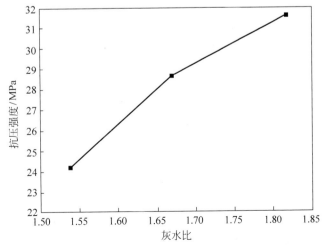

图 12.1　混凝土抗压强度与灰水比关系曲线

6. 下发配合比通知单

强度校核后，将结果填入表12.9，并下发至混凝土生产部门。

表 12.9　混凝土配合比通知单

混凝土配合比通知单					编号	00×-0×	
					试配编号	20××-××××	
强度等级	C25	水胶比	—	水灰比	0.60	砂率	36
材料名称项目	水泥	水	砂	石	外加剂	掺合料	其他
1 m³ 用量/kg	391	235	650	1 155	7.82		
每盘用量/kg							
混凝土含碱量/(kg·m⁻³)	注：此栏只有遇到Ⅱ类工程（对于有预防混凝土碱骨料反应设计要求的工程）时填写						
说明：本配合比所使用材料均为干材料，使用单位应根据材料含水率情况随时调整							
批准	审核			试验			
张××	李××			王××			
报告日期	××年××月××日						

注：本表由施工单位保存。

7. 施工配合比确定

根据砂石含水率，确定施工配合比，填写混凝土开盘鉴定表12.10。

表 12.10　混凝土开盘鉴定表

混凝土开盘鉴定						编号	00×-0×
工程名称及部位	×××工程控制站机房，机房基础混凝土基座					鉴定编号	20××-××××
施工单位	×××建设工程有限公司					搅拌方式	机械
强度等级	C25					要求坍落度	160～180 mm
配合比编号	20××-××××					试配单位	××实验室
水灰比	0.60					砂率/%	36
材料名称	水泥	水	砂		石	外加剂	掺合料
1 m³ 用量/kg	391	235	650		1 155	7.82	
调整后每盘用量 /kg	砂含水率 3.0 %；石含水率 0.0%						
	391	215	670		1 155	7.82	
鉴定结果	鉴定项目	混凝土拌合物性能			混凝土试块抗压强度/MPa	原材料与申请单是否相符	
		坍落度/mm	黏聚性	保水性			
	设计	160～180	良好	良好	28.6	相符	
	实测	165	良好	良好			
鉴定结论：同意开盘							
建设（监理）单位	混凝土试配单位负责人		施工单位技术负责人		搅拌机组负责人		
孙××	张××		李××		王××		
鉴定日期	××年××月××日						

注：采用现场搅拌混凝土的工程，本表由施工单位填写并保存。

8. 混凝土立方体抗压强度测定

为验证施工混凝土的抗压强度,在进行施工时留取混凝土立方体抗压强度试件,并按要求进行检测,结果见表 12.11。

表 12.11　混凝土立方体抗压强度试验报告

混凝土立方体抗压强度试验报告			编号	00×-0×
			试验编号	20××-××××
			委托编号	20××-××××

工程名称及部位	×××工程控制站机房,机房基础混凝土基座			
委托单位	×××建设工程有限公司		委托人	张××
设计强度等级	C25		试样编号	××-××
配合比编号	20××-××××		实测坍落度	165 mm
试件成型日期	××年××月××日		实测扩展度	
养护方法	标准养护		龄期	28 d
试验依据	GB/T 50081—2019		委托日期	××年××月××日

试验结果	试验日期	实际龄期 /d	试件边长 /mm	荷载/kN		折合 150 mm 立方体抗压强度/MPa	达到设计强度等级/%
				单块值	平均值		
	××年××月××日	28	100	310	301	28.6	114
				297			
				296			

结论:

　　依据《普通混凝土力学性能试验方法标准》(GB/T 50081—2019),该样品经检测,28 d 抗压强度达到设计强度的114%。

批准	张××	审核	李××	试验	王××
试验单位	×××检测有限公司				
报告日期	××年××月××日				

注: 本表由建设单位、施工单位各保留一份。

9. 混凝土强度的合格评定

为对一批次混凝土的抗压强度进行评定及相关统计计算,填写表 12.12,确定该批次混凝土强度是否合格。

表 12.12　混凝土试件抗压强度统计评定表

混凝土试块强度统计、评定记录								编号		00×-0×
工程名称		×××工程				强度等级			C25	
施工单位		×××建设工程有限公司				养护方法			标准养护	
统计日期		××年××月××日				结构部位			机房基础混凝土基座	
试件组数 n	强度标准值 $f_{cu,k}$/MPa		平均值 $m_{f_{cu}}$/MPa		标准差 $S_{f_{cu}}$/MPa		最小值 $f_{cu,min}$/MPa		合格判定系数	
30	25		26.7		2.0		20.0		λ_1	λ_2
									0.95	0.85
每组强度值 /MPa	26.5	26.0	29.5	27.5	24.0	25.0	26.7	25.2	27.7	29.5
	26.1	28.5	25.6	26.5	27.0	24.1	25.3	29.4	27.0	20.0
	25.1	26.0	26.7	27.7	28.0	28.2	28.5	26.5	28.5	28.8
试件组数 n	强度标准值 $f_{cu,k}$/MPa		平均值 $m_{f_{cu}}$/MPa		标准差 $S_{f_{cu}}$/MPa		最小值 $f_{cu,min}$/MPa		合格判定系数	
评定界定	统计方法（二）						非统计方法（一）			
	$f_{cu,k}$	$m_{f_{cu}}-\lambda_1 S_{f_{cu,k}}$		$\lambda_2 f_{cu,k}$			$1.15 f_{cu,k}$		$0.95 f_{cu,k}$	
	25	24.8		21.2						
判定式	$m_{f_{cu}}-\lambda_1 S_{f_{cu}}\geqslant 0.9 f_{cu,k}$			$f_{cu,min}\geqslant\lambda_2 f_{cu,k}$						

结论：该批混凝土实际立方体抗压强度不满足合格评定的要求，不作验收。

批准	审核	统计
张××	李××	王××
报告日期	××年××月××日	

注：本表由建设单位、施工单位、城建档案馆各保留一份。

第13章

典型问题应对

本章主要针对高等院校学生毕业升学就业时面临的笔试与面试问题,目的在于加深学生对本门课程应知应会的理解,提高应用问题、分析问题、解决问题的能力。

考察一所高等院校最主要的标准是学生毕业后的就业率。笔试与面试是现代求职时一个重要环节,是就业的第一关,面试成绩成为用人单位是否录用的依据。面试典型问题大都是一些概念和基础知识以及基本试验操作,往往更注重与人交流及实际动手能力,要求在回答问题时概念正确、思路清晰、操作规范。笔试主要包括本科生课程结课考试、自学过关考试及硕士研究生入学考试等,侧重检验理论知识掌握的牢固程度和水平。

13.1 试验管理等实际问题

建筑工程中从事建筑材料管理与检测工作涉及的知识和内容较多,面试与笔试问题主要了解求职人员的工作热情和处事能力。以下针对水泥、混凝土试验及商品混凝土管理方面,提一些典型问题供参考。

1. 水泥方面的问题

例 13-1 测定水泥凝结时间和安定性前为何必须做水泥标准稠度用水量试验? 水泥安定性试验中沸煮的意义是什么? 检验水泥细度的目的是什么?

答:水泥的凝结时间、安定性及水泥胶砂强度三个指标均与用水量有密切的关系。用水量多了,安定性可以得到改善,但凝结时间延长,且强度下降;反之,凝结时间缩短,水泥强度偏高,但安定性会受到影响。通过对水泥标准稠度用水量的检验,确定检验水泥凝结时间、安定性及水泥胶砂强度时的最佳加水量,使检验结果具有可比性。

沸煮的意义在于加速 f-Cao 的水化反应,使 f-Cao 需长时间产生的危害在短时间内表现出来。

水泥的细度是关于水泥的国家标准中规定的品质之一,它直接影响水泥的产量、质量和成本。在矿物组成相同的条件下,水泥磨得越细,水泥颗粒平均粒径越小,比表面积越大,表面活化能高,活性增加,水泥水化时与水的接触面越大,水化速度越快,水化反应越彻底。相应地,水泥凝结硬化速度就越快,早期强度和后期强度就越高,但其 28 d 水化热也越大,硬化后的干燥收缩值也越大。另外,把水泥磨得太细,也需要消耗更多的能量,提高成本。因此水泥应具有一定的细度。

例 13-2　什么叫二次水化？生成的水化硅酸钙有何特点？

答：水泥熟料矿物水化后的产物氢氧化钙又与活性氧化硅和活性氧化铝进行反应，生成新的水化产物，称二次水化反应或二次反应。二次水化产生的水化硅酸钙的特点有：低碱(低钙硅比)、强度高、更稳定，此外还减小 C—H 晶体尺寸和数量，减轻了它在界面层过滤区定向富集，改善了混凝土结构。

2. 混凝土的有关问题

例 13-3　混凝土生产的原料有哪些？有哪些相应的品质要求？在普通混凝土立方体抗压强度试验中，为何对加荷速度有严格的规定？在普通混凝土立方体抗压强度试验中，为何不同尺寸的试件需以抗压强度换算系数处理试验数据才可作为结果？

答：具体地说，混凝土生产的原料有水泥、砂子、石子、水、矿物掺合料和化学外加剂等，各种原材料均应符合有关国家标准。水泥应根据水泥标号进行选择，依据混凝土的强度要求确定，使水泥标号与混凝土强度相适应。水泥的强度为混凝土强度的 1.5～2.0 倍为好。细骨料应注意以下几项：①砂的粗细程度及颗粒级配；②泥、泥块及有害物质的含量；③坚固性。粗骨料应考虑粗骨料的最大粒径，不得大于结构截面最小尺寸的 1/4，并不得大于钢筋最小净距的 3/4；对混凝土实心板，最大粒径不得大于板厚的 1/2，并不得超过 50 mm。混凝土拌合及养护用水，凡能饮用的自来水及清洁的天然水都能用来养护和拌制混凝土，污水、酸性水、含硫酸盐超过 1% 的水均不得使用。化学外加剂与矿物掺合料在混凝土中使用前，应通过试验重点检验水泥基材料与外加剂的相容性问题。

立方体强度抗压试验在试件破型时，其加荷速率对强度的影响很大。一般加荷速率越快，强度越高；反之强度越低。所以应严格按照标准规定进行破型操作。

在进行混凝土强度测定时立方体标准试件的尺寸为 150 mm×150 mm×150 mm。若试件尺寸较小，环箍效用相对作用较大，则测得的立方体抗压强度偏高；反之，若试件尺寸较大，环箍效用相对作用较小，且其存在缺陷的概率也大，则测得立方体抗压强度偏低。所以，在采用非标准试件时，其抗压强度值等于试验结果乘以尺寸换算系数。

例 13-4　混凝土坍落度试验过程怎样？混凝土砂率过小和过大会产生何种结果？

答：回答混凝土坍落度试验过程需要说清楚以下步骤：①将混凝土试样分三层装入筒内，每层振捣 25 次，捣棒由边缘到中心按螺旋形均匀插捣 25 次，捣实后每层混凝土拌合物试样高度约为筒高的 1/3；②垂直提起坍落度筒，坍落度筒的提离过程宜控制在 3～7 s，并使混凝土不受横向及扭力作用，从开始至提筒的全过程，不应超过 2.5 min；③量出筒顶至试样顶面中心的垂直距离，即为该混凝土拌合物的坍落度，单位为 mm，精确至 1 mm；④将坍落度筒提起后混凝土发生一边崩坍或剪切现象时，应重新取样另行测定；第二次试验仍出现一边崩坍或剪切现象时，应予以记录说明。

在水泥浆用量一定的条件下，砂率过小和过大都会使混合料的流动性变差。原因如下：当砂率很小时，在水泥浆用量一定的条件下，砂浆数量不足以填满石子的空隙体积或甚少富余，此情况下石子接触点处的砂浆太少，混合料的流动性很小；当砂率过大时，骨料的总表面积及空隙率增大，耗用于包裹细骨料表面的水泥砂浆数量增多。

例 13-5　混凝土质量影响因素有哪些？预拌混凝土生产过程的质量控制与管理有哪些？商品混凝土是如何生产和进行质量管理的？

答：本题涉及的知识内容也很多，可根据自己理解的内容灵活掌握，具体回答可参考以下内容。

混凝土质量包括原材料、施工、试验条件等方面的影响因素。原材料及施工的影响因素如水泥、骨料及外加剂等原材料的质量和剂量的波动；用水量或骨料含水量的变化所引起水灰比的波动；搅拌、运输、浇筑、振捣、养护条件的波动以及气温变化等。试验条件方面的影响因素有取样方法、试件成型及养护条件的差异；试验机的误差和试验人员的操作熟练程度等。

预拌混凝土生产过程的质量控制有初步控制、生产控制和合格控制。初步控制包括各组成材料的质量检验与控制，混凝土配合比确定；生产控制包括组成材料计算、拌合物搅拌、运输、浇注和养护及质量目标、质量保证体系、管理制度等；合格控制包括坍落度出厂检验、强度质量管理及其他指标。

预拌混凝土生产过程的质量管理主要包括原材料检验、各原材料剂量、混凝土性质的质量管理等，即：把好生产制作质量关，重视配合比的选用与调整；合理使用外加剂；正确掌握剂量；把好检测关。

混凝土运输途中的管理基本要求是运输过程中要使混凝土能保持良好的均匀性，不离析、不漏浆；保证混凝土具有设计配合比所规定的坍落度；使混凝土在初凝前浇入模板并捣实完毕；保证混凝土浇筑能连续进行。

商品混凝土的生产必须把好原材料质量关，选择可靠的原材料进货渠道，抓好原材料堆放场地管理等。控制混凝土搅拌工艺过程的质量包括混凝土质量检验，如设计强度、配制强度、含气量管理、施工性、耐久性等要求的检验；容积质量管理，如含气量、搅拌车附着与残留、剂量误差、密实误差、材料密度变化等；现场混凝土质量管理，对现场混凝土的单位用水量、坍落度、凝结时间、强度发展及外观质量等检验。交货检验主要依据施工现场的检验。

13.2 工程应用问题

1. 水泥的选用

例 13-6 下列混凝土工程中宜优先选用哪种水泥？

（1）处于干燥环境中的混凝土工程；

（2）采用湿热处理的混凝土构件；

（3）厚大体积混凝土工程；

（4）水下混凝土工程；

（5）高强度混凝土工程；

（6）高温炉或工业窑炉的混凝土基础；

（7）严寒地区受反复冻融的混凝土工程；

（8）有抗渗要求的混凝土工程；

（9）混凝土地面或路面工程。

答：（1）普通硅酸盐水泥；

（2）矿渣硅酸盐水泥或火山灰质硅酸盐水泥、粉煤灰硅酸盐水泥、复合硅酸盐水泥；

（3）矿渣硅酸盐水泥或火山灰质硅酸盐水泥；

（4）矿渣硅酸盐水泥或火山灰质硅酸盐水泥、粉煤灰硅酸盐水泥、复合硅酸盐水泥；

（5）硅酸盐水泥；

（6）矿渣硅酸盐水泥；

（7）硅酸盐水泥或普通硅酸盐水泥；

（8）火山灰质硅酸盐水泥或普通硅酸盐水泥；

（9）硅酸盐水泥或普通硅酸盐水泥。

例 13-7　某施工队使用以煤渣掺量为 30％的火山灰水泥铺筑路面，使用两年后，表面耐磨性差，已出现露石，且表面有微裂缝。请分析原因。

答：回答可依据《公路水泥混凝土路面设计规范》（JTJ D40—2002）：“对于水泥混凝土路面，水泥可采用硅酸盐水泥、普通硅酸盐水泥和道路硅酸盐水泥。中等及轻交通的路面，也可以采用矿渣硅酸盐水泥。”火山灰水泥砂浆层干缩较大、耐磨性较差，所以说铺筑路面选用火山灰水泥是不适当的。

2. 混凝土应用问题

例 13-8　某工地现配 C20 普通混凝土，选用 42.5 号硅酸盐水泥，水泥用量 250 kg/m³，水灰比 0.55，砂率 30％，所用石 20～40 mm，为间断级配，浇注后检查其水泥混凝土，发现混凝土结构中蜂窝、空洞较多。请从材料方面分析原因。

答：采用高强度等级水泥配制较低强度等级的水泥混凝土，水泥用量少；石的级配不好，而砂率又偏小，故空隙率大，不易将混凝土振捣密实。

例 13-9　工地现配制 M10 砂浆砌筑砖墙，把水泥直接倒在砂堆上，再人工搅拌。该砌体灰缝饱满度及黏结性均较差，请分析原因。

答：砂浆的均匀性可能有问题。把水泥直接倒在砂堆上，采用人工搅拌的方式往往导致混合不够均匀，使强度波动大，宜加入搅拌机中搅拌；仅以水泥与砂配制砂浆，使用少量水泥虽可满足强度要求，但往往流动性及保水性较差，而使砌体饱满度及黏结性较差，影响砌体强度，可掺入少量石灰膏、石灰粉或微沫剂等以改善砂浆和易性。

13.3　一般常识问题应对

例 13-10　分析判断以下问题：

（1）试拌混凝土时发现保水性差，采取增大水灰比的措施可得到改善；

（2）硅酸盐水泥石中的凝胶是由 $Ca(OH)_2$ 凝聚而成；

（3）用沸煮法检验水泥的体积安定性，只能检查出由游离 CaO 所引起的安定性不良；

（4）硅酸盐水泥适用于与海水接触的工程；

（5）混凝土强度等级的确定依据是立方体抗压强度；

（6）影响混凝土强度的因素包括水灰比、水泥强度、砂石原材料、养护温湿度、养护时间等，与混凝土的生产过程无关。

答：（1）错误，增大水灰比降低强度，对保水性无益，应该增大砂率或采用引气型外加剂以增大混凝土含气量；

（2）错误，Ca(OH)$_2$是六方片状晶体结构矿物，没有凝胶性能，水泥石中的凝胶为水化硅酸钙和水化铝酸钙；

（3）正确；

（4）错误，海水易导致使用硅酸盐水泥的混凝土发生硫酸盐腐蚀、镁盐腐蚀；

（5）错误，我国混凝土强度等级的确定依据是 28 d 标准立方体混凝土的平均抗压强度；

（6）错误，混凝土的搅拌、密实成型至关重要，直接影响混凝土强度。

模 拟 试 题

（90 分钟）

一、**单项选择题**(本试题共 20 小题,每小题 1 分,共 20 分)

1. 做水泥胶砂强度试验时,水泥和标准砂的比为(　　)。
    A. 1∶2　　　　　　B. 1∶2.5　　　　　　C. 1∶3　　　　　　D. 1∶4

2. 混凝土配合比设计中,W/B 的值是根据混凝土的(　　)要求来确定的。
    A. 强度及耐久性　　　　　　　　　　B. 强度
    C. 和易性及强度　　　　　　　　　　D. 耐久性

3. 含水率为 4% 的湿砂 100 g,其中水的质量为(　　)。
    A. 4 g　　　　　　B. 3.85 g　　　　　　C. 4.17 g　　　　　　D. 96 g

4. 甲乙两种材料,密度和表观密度相同,而甲的质量吸水率大于乙,则甲材料(　　)。
    A. 比较密实　　　B. 抗冻性较差　　　C. 耐水性较好　　　D. 导热性较差

5. 混凝土试配时,若混凝土拌合物的黏聚性较差,可采取(　　)措施改善。
    A. 保持水灰比不变,增大水泥、水的用量
    B. 保持砂率不变,增大砂、石的用量
    C. 增大砂率
    D. 保持水灰比不变,减少水泥、水的用量

6. 硅酸水泥熟料中,(　　)水化热最小。
    A. C_3S　　　　　　B. C_2S　　　　　　C. C_3A　　　　　　D. C_4AF

7. 粗骨料中针片状颗粒增加,会使混凝土的(　　)。
    A. 用水量减少　　　　　　　　　　B. 耐久性降低
    C. 节约水泥　　　　　　　　　　　D. 流动性提高

8. 大体积混凝土工程,不宜选用(　　)。
    A. 硅酸盐水泥　　　B. 火山灰水泥　　　C. 粉煤灰水泥　　　D. 矿渣水泥

9. 抹灰砂浆中掺入麻刀纤维材料,是为了(　　)。
    A. 提高强度　　　　　　　　　　　B. 提高保温性
    C. 节约水泥　　　　　　　　　　　D. 减少收缩开裂

10. 选择混凝土集料时,应使其(　　)。
    A. 总表面积大,空隙率大　　　　　B. 总表面积大,空隙率小
    C. 总表面积小,空隙率大　　　　　D. 总表面积小,空隙率小

11. 耐酸性好的材料是(　　)。
    A. 硅酸盐水泥　　　B. 建筑石膏　　　C. 石灰　　　　　D. 水玻璃

12. 钢材中可以明显增加热脆性的化学元素是(　　)。
    A. 碳　　　　　　B. 硫　　　　　　C. 磷　　　　　　D. 锰

13. 引起水泥体积安定性不良的原因是过多的(　　)。

    A. 游离 CaO　　　　B. 游离 MgO　　　　C. 石膏　　　　D. A＋B＋C

14. 在混凝土中适量掺入符合国家标准的粉煤灰取代水泥,可有效改善混凝土的抗裂性能,你认为尚缺少什么重要条件?(　　)

    A. 必须提高浆骨比　　　　　　　　B. 必须提高砂率

    C. 同时掺入一定的硅粉　　　　　　D. 适当降低混凝土水胶比

15. 钢材冷拉强化处理后,其性质的改变是(　　)。

    A. 抗拉强度提高,塑性降低　　　　B. 屈服强度降低,塑性提高

    C. 屈服强度提高,塑性提高　　　　D. 屈服强度提高,塑性降低

16. 施工配合比和试验配合比相比,水胶比(　　)。

    A. 变大　　　　B. 变小　　　　C. 不变　　　　D. 无法确定

17. 某工程用普通水泥配制的混凝土产生裂纹,试分析原因中哪项不正确(　　)。

    A. 混凝土因水化后体积膨胀而开裂

    B. 因干缩变形而开裂

    C. 因水化热导致内外温差过大而开裂

    D. 水泥体积安定性不良

18. 测定混凝土抗压强度用的标准试件尺寸是(　　)。

    A. 100 mm×100 mm×100 mm　　　B. 150 mm×150 mm×150 mm

    C. 70.7 mm×70.7 mm×70.7 mm　　D. 50 mm×50 mm×50 mm

19. 下述材料在凝结硬化时体积发生微膨胀的是(　　)。

    A. 石灰　　　　B. 石膏　　　　C. 普通水泥　　　　D. 水玻璃

20. 骨料在现代预拌混凝土中的主要作用是(　　)。

    A. 传递应力起强度作用　　　　　　B. 惰性填料降低成本

    C. 抑制收缩防止开裂　　　　　　　D. 控制混凝土水化温升

二、填空题(每空 1 分,共 20 分)

1. 普通混凝土的和易性包括_____、_____、_____三方面的含义。

2. 石膏在硅酸盐水泥中起到_____的作用,在矿渣水泥中起到_____和_____作用。

3. 当材料的孔隙率增大时,材料的表观密度_____,密度_____。

4. 混凝土中的水泥浆在硬化前起_____作用,硬化后起_____作用。

5. 过火石灰容易引起_____,在使用之前应进行_____。

6. 混凝土碳化的危害主要是使混凝土_____降低,从而会导致混凝土_____。

7. 在受振动冲击荷载作用下的重要结构选用钢材时要注意选用_____较大,时效敏感性_____的钢材。

8. 普通混凝土的组成材料除水泥、水、砂、石,另外还常掺入适量的_____和_____。

9. 低碳钢从受拉到拉断经历了四个阶段,弹性阶段,_____,_____和颈缩阶段。

三、判断题（每题 1 分,共 10 分,正确打√,错误打×）

1. 材料的抗冻性与材料的孔隙特征有关,而与材料的吸水饱和程度无关。（　　　）

2. 在混凝土内部结构中,当混凝土没有受到外力作用时内部结构就产生了裂纹。（　　　）

3. 当采用合理砂率时,混凝土获得所要求的流动性,良好的黏聚性与保水性时水泥用量最小。（　　　）

4. 混凝土强度随水胶比的增大而降低,呈曲线关系。（　　　）

5. 因为用水量是决定混凝土流动性的主要因素,所以要测定水泥的标准稠度用水量。（　　　）

6. 混凝土中掺入引气剂时,使混凝土的密实度降低,因而使混凝土的抗冻性降低。（　　　）

7. 掺加一定比例的粉煤灰,由于水泥用量减少了,故混凝土强度也降低了。（　　　）

8. 高强混凝土才是高性能混凝土。（　　　）

9. 伸长率大的钢材,冷弯性能必然好。（　　　）

10. 脆性临界温度越低,钢材的低温冲击性能越好。（　　　）

四、简答题（每小题 5 分,共 25 分）

1. 影响材料强度测试结果的试验条件有哪些?

2. "预拌混凝土流动性大,和易性就好",这个观点对吗? 如果不对,请说明理由。

3. 为什么生产硅酸盐水泥掺适量石膏对水泥不起破坏作用? 而硬化水泥石在有硫酸盐的环境介质中生成石膏时就有破坏作用?

4. 某混凝土搅拌站原使用砂的细度模数为 2.5,后改用细度模数为 2.1 的砂。改砂后原混凝土配合比不变,发现混凝土坍落度明显变小。请分析原因。

5. 简述含碳量对钢材性能的影响。

五、计算题（共 25 分）

1. 某石子试样的绝干质量为 300 g。将其放入水中,其吸水饱和排开水的体积为 110 cm³。取出该石子试样并擦干表面后,再次将其投入水中,此时排开水的体积为 150 cm³。求该石子的体积密度、体积吸水率、质量吸水率、开口孔隙率。

2. 取 500 g 干砂,经筛分后,其结果见下表。试计算该砂细度模数,并确定级配区间,并判断该砂是否属于中砂。

筛孔尺寸/mm	4.75	2.36	1.18	0.6	0.3	0.15	<0.15
筛余量/g	10	81	70	99	122	110	8

3. 某混凝土的设计强度等级为 C35,坍落度要求为 220 mm,所用原材料如下:强度等级为 42.5 的普通水泥,强度富裕系数为 1.05,密度 $\rho_c = 3.0$ g/cm³;中砂,表观密度 $\rho_{0s} = 2\,600$ kg/m³;碎石,表观密度 $\rho_{0g} = 2\,700$ kg/m³。已知标准差为 4 MPa,强度保证率为 95%,单位用水量为 160 kg,砂率为 42%,Ⅱ级粉煤灰掺量 30%,密度为 2.6 g/cm³,影响系数为 0.80,$\alpha_a = 0.53$,$\alpha_b = 0.20$。已知砂含水率 4%,碎石含水率 1%,计算混凝土的施工配合比。

参考答案

一、单项选择题(共 20 题,每题 1 分,共 20 分)

1~5. CABBC　　　　　　　　　　6~10. BBADD

11~15. DBDDD　　　　　　　　　　16~20. CABBC

二、填空题(每空 1 分,共 20 分)

1. 和易性,流动性,保水性

2. 缓凝,激发,缓凝

3. 减小,不变

4. 润滑,胶结

5. 隆起而开裂,陈伏

6. 碱度,钢筋锈蚀

7. 冲击韧性,小

8. 掺合料,外加剂

9. 屈服阶段,强化阶段

三、判断题(每题 1 分,共 10 分,正确打√,错误打×)

1~5. ×√√√×　　　　　　　　　6~10. ××××√

四、简答题(每小题 5 分,共 25 分)

1. 影响材料强度测试结果的试验条件有哪些?

(1) 加载速度,一般加载速度越大,所测的强度越高。

(2) 材料尺寸,一般尺寸越大,所测的强度越低。

(3) 温度和湿度,温度和湿度越大,所测的强度越低。

(4) 表面粗糙程度,表面抹上润滑油或者粗糙不平,会使所测的强度偏低。

2. "预拌混凝土流动性大,和易性就好",这个观点对吗? 如果不对,请说明理由。

答:这个观点不对,和易性包含流动性、黏聚性和保水性三方面的内容,流动性好并不意味着黏聚性和保水性好,流动性太大容易引起离析和泌水。

3. 为什么生产硅酸盐水泥掺适量石膏对水泥不起破坏作用? 而硬化水泥石在有硫酸盐的环境介质中生成石膏时就有破坏作用?

答:水泥水化初期,石膏与水化铝酸钙反应,生成物覆盖在未水化的水泥颗粒上,延缓了水泥的水化,且此时混凝土处于塑性状态,而硬化后形成钙矾石,体积膨胀,会使混凝土胀裂。

4. 某混凝土搅拌站原使用砂的细度模数为 2.5,后改用细度模数为 2.1 的砂。改砂后原混凝土配合比不变,发现混凝土坍落度明显变小。请分析原因。

答:细度模数变小,砂变细,砂的总表面积增大,当水泥浆量不变时,包裹砂表面的水泥浆变薄,流动性变差,即坍落度变小。

5. 简述含碳量对钢材性能的影响。

答:随着含碳量的增加,钢的抗拉强度和硬度提高,而塑性及韧性降低,另外,含碳量高还将使钢的冷弯、焊接及抗腐蚀等性能降低,并增加钢材的冷脆性和时效敏感性。

五、计算题(共 25 分)

1. 解：体积密度 $=\dfrac{300}{150}$ g/cm^3 $=2$ g/cm^3　　(2 分)

体积吸水率 $=\dfrac{150-110}{150}\times100\%=26.7\%$　　(2 分)

质量吸水率 $=\dfrac{150-110}{300}\times100\%=13.3\%$　　(2 分)

开口孔隙率 $=\dfrac{150-110}{150}\times100\%=26.7\%$　　(2 分)

2. 解：分计筛余为 $a_1=10/500=2\%$，$a_2=16\%$，$a_3=14\%$，$a_4=20\%$，$a_5=24\%$，$a_6=22\%$。

累计筛余为 $\beta_1=2\%$，$\beta_2=18\%$，$\beta_3=32\%$，$\beta_4=52\%$，$\beta_5=76\%$，$\beta_6=98\%$。

细度模数 $=(\beta_2+\beta_3+\beta_4+\beta_5+\beta_6-5\beta_1)/(100-\beta_1)=2.71$　　(4 分)

属于中砂　　(1 分)

根据 β_1，β_2，β_3，β_4，β_5，β_6 的值可知，属于 2 区。(1 分)

3. 解：(1) 配制强度 $f_{cu,0}=(35+1.645\times4)$ MPa $=41.58$ MPa　　(1 分)

(2) 水胶比 $=(\alpha_a\times f_b)/(f_{cu,0}+\alpha_a\times\alpha_b\times f_b)$

$f_b=(1.05\times42.5\times0.8)$ MPa $=35.7$ MPa

水胶比 $W/B=0.417$　　(2 分)

(3) 胶凝材料总用量 $=(160/0.417)$ kg $=384$ kg

水泥用量 $m_c=384$ kg$\times70\%=269$ kg

粉煤灰用量 $=(384-269)$ kg $=115$ kg　　(2 分)

(4) 列公式计算砂石质量：

$269/3\,000+115/2\,600+160/1\,000+m_s/2\,600+m_g/2\,700+0.01=1$

$m_s/(m_s+m_g)=0.42$

解方程得：$m_s=777$ kg

$m_g=1\,073$ kg　　　　(4 分)

施工配合比：

水泥 $m_c'=269$ kg

粉煤灰 $m_f'=115$ kg

砂 $m_s'=777$ kg$\times(1+4\%)=808$ kg

石 $m_g'=1073$ kg$\times(1+1\%)=1\,084$ kg

用水量 $m_w'=(160-777\times4\%-1\,073\times1\%)$ kg $=118$ kg　　(2 分)

习　题　集

习题一　建筑材料的基本性质

一、填空题

1. 土木工程建筑的基本性质包括_____、_____及_____。

2. 材料的结构分为_____、_____和_____,是决定材料性质的重要因素之一。

3. 材料的抗冻性以材料在吸水饱和状态下所能抵抗的_____来表示。

4. 孔隙率越大,材料的导热系数越_____,其材料的绝热性能越_____。

5. 同一材料,加荷速度越快,测得的强度值_____。

6. 材料的孔隙率增加时,材料的密度_____。

7. 选择保温材料应选用_____小的材料。

8. 处于水中的重要结构的材料,其软化系数宜_____。

9. 孔隙率小且连通孔较少的材料,吸水性_____、强度_____、抗渗性_____、抗冻性_____、表观密度_____、导热性_____。

10. 堆积密度是指松散状的材料_____。主要用来计算_____和_____。

11. 某材料孔隙率为29.1%,其密实度为_____%。

12. 当材料的孔隙率一定时,孔隙尺寸越小,材料的强度越_____,保温性能越_____,耐久性越_____。

13. 选用墙体材料时,应选择导热系数较_____,热容量较_____的材料,才能使室内尽可能冬暖夏凉。

14. 软化系数 K 大于_____的材料认为是耐水的。

15. 评价材料是否轻质高强的指标为_____,它等于_____,其值越大,表明材料_____。

16. 普通黏土砖多为开口孔,若增大其孔隙率,则会使砖的体积密度_____,吸水率_____,抗冻性_____,耐水性_____,强度_____。

17. 无机非金属材料一般均属于脆性材料,最适宜承受_____。

18. $\rho = \dfrac{m}{V}$,$\rho_0 = \dfrac{m}{V_0}$,$\rho'_0 = \dfrac{m}{V'_0}$,式中 V 表示_____,V_0 表示_____,V'_0 表示_____。

19. 材料的耐水性用_____表示,其值越大则材料的耐水性越_____。

20. 质量为 100 kg,含水率为 4% 的中砂,其干燥后干砂的质量为_____ kg。

21. 一般来说,材料含水时比其干燥时的强度_____。

22. 材料的吸水性主要取决于_____及_____。_____较大,且具有_____而又_____孔隙的材料其吸水率往往较大。

23. 材料的弹性模量反映了材料的_____能力。

24. 墙体受潮后,保温隔热性会明显下降,这是由于材料受潮后导热系数_____的缘故。

25. 材料强度的确定视材料的种类不同而不同，对于脆性材料常以_____作为该材料的强度；对于韧性材料而言则以_____作为该材料的强度。

26. 材料在使用环境中，除受荷载作用外，还受到_____、_____和_____等周围自然因素的作用而影响其耐久性。

27. 材料在进行强度试验时，大试件较小试件的试验结果值_____；加荷速度快者较加荷速度慢者的试验结果值_____。

二、单项选择题

1. 从组成上看，(　　)导热系数最大，(　　)导热系数最小。
   A. 金属材料　　　　B. 无机非金属材料　　　　C. 有机材料

2. 保温效果好的材料，其(　　)。
   A. 热传导性要小，热容量要小　　　　B. 热传导性要大，热容量要小
   C. 热传导性要小，热容量要大　　　　D. 热传导性在大，热容量要大

3. 含水率为 10% 的湿砂 220 g，其中水的质量为(　　)。
   A. 19.8 g　　　　B. 22 g　　　　C. 20 g　　　　D. 20.2 g

4. 憎水性材料的润湿角为(　　)。
   A. $0° \leqslant \theta \leqslant 90°$　　　　B. $90° < \theta < 180°$
   C. $45° \leqslant \theta \leqslant 180°$　　　　D. $0° \leqslant \theta \leqslant 60°$

5. 下列材料中，属于韧性材料的是(　　)。
   A. 黏土砖　　　　B. 石材　　　　C. 木材　　　　D. 陶瓷

6. 材料的孔隙率增大时，其性质保持不变的是(　　)。
   A. 密度　　　　B. 表观密度　　　　C. 堆积密度　　　　D. 强度

7. 下列材料属于无机材料的是(　　)。
   A. 建筑石油沥青　　　　B. 建筑塑料　　　　C. 烧结黏土砖　　　　D. 木材胶合板

8. 材料的耐水性一般可用(　　)来表示。
   A. 渗透系数　　　　B. 抗冻性　　　　C. 软化系数　　　　D. 含水率

9. 材料的比强度是指(　　)。
   A. 两材料的强度比　　　　B. 材料强度与表观密度之比
   C. 材料强度与质量之比　　　　D. 材料强度与其体积之比

10. 承受冲击荷载的结构选用(　　)。
    A. 塑性材料　　　　B. 韧性材料　　　　C. 弹性材料　　　　D. 弹塑性材料

11. 能对冻融破坏起到缓冲作用的是(　　)。
    A. 开口孔隙　　　　B. 闭口孔隙　　　　C. 毛细孔隙　　　　D. 粗大孔隙

12. 加气混凝土的密度为 2.55 g/cm³，气干表观密度为 500 kg/m³ 时，其孔隙率应是(　　)。
    A. 19.6%　　　　B. 94.9%　　　　C. 5.1%　　　　D. 80.4%

13. 材料随着其开孔量的增加而增大的性能是(　　)。
    A. 强度　　　　B. 吸水率　　　　C. 抗湿性　　　　D. 密实度

14. 材料抵抗外力的能力分别称为抗拉、抗压、抗弯、抗剪强度。公式 $f=F/A$ 用于计算(　　)。

　　A. 抗弯、抗剪强度　　　　　　　　　B. 抗拉、抗压强度

　　C. 抗弯强度　　　　　　　　　　　　D. 抗拉、抗压、抗剪强度

15. 在组成结构一定的情况下,要使材料的导热系数尽量小应采用(　　)。

　　A. 使含水率尽量低　　　　　　　　　B. 使孔隙率大,特别是闭口小孔尽量多

　　C. 含水率尽量低,大孔尽量多　　　　D. A 和 B

16. 对于某材料来说无论环境怎样变化,其(　　)都是一个定值。

　　A. ρ_0　　　　　　B. ρ　　　　　　C. λ　　　　　　D. 平衡含水率

17. 某材料饱水抗压强度为 40.0 MPa,干燥时抗压强度为 42.0 MPa,则材料的软化系数和耐水性(　　)。

　　A. 0.95、耐水　　　B. 0.90、耐水　　　C. 0.952、耐水　　　D. 0.90、不耐水

18. 相同组成的材料,导热系数存在如下关系(　　)。

　　A. 结晶结构＞微晶结构＞玻璃体结构

　　B. 结晶结构＞玻璃体结构＞微晶结构

　　C. 玻璃体结构＞结晶结构＞微晶结构

　　D. 微晶结构＞结晶结构＞玻璃体结

三、判断题

1. 材料的抗冻性与材料的孔隙特征有关,而与材料的吸水饱和程度无关。(　　)

2. 材料的软化系数越大,材料的耐水性越好。(　　)

3. 当材料的孔隙率增大时,其密度会变小。(　　)

4. 某些材料虽然在受力初期表现为弹性,达到一定程度后表现出塑性特征,这类材料称为塑性材料。(　　)

5. 在空气中吸收水分的性质称为材料的吸水性。(　　)

6. 材料的孔隙率越大,吸水率越高。(　　)

7. 材料的组成是决定材料性质的决定性因素。(　　)

8. 具有粗大或封闭孔隙的材料,其吸水率较小,而具有细小或连通孔隙的材料其吸水率较大。(　　)

9. 对于任何一种材料,其密度都大于体积密度。(　　)

10. 保温材料层厚度增加,墙体导热系数降低,墙体保温效果提高。(　　)

11. 软化系数越大的材料,长期受水作用后,其强度降低越多。(　　)

12. 将某种含孔材料分别置于不同湿度的环境中,所测得的密度值中以干燥状态下的密度值为最小。(　　)

13. 对孔隙率相同的同种材料来说,孔隙细微或封闭的材料保温性能好,而孔隙粗大且开口的材料保温性能差些。(　　)

14. 混凝土中掺入引气剂时,使混凝土的密实度降低,因而使混凝土的抗冻性降低。(　　)

15. 材料的孔隙率越大,其抗冻性能就越差。(　　)

16. 材料受潮后,其保温隔热性能降低。(　　)

17. 材料的比强度值越小，说明该材料越是轻质高强。（　　　）

18. 材料孔隙水饱和系数越小，则材料的抗冻性越差。（　　　）

19. 在建筑材料中，常以在常温常压，水能否进入孔中来区分开口孔与闭口孔。（　　　）

四、简答题

1. 影响材料强度测试结果的因素有哪些？是如何影响的？

2. 材料含水后，对其性质有何影响？

五、计算题

1. 已知普通黏土砖的密度为 $2.5\,g/cm^3$，表观密度为 $1\,800\,kg/m^3$，计算该砖的孔隙率。

2. 已知卵石的表观密度为 $2.6\,g/cm^3$，把它装入一个 $2\,m^3$ 的车厢内，装车时质量为 $3\,500\,kg$，求该卵石的空隙率。若用堆积密度为 $1\,500\,kg/m^3$ 的砂子，填充上述车内卵石的全部空隙，共需砂子多少千克？

3. 某石材在气干、绝干、水饱和情况下测得的抗压强度分别为 $174\,MPa$、$178\,MPa$、$165\,MPa$，求该石材的软化系数，并判断石材可否用于水下工程（水下工程要求软化系数最小为 0.85）。

4. 某种岩石的密度为 $2.75\,g/cm^3$，孔隙率为 1.5%，将该岩石破碎为碎石，测得堆积密度为 $1\,560\,kg/m^3$。求该岩石的表观密度、碎石的空隙率。

5. 已知某种砖尺寸为 $240\,mm \times 115\,mm \times 53\,mm$，孔隙率为 12%，干燥质量为 $2\,487\,kg$，浸水饱和后的质量为 $2\,984\,kg$。求该砖的密度、表观密度、吸水率。

6. 某石子试样的绝干质量为 $260\,g$。将其放入水中，吸水饱和排开水的体积为 $100\,cm^3$。取出该石子试样并擦干表面后，再次将其投入水中，此时排开水的体积为 $130\,cm^3$。求该石子的干表观密度、体积吸水率、质量吸水率、开口孔隙率。

7. 将卵石洗净并吸水饱和后，用布擦干表面称 $1\,005\,g$，将其装入盛满水质量为 $1\,840\,g$ 的广口瓶内，称其总质量为 $2\,475\,g$，经烘干后称其质量为 $1\,000\,g$，试问上述条件可求得卵石的哪些密度值？各是多少？

8. 某材料密度为 $2.60\,g/cm^3$，干燥体积密度为 $1\,600\,kg/m^3$，现将一质量为 $954\,g$ 的该材料浸入水中，吸水饱和后取出称其质量为 $1\,086\,g$。试求该材料的孔隙率、质量吸水率、开口孔隙率和闭口孔隙率。

9. 某混凝土试件尺寸为 $100\,mm \times 100\,mm \times 100\,mm$，称得质量为 $2\,424\,g$，将其浸水饱和后，称得质量为 $2\,448\,g$，再将其烘干，称得质量为 $2\,400\,g$。求此混凝土的干表观密度、自然状态含水率、质量吸水率、体积吸水率。

习题二　无机胶凝材料

一、填空题

1. 过火石灰引起的主要危害有 _____。

2. 石灰的特性有：可塑性 _____、硬化 _____、硬化时体积 _____ 及耐水性 _____等。

3. 建筑石膏具有以下特性：凝结硬化 _____、孔隙率 _____、表观密度 _____、强度 _____、凝结硬化时体积 _____、防水性能 _____等。

4. 水泥在潮湿条件下存放时,其强度 _____。

5. 建筑石膏在水化后的产物是 _____。

6. 国家规定,硅酸盐水泥强度测定时所成型的标准试件尺寸为 _____。

7. 水泥石是由凝胶体、_____、_____ 和毛细孔组成的。

8. 石膏制品的绝热和吸声性能 _____。

9. 水玻璃在使用过程中,常加入氟硅酸钠,其作用是 _____。

10. 我国常用的六种水泥是 _____、_____、_____、_____、_____、_____。

11. 硅酸盐水泥中, _____ 矿物含量高时,水泥水化及硬化快,且早期强度高,而 _____ 矿物含量高时,则水化热小,且后期强度高。

12. 硅酸盐水泥安定性不良的原因是因为 _____、_____ 和 _____。

13. 水泥越细,其强度越 _____,水化热越 _____,和易性越 _____,需水量越 _____。

14. 为保证石灰完全熟化,石灰膏必须在水化灰池中保存两星期以上,这个过程称为 _____。

15. 石膏板不能用作外墙板的主要原因是由于它的 _____ 性差。

16. 建筑石膏具有凝结硬化快、硬化初期具有体积 _____ 的特性,故其适用于制作模型、塑像等。

17. 石灰不可以单独应用是因为其硬化后 _____ 大,而石膏可以单独应用是因为其硬化过程中具有 _____ 的特性。

18. 在石灰应用中,常将石灰与纸筋、麻刀、砂石等混合应用,其混合的目的是 _____,否则会产生 _____。

19. 按消防要求我们尽可能用石膏板代替木制板材,是因为石膏板具有 _____ 好的特性。

20. 通用水泥中,硅酸盐水泥的代号为 _____,普通水泥的代号为 _____,矿渣水泥的代号为 _____,火山灰水泥的代号为 _____,粉煤灰水泥的代号为 _____。

21. 硅酸盐水泥熟料的矿物组成为 _____、_____、_____、_____,简写为 _____、_____、_____、_____。

22. 改变硅酸盐水泥的矿物组成可制得具有不同特性的水泥,提高 _____ 含量,可制得高强度水泥;提高 _____ 和 _____ 含量,可制得快硬水泥;降低 _____ 和 _____ 的含量,提高 _____ 的含量,可制得中、低热水泥;提高 _____ 含量,降低 _____ 含量可制得道路水泥;降低 _____ 含量可制得白水泥。

23. 石膏在硅酸盐水泥中起到_____的作用。

24. 常用的活性混合材料为_____、_____、_____，活性混合材料的主要化学成分是_____和_____，这些活性成分与能引起水泥腐蚀的水化产物_____反应，生成_____和_____而参与水泥凝结硬化。

25. 水泥矿物组成与水化反应后，生成的主要水化产物有_____凝胶、_____凝胶、_____晶体、_____晶体、_____晶体，其中_____约占70%，_____约占20%。

26. 活性混合材料的激发剂分为_____和_____两类。

27. 掺混合材料的硅酸盐水泥的水化首先是_____的水化，然后水化生成的_____与_____发生反应。故掺混合材料的硅酸盐水泥的水化共进行了二次反应。

28. 引起水泥石腐蚀的内因主要是由于水化产物中含有_____、_____及水泥石的_____所造成的。

29. 防止水泥石腐蚀的主要措施有_____、_____、_____三种方法。

30. 水泥强度等级划分的依据是规定龄期时水泥的_____强度和_____强度。又根据3 d强度分为_____型和_____型两种。

31. 水泥的水化热高，有利于_____施工，而不利于_____工程。

32. 掺混合材料的硅酸盐水泥与硅酸盐水泥相比，其具有早期强度_____，后期强度_____，水化热_____，耐蚀性_____，其蒸汽养护效果_____，抗冻性_____，抗碳化能力_____的特性。其中矿渣水泥具有_____好，火山灰水泥具有_____好，粉煤灰水泥具有_____小的特性。

33. 高铝水泥具有早期强度_____，水化热_____，耐蚀性_____，耐热性_____的特性，高铝水泥由于晶型转化，不能用于长期_____的结构，同时高铝水泥不能与硅酸盐水泥混合使用，否则会出现_____，无法施工，同时高铝水泥不适宜用于_____养护，也不宜用于_____条件下施工，更不宜用于_____混凝土工程。

二、单项选择题

1. 水泥浆在混凝土材料中，硬化前和硬化后是起（　　）作用。
   A. 胶结　　　　　　　　　　　　　B. 润滑和胶结
   C. 填充　　　　　　　　　　　　　D. 润滑和填充

2. 浆体在凝结硬化过程中，其体积发生微小膨胀的是（　　）材料。
   A. 石灰　　　　　　　　　　　　　B. 石膏
   C. 普通水泥　　　　　　　　　　　D. 黏土

3. 石灰是在（　　）中硬化的。
   A. 干燥空气　　　　　　　　　　　B. 水蒸气
   C. 水　　　　　　　　　　　　　　D. 与空气隔绝的环境

4. 水泥安定性指水泥在凝结硬化过程中（　　）的性质。
   A. 体积变小　　　　　　　　　　　B. 不变化
   C. 体积变大　　　　　　　　　　　D. 体积均匀变化

5. 硅酸盐水泥熟料中，早期强度最高的矿物成分是（　　）。
   A. C_3S　　　　　B. C_2S　　　　　C. C_3A　　　　　D. C_4AF

6. 国家标准规定,普通硅酸盐水泥在标准中的筛余量不得超过(   )。
    A. 8%   B. 10%   C. 12%   D. 15%

7. 石灰膏在储灰坑中陈伏的主要目的是(   )。
    A. 充分熟化   B. 增加产浆量
    C. 减少收缩   D. 降低发热量

8. 下列水泥中,干缩性最大的是(   )。
    A. 普通水泥   B. 矿渣水泥
    C. 火山灰水泥   D. 粉煤灰水泥

9. 生产硅酸盐水泥时,为了控制凝结时间,需加入适量的(   )。
    A. 石膏   B. 石灰   C. 粉煤灰   D. 木钙

10. 引起硅酸盐水泥体积安定性不良的原因之一是水泥熟料中(   )含量过多。
    A. 氧化钙   B. 游离氧化钙
    C. 氧化钠   D. 氧化镁

11. 硅酸盐水泥水化时,放热量大且速度最快的矿物是(   )。
    A. C_3S B. C_2S C. C_3A D. C_4AF

12. 低温下强度发展最快的水泥是(   )。
    A. 矿渣硅盐水泥   B. 普通硅酸盐水泥
    C. 硅酸盐水泥   D. 火山灰质硅酸盐水泥

13. 硅酸盐水泥的特性之一是(   )。
    A. 强度高,但发展慢   B. 耐腐蚀性强
    C. 耐热性强   D. 抗冻性好

14. 拌制水泥胶砂强度时,水泥和标准砂的比按(   )。
    A. 1:2   B. 1:2.5   C. 1:3   D. 1:4

15. 建筑石膏的分子式是(   )。

    A. $CaSO_4 \cdot 2H_2O$ B. $CaSO_4 \cdot \frac{1}{2}H_2O$

    C. $CaSO_4$ D. CaO

16. 石灰不适合的情况是(   )。
    A. 水中   B. 三合土   C. 混合砂浆   D. 碳化石灰板

17. 欲提高硅酸盐水泥的早期强度,应提高含量的矿物是(   )。
    A. 硅酸三钙   B. 硅酸二钙
    C. 铝酸三钙   D. 铁铝酸四钙

18. 相同强度等级时,三天强度最高的水泥是(   )。
    A. 矿渣水泥   B. 粉煤灰水泥
    C. 火山灰水泥   D. 硅酸盐水泥

19. 下面的混合材料中,属于非活性混合材料的是(   )。
    A. 水淬矿渣   B. 石灰石粉
    C. 粉煤灰   D. 煤渣

20. 耐酸性好的材料是（　　　）。

　　A. 硅酸盐水泥　　　　　　　　　　　B. 建筑石膏

　　C. 石灰　　　　　　　　　　　　　　D. 水玻璃

三、判断题

1. 硅酸盐水泥细度越大，其标准稠度用水量越大。（　　　）

2. 水泥为水硬性胶凝材料，在运输及存放时不怕受潮。（　　　）

3. 石膏具有良好的抗火性，故可用于高温环境。（　　　）

4. 建筑石膏的吸湿很强，故可用于潮湿环境。（　　　）

5. 对早期强度要求高的工程一般使用矿渣水泥、火山灰水泥和粉煤灰水泥。（　　　）

6. 硅酸盐水泥适用于大体积混凝土施工。（　　　）

7. 在测定通用水泥强度时，其拌制的胶砂的水灰比是个定值。（　　　）

8. 硅酸盐水泥抗冻性好，因此特别适用于冬季施工。（　　　）

9. 硅酸盐水泥不能与石灰混用，因多余的 CaO 会使水泥体积安定性不良。（　　　）

10. 因为用水量是决定混凝土流动性的主要因素，所以要测定水泥的标准稠度用水量。（　　　）

11. 水泥强度等级的确定主要是依据水泥试件 28 d 的抗压强度及抗折强度来测定的。（　　　）

12. 粉煤灰水泥与硅酸盐水泥相比，因为掺入了大量的混合材料，故其强度降低了。（　　　）

13. 由于火山灰水泥的耐热性差，故不宜用于蒸汽养护。（　　　）

14. 硅酸盐水泥细度越细越好。（　　　）

15. 水泥强度的确定是以 28 d 为最后龄期强度，但 28 d 后其强度是继续增长的。（　　　）

16. 水泥水化放热，使混凝土内部温度升高，这样更有利于水泥水化，所以工程中不必考虑水化热造成的影响。（　　　）

17. 高铝水泥耐热性好，故其在高温季节使用较好。（　　　）

四、简答题

1. 如何评价水化热的利弊？

2. 使用石灰膏时，为何要陈伏后才能使用？

3. 建筑石膏及制品为何多用于室内装饰？

4. 硅酸盐水泥有哪些主要矿物成分？这些矿物成分单独与水作用时，有何特性？

5. 硅酸盐水泥的侵蚀有哪些类型？内因是什么？改善措施有哪些？

6. 在维修古建筑时，发现古建筑中石灰砂浆坚硬，强度较高。有人认为是古代生产的石灰质量优于现代石灰。此观点是否正确？为什么？

7. 影响水泥凝结硬化的内、外因素有哪些？

8. 试从强度发展、水化热、耐热性以及适宜蒸汽养护条件四个方面比较硅酸盐水泥与矿渣硅酸盐水泥的差异。

9. 某宿舍楼的内墙使用石灰砂浆抹面，数月后墙面上出现了许多不规则的网状裂纹，同时在个别部位还发现了部分凸出的放射状裂纹，试分析上述现象产生的原因。

10. 建筑石膏具有哪些特性？

11. 从建筑石膏凝结硬化形成的结构说明石膏为什么强度较低,耐水性和抗冻性差,而绝热和吸声性能较好?

12. 现有四种白色粉末,已知其为建筑石膏、生石灰粉、白色石灰石粉和白色硅酸盐水泥,请加以鉴别(化学分析法除外)。

13. 与硅酸盐水泥相比,矿渣水泥具有哪些特性?

习题三　混凝土与砂浆

一、填空题

1. 含活性氧化硅的骨料使用时应控制_____。

2. 在水泥及用水量相同的条件下,采用细度模数小的砂拌制的混凝土拌合物的流动性_____。

3. 引气剂可显著改善混凝土拌合物的_____。

4. 混凝土拌合物的和易性是一项综合性能,它包括流动性、黏聚性和_____性。

5. 国家标准规定,普通混凝土的强度测定时,成型的标准试件尺寸为_____。

6. 高强混凝土和预应力混凝土应选用_____水泥。

7. 混凝土在持续荷载作用下,随着时间增长的变形称为_____。

8. 砂的粗细程度用_____表示。

9. 体积密度小于 1 950 kg/m³ 的混凝土属于_____混凝土。

10. 混凝土拌合物工作性的测定方法有_____法和_____法。

11. 用碎石配制的混凝土与同条件下用卵石配制的混凝土相比,流动性_____、强度_____。

12. 骨料中黏土含量大,将使硬化后的混凝土_____降低、_____增大。

13. 砂率是指砂与_____之比。

14. 在混凝土中,水泥浆在硬化前起到_____和_____作用,而在硬化后起到_____作用,砂石在混凝土中主要起_____作用,并不发生_____反应。

15. 砂中含泥量大将严重降低混凝土的_____和_____,增大混凝土的_____。

16. 拌制混凝土选用细骨料时应是级配好、颗粒大,这样使骨料的_____和_____均较小,不仅节约_____用量,还有利于硬化后混凝土的性能。

17. 粗骨料最大粒径是指_____的上限,如 5～31.5 mm 粒级的骨料其最大的粒径为_____。

18. 砂的粗细程度和颗粒级配是用_____法确定的。砂的粗细程度用_____表示,而颗粒级配是用_____或_____来判定的。

19. 粗骨料的强度,可用岩石的_____和_____两种方式表示。

20. 配制混凝土时如砂率过大,则骨料的_____和_____都会增大,会影响混凝土拌合物的_____性,若砂率过小,将严重影响混凝土拌合物的_____,并影响_____性和_____性,因此要选择_____砂率。

21. 合理砂率是指在水和水泥用量一定的情况下,能获得最大_____,并且能保证_____和_____的砂率,或者是在保证混凝土拌合物所要求的_____及良好的_____和_____时,水泥用量最少所得到的砂率。

22. 影响混凝土强度的主要因素有_____、_____、_____,根据此所建立的混凝土强度公式为_____。

23. 混凝土强度的产生与发展是通过水泥水化来实现的,而周围环境的_____和_____对水泥水化产生决定性影响,为了保证水泥水化,采用的养护方法有_____、_____、_____。

24. 结构用混凝土的耐久性包括_____、_____、_____、_____、_____。

25. 普通混凝土采用蒸汽养护能提高_____,但会降低_____。

26. 在混凝土中加入减水剂,在保持混凝土配合比不变的条件下,可明显提高混凝土拌合物的_____,而且_____不变。在保持流动性和水泥用量不变的条件下,可提高混凝土的_____。在保持流动性和强度不变的情况下可减少_____。

27. 设计混凝土配合比时,水灰比的大小应由_____和_____决定,而用水量的多少主要根据拌合物所要求的_____和_____来确定,为了保证混凝土的耐久性,在配合比设计中要控制_____和_____。

28. 混凝土配制强度大小取决于_____和_____两个因素,_____越差,配制强度越大,_____越大,配制强度也越大。

29. 混凝土碳化的危害主要是使混凝土_____降低,从而会导致混凝土_____。

30. 石子的长度大于平均粒径_____倍,称为针状骨料;石子的厚度小于平均粒径_____倍,称为片状骨料。

31. 分层度越大,表示新拌砂浆的保水性_____。

32. 新拌砂浆的流动性用_____表示。

33. 石灰膏在砌筑砂浆中的主要作用是使砂浆具有良好的_____。

34. 配制砌筑砂浆时,加入微沫剂可改善其_____。

35. 砂浆的和易性包括_____和_____两方面的内容。

36. 在低强度等级的砂浆中,使用石灰的主要目的和作用是_____。

二、单项选择题

1. 选择混凝土骨料时,应使其(　　　)。
   A. 总表面积大,空隙率大　　　　　　B. 总表面积大,空隙率小
   C. 总表面积小,空隙率大　　　　　　D. 总表面积小,空隙率小

2. 普通混凝土最常见的破坏形式是(　　　)。
   A. 水泥石最先破坏　　　　　　　　　B. 骨料与水泥石的黏结面最先破坏
   C. 骨料最先破坏

3. 同配比的混凝土用不同尺寸的试件,测得强度结果是(　　　)。
   A. 大试件强度大,小试件强度小
   B. 大试件强度小,小试件强度大
   C. 强度相同
   D. 试件尺寸与所测强度之间没有必然联系

4. 混凝土配合比设计中,W/C 的值是根据混凝土的(　　　)要求来确定的。
   A. 强度及耐久性　　　　　　　　　　B. 强度
   C. 和易性及强度　　　　　　　　　　D. 耐久性

5. 在原材料质量不变的情况下,决定混凝土强度的主要因素是(　　　)。
   A. 水泥用量　　　　　B. 砂率　　　　　C. 单位用水量　　　　D. 水胶比

6. 防止混凝土中钢筋锈蚀的主要措施是(　　　)。
   A. 提高混凝土的密实度　　　　　　　B. 钢筋表面用碱处理
   C. 钢筋表面刷油漆　　　　　　　　　D. 混凝土中加阻锈剂

7. 若混凝土拌合物的坍落度偏小,调整时一般采用适当增加( )的措施。

    A. 水泥   B. 砂子

    C. 水泥浆(W/B 不变)   D. 水

8. 厚大体积混凝土工程宜选用( )。

    A. 高铝水泥   B. 硅酸盐水泥   C. 普通水泥   D. 矿渣水泥

9. 普通混凝土立方体强度测试,采用 100 mm×100 mm×100 mm 的试件,其强度换算系数为( )。

    A. 0.90   B. 0.95   C. 1.00   D. 1.05

10. 加气混凝土属于( )结构。

    A. 层状结构   B. 多孔结构   C. 微孔结构   D. 纤维结构

11. 采用蒸汽养护的混凝土构件宜采用( )。

    A. 快硬水泥   B. 普通水泥   C. 硅酸盐水泥   D. 矿渣水泥

12. 混凝土轴心抗压强度与立方抗压强度的关系是( )。

    A. 轴心抗压强度大于立方体抗压强度

    B. 轴心抗压强度等于立方体抗压强度

    C. 轴心抗压强度小于立方体抗压强度

    D. 轴心抗压强度与立方体抗压强度无关系

13. 测得混凝土 28 d 龄期的抗压强度分别为 22.5 MPa、25.0 MPa、29.0 MPa,其强度代表值为( )MPa。

    A. 22.5   B. 25.0   C. 25.5   D. 25.6

14. 要求快硬的混凝土,应选用的水泥品种是( )。

    A. 矿渣水泥   B. 粉煤灰水泥

    C. 硅酸盐水泥   D. 火山灰水泥

15. 大体积混凝土常用的外加剂是( )。

    A. 早强剂   B. 缓凝剂   C. 引气剂   D. 速凝剂

16. 配合比确定后,混凝土拌合物的流动性偏大,可采取的措施是( )。

    A. 直接加水泥   B. 保持砂率不变,增加砂石用量

    C. 加混合材料   D. 保持水灰比不变,增加水泥浆量

17. 混凝土拌合物的黏聚性差,改善方法可采用( )。

    A. 增大砂率   B. 减少砂率   C. 增加水灰比   D. 增加用水量

18. 骨料中针片状颗粒增加,会使混凝土的( )。

    A. 用水量减少   B. 耐久性降低

    C. 节约水泥   D. 流动性提高

19. 配制钢筋最小净距为 46 mm 和截面尺寸为 200 mm×300 mm 的混凝土构件(C30以下),应选用的石子粒级为( )。

    A. 5～16 mm   B. 5～31.5 mm

    C. 5～40 mm   D. 20～40 mm

20. 混凝土配合比设计的三个主要参数是( )。

    A. W、C、S_p B. W、W/B、S_p C. W/B、C、S_p

21. 条件允许时,尽量选用较大粒径的粗骨料,是为了( )。

    A. 节省骨料   B. 节省水泥

    C. 减少混凝土干缩   D. B 和 C

22. 影响混凝土强度主要因素是( )。

    A. 砂率   B. W/B

    C. 骨料的性能   D. 施工工艺

23. 对混凝土拌合物流动性影响最大的因素是( )。

    A. 砂率   B. 用水量

    C. 骨料级配   D. 水泥品种

24. 骨料在现代预拌混凝土中的主要作用是( )。

    A. 传递应力起强度作用   B. 惰性填料降低成本

    C. 抑制收缩防止开裂   D. 控制混凝土水化温升

25. 用于外墙抹灰的砂浆,在选择胶凝材料时,应选择( )。

    A. 水泥   B. 石灰   C. 石膏   D. 粉煤灰

26. 抹灰砂浆中掺入麻刀纤维材料,是为了( )。

    A. 提高强度   B. 提高保温性

    C. 节约水泥   D. 减少收缩开裂

27. 测定砂浆抗压强度的标准尺寸是( )。

    A. 70.7 mm×70.7 mm×70.7 mm   B. 70 mm×70 mm×70 mm

    C. 100 mm×100 mm×100 mm   D. 40 mm×40 mm×40 mm

28. 表示砌筑砂浆保水性的指标是( )。

    A. 坍落度   B. 沉入度   C. 分层度   D. 维勃稠度

三、判断题

1. 当采用合理砂率时,混凝土获得所要求的流动性,良好的黏聚性与保水性时水泥用量最大。( )

2. 混凝土抗压强度试验时,试件受压面上涂润滑剂后,混凝土抗压强度提高。( )

3. 轻骨料混凝土的抗震性能比普通混凝土好。( )

4. 混凝土的施工配合比和实验室配合比比较,水胶比无变化。( )

5. 砂的细度模数越大,砂的空隙率越小。( )

6. 混凝土中掺加引气剂后,会引起强度降低。( )

7. 混凝土强度随水灰比的增大而降低,呈直线关系。( )

8. 混凝土强度试验,试件尺寸越大,强度越高。( )

9. 变异系数越小,混凝土质量水平越高。( )

10. 级配好的骨料空隙率小,其总表面积也小。( )

11. 在水泥浆用量一定的条件下,砂率过大和过小都会使混合料的流动性差。( )

12. 试拌混凝土时,发现混凝土拌合物的保水性差,应采用增加砂率的措施来改善。( )

13. 配制混凝土时,在条件允许的情况下,应尽量选用粒径大、空隙率小的粗骨料。( )

14. 普通混凝土的常用强度公式为 $f_{cu} = A f_{ce} \left(\dfrac{C}{W} - B \right)$ 。（　　）

15. 对混凝土拌合物流动性大小起决定性作用的是用水量。（　　）

16. 混凝土施工管理控制水平越高，σ 值越大，则混凝土中的水泥用量越少。（　　）

17. 级配好的骨料，其表面积小，空隙率小，最省水泥。（　　）

18. 混凝土用砂的细度越大，则该砂的级配越好。（　　）

19. 卵石拌制的混凝土，比同条件下拌制的碎石混凝土的流动性好，但强度低。（　　）

20. 混凝土中水用量越多，混凝土的密实度及强度越高。（　　）

21. 混凝土中拌合物的流动性大小主要取决于水泥浆量的多少。（　　）

22. 在混凝土中加入减水剂，可提高混凝土的强度，同时还可以增大流动性并节约水泥。（　　）

23. 提高混凝土的养护温度，能使其早期强度和后期强度都提高。（　　）

24. 两种砂细度模数相同，它们的级配也一定相同。（　　）

25. 混凝土中由于水泥水化产物呈碱性，故混凝土也呈碱性，而混凝土的碳化使混凝土碱性降低，渐成中性，故碳化后，对提高耐久性是有益的。（　　）

26. 级配相同的砂，细度模数一定相同。（　　）

27. 在混凝土内部结构中，当混凝土没有受到外力作用时内部结构就产生了裂纹。（　　）

28. 保水性较好的水泥，分层度较小。（　　）

29. 砂浆和易性的内容与混凝土相同。（　　）

30. 在建筑砂浆中，强度是一项突出要求。（　　）

31. 在配制砂浆时，常常加一些混和材料，主要是为了改善和易性。（　　）

32. 新拌砂浆的稠度即是其流动性。（　　）

33. 消石灰粉可直接用于砌筑砂浆、抹面砂浆。（　　）

34. 干燥环境中使用的砂浆必须选用气硬性胶凝材料。（　　）

35. 砂浆中使用石灰膏掺合料可不必陈伏。（　　）

36. 砂浆用砂的质量要求同普通混凝土用砂。（　　）

37. 由于砂浆要求强度不高，故砂中含泥量可不加以限制。（　　）

四、简答题

1. 普通混凝土由哪些材料组成？它们在混凝土中各起什么作用？

2. 影响混凝土强度的主要因素有哪些？如何配制高强混凝土？

3. 混凝土耐久性一般包括哪几个方面？混凝土有没有一般意义上的耐久性？影响混凝土耐久性的关键因素是什么？混凝土材料耐久性指标高，在特定环境中混凝土结构就耐久吗？

4. 某市政工程队在夏季正午施工，铺路面水泥混凝土，选用缓凝减水剂。浇注完后表面未及时覆盖，后发现混凝土表面形成众多微细龟裂纹，试分析原因。

5. 某混凝土搅拌站原使用砂的细度模数为2.5，后改用细度模数2.1的砂。改砂后原混凝土配方不变，发现混凝土坍落度明显变小。请分析原因。

6. 为什么混凝土在潮湿条件下养护时收缩较小，干燥条件下养护时收缩较大，而在水中养护时却几乎没有收缩？

7. 混凝土在夏季和冬季施工中,分别应该注意哪些问题?并分别采取哪些措施?

8. 试述温度变形对混凝土结构的危害。有哪些有效的防止措施?

9. 现场浇筑混凝土时,禁止施工人员随意向混凝土拌合物中加水,试从理论上分析加水对混凝土质量的危害。它与成型后的洒水养护有无矛盾?为什么?

10. 何谓碱-骨料反应?混凝土发生碱-骨料反应的必要条件是什么?防止措施是什么?

11. 试述混凝土材料的优缺点及其基本要求?

12. "预拌混凝土流动性大,和易性就好"。这个观点对吗?如果不对,请说明理由。

13. 粉煤灰的质量控制指标是什么?为什么许多人认为掺加粉煤灰对混凝土性能不利?

14. 简述造成混凝土泌水的主要原因、危害及控制措施。

15. 土木工程中,要求砌筑砂浆有哪些性质?

16. 影响砂浆保水性的主要原因是什么?如何改善砂浆的保水性?

17. 砂浆和易性对工程质量的影响是什么?

18. 新拌砂浆的和易性包括哪两方面的含义?如何测定?

19. 干拌砂浆的特点有哪些?

五、计算题

1. 取 500 g 干砂,经筛分后,结果见下表。试计算该砂细度模数,并判断该砂是否属于中砂。

筛孔尺寸/mm	4.75	2.36	1.18	0.60	0.30	0.15	<0.15
筛余量/g	8	82	70	98	124	106	14

2. 一组边长为 100 mm 的混凝土试块,经标准养护 28 d 后,送实验室检测,抗压破坏荷载分别为:110 kN、100 kN、80 kN。计算这组试件的立方体抗压强度。

3. 已知某混凝土配合比为 $C:S:G:W=300:630:1\,320:180$,若工地砂、石含水率分别为 5%、3%。求该混凝土的施工配合比(用每立方米混凝土各材料用量表示)。

4. 某房屋的混凝土柱,其尺寸为 300 mm×300 mm×3 600 mm,采用 $C:S:G=1:2:3.72$,$W/C=0.57$ 的配合比。试计算制作此柱 4 种材料的用量(混凝土的表观密度按 2 400 kg/m³ 计算)。

5. 某混凝土的设计强度等级 C25,坍落度要求为 30~50 mm,所用原材料为:水泥,强度等级为 32.5 的矿渣水泥,强度富裕系数为 1.05,密度 3.0 g/cm³;中砂,表观密度 2 600 kg/m³,堆积密度 1 500 kg/m³;碎石,0~31.5 mm,表观密度 2 700 kg/m³,堆积密度 1 550 kg/m³。已知:标准差为 2.5 MPa,强度保证率系数为 1.645,单位用水量为 180 kg。试求:用体积法计算 1 m³ 混凝土中各组成材料的用量。

6. 已知混凝土的配合比为 1:2.5:4.0,$W/C=0.50$,混凝土拌合物的表观密度为 2 400 kg/m³。试计算 1 m³ 混凝土各材料的用量。

7. 已知某混凝土楼板的实验室配合比为 $C:S:G=1:2.4:4.1$,$W/C=0.6$,单位用水量为 180 kg。现测得施工现场砂子含水率为 3%,石子含水率为 1%。求混凝土的施工配合比。

8. 用 32.5 强度等级的普通水泥拌制普通混凝土,混凝土配合比为 1:2.1:4.0,$W/C=$

0.59，实测混凝土拌合物的体积密度 $\rho_{oh}=2\,450\ kg/m^3$。试计算：

① 1 m^3 混凝土各项材料用量是多少？

② 如果需要拌制此混凝土 100 m^3，需要水泥多少 kg？砂、石各多少 m^3？（已知：砂、石的堆积密度分别为：$\rho'_{os}=1\,480\ kg/m^3$，$\rho'_{og}=1\,550\ kg/m^3$）

9. 设计某非受冻部位的钢筋混凝土，设计强度等级为 C25。已知采用 42.5 强度等级的普通硅酸盐水泥，质量合格的砂石，砂率为 34%，单位用水量为 185 kg，假设混凝土的体积密度为 2 450 kg/m^3。试确定初步配合比（$\gamma_c=1.0$，$A=0.47$，$B=0.29$，$t=-1.645$，$\sigma=5.0\ MPa$）。

10. 已知某混凝土的实验室配合比为 $C:W:S:G=327:189:643:1\,292$。若现场砂子含水率 5%，石子含水率 2.5%。试计算施工配合比。

习题四　建筑钢材

一、填空题

1. 牌号为 Q235-C 的钢较 Q235-A 的韧性_____。

2. 钢材的屈强比越大,则其利用率越高,安全性越_____。

3. 沸腾钢与镇静钢相比,其可焊性_____。

4. 钢筋经过冷加工及时效处理后,抗拉强度_____。

5. 沸腾钢与镇静钢相比,其时效敏感性_____。

6. 随时间增长,钢材的强度、硬度提高,塑性、韧性下降的现象称为钢材的_____。

7. 钢材经冷拉后强度、硬度提高,塑性、韧性下降,这种现象称为_____。

8. 屈强比是反映钢材_____和_____的指标。结构设计时屈服强度是确定钢材_____的主要依据。

9. 钢材锈蚀的原因主要有两种_____、_____。

10. 在交变应力作用下的结构构件,钢材往往在应力远小于抗拉强度时发生断裂,这种现象称为钢材的_____。

11. P 和 S 被认为是钢材中的有害元素,在钢材加工时 P 常使钢材_____增加,而 S 的增加会使钢材产生_____。

12. 经冷加工处理的钢筋,在使用中表现出_____提高,_____基本不变,而_____性和_____性相应降低。

13. 在受振动冲击荷载作用下的重要结构选用钢材时要注意选用_____较大,时效敏感性_____的钢材。

二、单项选择题

1. 建筑钢材按其机械性能划分级别,级别增大,钢材(　　)。
   - A. 强度增高,伸长率减少
   - B. 强度增高,伸长率增大
   - C. 强度降低,伸长率减少
   - D. 强度降低,伸长率增大

2. 在低碳钢的应力应变图中,有线性关系的是(　　)阶段。
   - A. 弹性阶段
   - B. 屈服阶段
   - C. 强化阶段
   - D. 破坏阶段

3. 伸长率是衡量钢材(　　)的指标。
   - A. 弹性
   - B. 塑性
   - C. 脆性
   - D. 韧性

4. 钢材的伸长率 δ_5 表示(　　)。
   - A. 直径为 5 mm 钢材的伸长率
   - B. 5 mm 的伸长
   - C. 标距为 5 倍钢筋直径时的伸长率

5. 钢材抵抗冲击荷载的能力称为(　　)。
   - A. 塑性
   - B. 冲击韧性
   - C. 弹性
   - D. 硬度

6. 钢的含碳量为(　　)。
   - A. <2.06%
   - B. >3.0%
   - C. >2.06%

7. 碳素钢结构设计时,碳素钢以(　　)强度作为设计计算取值的依据。
   - A. σ_s
   - B. σ_p
   - C. σ_b
   - D. $\sigma_{0.2}$

8. 碳素钢的牌号表示（　　）。

  A. 脆性和强度   B. 塑性   C. 韧性   D. 屈服强度

9. 钢材中，随着碳元素增加，可明显增加其（　　）。

  A. 脆性和硬度   B. 塑性   C. 可焊性   D. 韧性

10. 钢材在拉伸过程中，应力保持不变，应变迅速增加时的应力为（　　）。

  A. 抗拉强度   B. 屈服强度   C. 上屈服点   D. 下屈服点

三、判断题

1. 钢材的抗拉强度是钢结构设计的强度取值依据。（　　）

2. 钢材冷加工时效处理可以提高钢材的抗拉强度。（　　）

3. 钢是铁、碳合金，所以叫合金钢。（　　）

4. 伸长率大的钢材，冷弯性能必然好。（　　）

5. 钢材的韧性随温度降低而下降。（　　）

6. 钢材的弹性模量越大，越不容易变形。（　　）

7. 脆性临界转变温度越低，钢材的低温冲击性能越好。（　　）

8. 负温下使用钢结构应当选用脆性临界温度较使用温度低的钢材。（　　）

9. 时效敏感性越大的钢材，经时效后，其冲击韧性降低越显著。（　　）

10. 钢中含碳量高，强度、硬度随之相应提高。（　　）

11. 含碳量较高的钢材屈服现象不明显。（　　）

12. 钢的含碳量增加，可焊性降低，增加冷脆性的时效敏感性，降低抗大气腐蚀性。（　　）

13. 硅在低合金钢中的作用主要是提高钢的强度。（　　）

四、简答题

1. 钢材的屈强比的大小与钢材的可靠性及结构安全性有何关系？

2. 试说明钢材经冷加工及时效处理后力学性能的变化，工程对钢筋进行冷加工及时效处理的目的是什么？

3. 工地上为何常对强度偏低而塑性偏大的低碳盘条进行冷拉？

4. 简述碳元素对钢材基本组织和性能的影响规律。

5. 简述钢材中 P 和 S 的危害。

参考答案

习题一

一、填空题

1. 物理性质,力学性质,耐久性;2. 微观结构,细观结构,宏观结构;3. 冻融循环次数;4. 小,好;5. 越高;6. 不变;7. 导热系数;8. 大于0.85;9. 差,高,好,好,大,好;10. 单位体积的质量,运输量,所占空间体积;11. 70.9;12. 高,好,好;13. 小,大;14. 0.85;15. 比强度,材料的强度与表观密度之比,越轻质高强;16. 减小,增大,变差,变差,降低;17. 静压力;18. 材料在绝对密实状态下的体积,材料在自然状态下的外形体积,材料在堆积状态下的体积;19. 软化系数,好;20. 96.15;21. 低;22. 材料的孔隙率,孔隙特征,孔隙率,细小开口,连通;23. 抵抗变形;24. 明显增大;25. 极限应力值、屈服点值;26. 物理作用、化学作用、生物作用;27. 小、大

二、单项选择题

1. A,C;2. C;3. C;4. B;5. C;6. A;7. C;8. C;9. B;10. B;11. B;12. D;13. B;14. D;15. D;16. B;17. C;18. A。

三、判断题

1. ×;2. √;3. ×;4. ×;5. ×;6. ×;7. ×;8. √;9. ×;10. ×;11. ×;12. ×;13. √;14. ×;15. ×;16. √;17. ×;18. ×;19. √。

四、简答题

1. 影响材料强度测试结果的因素有:

(1) 试件尺寸,一般尺寸越大,所测强度越小。

(2) 加载速度,加载速度越大,所测得的强度越高。

(3) 温度,温度越高,所测得的强度越低。

(4) 表面状况,一般表面越光滑或凹凸不平,所测得的强度越低。

(5) 湿度,湿度越大,所测得的强度越低。

2. 一般来说,材料含水后,表观密度、堆积密度提高,强度降低,导热系数提高。

五、计算题

1. $P = \left(1 - \dfrac{\rho_0}{\rho}\right) \times 100\% = \left(1 - \dfrac{1\,800}{2\,500}\right) \times 100\% = 28\%$

故该砖的孔隙率为28%。

2. $P' = \left(1 - \dfrac{\rho_0'}{\rho_0}\right) \times 100\% = \left(1 - \dfrac{3\,500}{2 \times 2\,600}\right) \times 100\% = 32.7\%$

卵石的空隙率为32.7%。

$m = 32.7\% \times 1\,500\,\text{kg} = 490.5\,\text{kg}$

故共需砂子490.5 kg。

3. 该石材的软化系数为

$K_R = f_b / f_g = 165/178 = 0.93$

由于该石材的软化系数为 0.93，大于 0.85，故该石材可用于水下工程。

4. $P = (1 - \rho_0 / \rho)$

$\rho_0 = \rho(1 - P) = 2.75 \text{ g/cm}^3 \times (1 - 1.5\%) = 2.71 \text{ g/cm}^3$

$P' = (1 - \rho_0' / \rho_0) \times 100\% = (1 - 1.560/2.71) \times 100\% = 42.4\%$

5. $V_0 = (24 \times 11.5 \times 5.3) \text{ cm}^3 = 1\,462.8 \text{ cm}^3$

所以 $\rho_0 = m/V_0 = (2\,487/1\,462.8) \text{ g/cm}^3 = 1.7 \text{ g/cm}^3$

$\rho = \rho_0 / (1 - P) = [1.7/(1 - 12\%)] \text{ g/cm}^3 = 1.93 \text{ g/cm}^3$

$W = \dfrac{m_b - m_g}{m_g} \times 100\% = \dfrac{2\,984 - 2\,487}{2\,487} \times 100\% = 20\%$

6. ①干表观密度为 $\rho_0 = m/V_0 = (260/130) \text{ g/cm}^3 = 2.00 \text{ g/cm}^3 = 2\,000 \text{ g/cm}^3$

饱水时所吸水的体积 $V_W = V_k = (V_0 - V') \text{ cm}^3 = (130 - 100) \text{ cm}^3 = 30 \text{ cm}^3$

②体积吸水率 $W_V = (V_W / V_0) \times 100\% = (30/130) \times 100\% = 23.1\%$

③质量吸水率 $W_m = (m_W / m) \times 100\% = (30/260) \times 100\% = 11.5\%$

④开口孔隙率 $P_k = W_V = 23.1\%$

7. 含开口孔 $V_0 = \dfrac{(1\,005 + 1\,840) - 2\,475}{1} \text{ cm}^3 = 370 \text{ cm}^3$

$V_k = \dfrac{1\,005 - 1\,000}{1} \text{ cm}^3 = 5 \text{ cm}^3$

不含开口孔 $V' = V_0 - V_k = (370 - 5) \text{ cm}^3 = 365 \text{ cm}^3$

故表观密度 $\rho_0 = \dfrac{m}{V_0} = \dfrac{1\,000}{370} \text{ g/cm}^3 = 2.70 \text{ g/cm}^3$

8. 该材料的孔隙率为 $P = \left(1 - \dfrac{\rho_0}{\rho}\right) \times 100\% = \left(1 - \dfrac{1.600}{2.60}\right) \times 100\% = 38.5\%$

质量吸水率为 $W_m = \dfrac{m_b - m_g}{m_g} \times 100\% = \dfrac{1\,086 - 954}{954} \times 100\% = 13.8\%$

1 kg 中含水 138 ml，1 kg 材料在自然状态下的体积为 $1/1\,600 \text{ m}^3$。

故开口孔隙率为 $P_k = \dfrac{138 \times 10^{-6}}{1/1\,600} \times 100\% = 22.08\%$

闭口孔隙率为 $P_b = P - P_k = 38.5\% - 22.08\% = 16.42\%$

9. 混凝土的干表观密度为 $\rho_0 = \dfrac{m}{V_0} = \dfrac{2\,400}{10.0 \times 10.0 \times 10.0} \text{ g/cm}^3 = 2.4 \text{ g/cm}^3$

自然状态含水率为 $W_z = \dfrac{2\,424 - 2\,400}{2\,400} \times 100\% = 1\%$

质量吸水率为 $W_x = \dfrac{m_1 - m}{m} \times 100\% = \dfrac{2\,448 - 2\,400}{2\,400} \times 100\% = 2\%$

体积吸水率为 $W_t = 2.4 \times 2\% = 4.8\%$

习题二

一、填空题

1. 隆起和开裂；2. 好,缓慢,收缩大,差；3. 快,高,小,低,略膨胀,差；4. 降低(减小)；5. $CaSO_4 \cdot 2H_2O$；6. 40 mm×40 mm×160 mm；7. 晶体,未水化的熟料内核；8. 好(高)；9. 加速硬化(促硬剂)；10. 硅酸盐水泥,火山灰硅酸盐水泥,矿渣硅酸盐水泥,粉煤灰硅酸盐水泥,火山灰硅酸盐水泥,复合硅酸盐水泥；11. 硅酸三钙(或 C_3S),硅酸二钙(C_2S)；12. 游离氧化钙,游离氧化镁,石膏过量；13. 高,大,差,大；14. 陈伏；15. 耐水；16. 微膨胀；17. 体积收缩,体积微膨胀；18. 防止硬化后的收缩,收缩裂缝；19. 防火性；20. $P \cdot Ⅰ$,$P \cdot Ⅱ$,$P \cdot O$,$P \cdot S$,$P \cdot P$,$P \cdot F$；21. 硅酸三钙,硅酸二钙,铝酸三钙,铁铝酸四钙,C_3S,C_2S,C_3A,C_4AF；22. C_3S,C_3S,C_3A,C_3S,C_3A,C_2S,C_4AF,C_3A,C_4AF；23. 缓凝；24. 粒化高炉矿渣,火山灰质混合材料,粉煤灰,活性二氧化硅,活性氧化铝,氢氧化钙,水化硅酸钙,水化铝酸钙；25. 水化硅酸钙,水化铁酸钙,氢氧化钙,水化铝酸三钙,高硫型水化硫铝酸钙,水化硅酸钙,氢氧化钙；26. 碱性激发剂,硫酸盐激发剂；27. 熟料矿物,水化产物,活性混合材料；28. 氢氧化钙,水化铝酸三钙,不密实；29. 合理选用水泥品种,提高密实度,加保护层；30. 抗压,抗折,普通,早强；31. 冬季混凝土,大体积混凝土；32. 低,高,低,好,好,差,差,耐热性,抗渗性,干缩；33. 高,高,好,高,承重,闪凝,蒸汽,高温,大体积。

二、单项选择题

1. B；2. B；3. A；4. D；5. A；6. B；7. A；8. C；9. A；10. B；11. C；12. C；13. D；14. C；15. B；16. A；17. A；18. D；19. B；20. D。

三、判断题

1. √；2. ×；3. ×；4. ×；5. ×；6. ×；7. √；8. √；9. ×；10. ×；11. ×；12. ×；13. ×；14. ×；15. √；16. ×；17. ×。

四、简答题

1. 水化热大且集中时,在大体积混凝土中,由于热量的积蓄会引起混凝土内部温度升高,而表面温度较低,产生内外温差导致热应力使混凝土开裂；在夏季施工的混凝土中,会产生热膨胀,冷却后产生裂纹。另一方面,水化热大时,对冬季施工的混凝土有利,在保温措施下,使混凝土保持高的温度,不致冻胀破坏,并能加速水化和硬化。另外,由于内部温度较高,也可以促进大掺量矿物细粉混凝土早期水化,提高早期强度。

2. 石灰中含有过火石灰时,由于过火石灰的熟化在石灰硬化后才进行,并产生体积膨胀,引起隆起鼓包和开裂,因此为了消除过火石灰的危害,对石灰膏进行陈伏。

3. 建筑石膏及其制品适用于室内,主要是由于它具有轻质、导热系数小、比热较大,含有较多开口孔隙,因此,有较好的吸声及调节室内温、湿度作用,石膏洁白细腻,硬化时有微膨胀,具有较好的装饰性能。石膏制品易于加工,石膏遇火后脱出较多的结晶水,具有一定的防火性。

建筑石膏及制品的开口孔隙大,吸水率大,耐水性差,抗渗、抗冻性均差,同时,其污染性能差,所以不宜于室外。

4. 主要矿物成分有硅酸三钙 C_3S、硅酸二钙 C_2S、铝酸三钙 C_3A、铁铝酸四钙 C_4AF，各矿物单独与水作用时，特性如下表。

性　　质	C_3S	C_2S	C_3A	C_4AF
凝结硬化速度	快	慢	最快	快
强度	早期、后期均高	早期低、后期高	早期、后期均低	早期中、后期低
水化热	大	小	最大	中
耐腐蚀性	差	好	最差	好

5. 硅酸盐水泥石侵蚀的类型：

(1) 软水侵蚀：水泥石长期接触软水时，特别是处于流动的软水环境中时，会使水泥石中的氢氧化钙不断溶出，当水泥石中游离氢氧化钙减少到一定程度时，水泥石中的含钙水化产物开始分解和溶出，从而导致水泥石结构孔隙率增大，强度降低，甚至破坏。

(2) 一般酸的腐蚀：工程处于各种酸性介质中时，酸性介质易与水泥石中的氢氧化钙反应，其反应产物可能溶于水中而流失，或发生体积膨胀造成结构物的局部被胀裂，破坏了水泥石的结构。

(3) 硫酸盐的腐蚀：当环境中含有硫酸盐的水渗入水泥石结构中时，会与水泥石的氢氧化钙反应生成石膏，石膏再与水泥石中水化铝酸钙反应生成钙矾石，产生 1.5 倍的体积膨胀，这种膨胀必然导致水泥石结构开裂，甚至崩溃。由于钙矾石为微观针状晶体，人们常称其为水泥杆菌。

此外，有些其他物质也能侵蚀水泥石，如镁盐、强碱、糖类、脂肪等。

内因：水泥石不够密实。

防护措施：① 合理选用水泥；② 提高水泥石的密实度；③ 表面加保护层等。

6. 错误。因为石灰的硬化包括干燥结晶硬化过程和碳化过程。碳化时表层生成的 $CaCO_3$ 膜层阻碍空气中 CO_2 的渗入，此过程相当漫长。古建筑所用的石灰年代久远，碳化比较充分，故其强度较高。

7. 内因有水泥熟料的矿物组成及含量（例如 C_3A 含量高，凝结硬化快），石膏的掺量，水泥的细度。外因有水灰比，环境的温度、湿度。

8. 矿渣硅酸盐水泥的早期强度低，后期强度增长较大；水化热较低；耐热性较好；适宜蒸汽养护。

9. 石灰砂浆抹面的墙面上出现不规则的网状裂纹，引发的原因很多，但最主要的原因还是由于石灰在硬化过程中，蒸发了大量的游离水而引起体积收缩的结果。

墙面上个别部位出现的放射状裂纹，是由于配制石灰砂浆时石灰中混入过火石灰。这部分过火石灰在消解、陈伏阶段未完全熟化，以至于在砂浆硬化后，过火石灰吸收空气中水分继续熟化，造成体积膨胀，从而出现这种现象。

10. 建筑石膏的特性：(1) 凝结硬化快；(2) 硬化后孔隙率大，强度低，但保湿隔热性较好；(3) 硬化后隔热性、吸声性能良好；(4) 防火性能良好；(5) 硬化时体积略有膨胀；(6) 装饰性好；(7) 硬化体可加工性好。

11. (1) 建筑石膏水化时理论需水量为石膏质量的 18.6%，为了石膏浆体具有必要的可塑性，往往加入 60%～80% 的水，这些多余的自由水蒸发后留下许多孔隙；(2) 建筑石膏凝结硬化生成了两个结晶水分子的二水石膏,有一定的溶解度且结晶接触点不稳定。

12. 取相同质量的四种粉末,分别加入适量的水拌合为同一稠度的浆体。放热量最大且有大量水蒸气放出的为生石灰粉;在5～30 min内凝结并具有一定强度的为建筑石膏;在45 min到12 h内凝结硬化的为白色水泥;加水后没有任何反应和变化的为白色石灰石粉。

13. 与硅酸盐水泥相比,矿渣水泥的凝结硬化速度慢,早期强度低,后期强度增长快,水化热少,抗腐蚀性好,抗冻性差。

习题三

一、填空题

1. 碱含量;2. 较小;3. 和易性;4. 保水性;5. 150 mm×150 mm×150 mm;6. 硅酸盐(普通硅酸盐);7. 徐变;8. 细度模数;9. 轻骨料;10. 坍落度,维勃稠度;11. 小,高;12. 强度,收缩;13. 砂石总量;14. 包裹,润滑,黏结,骨架,化学;15. 强度,耐久性,干缩;16. 空隙率,表面积,水泥;17. 公称粒级,31.5;18. 筛分析法,细度模数,级配区,级配曲线;19. 抗压强度,压碎指标;20. 表面积,空隙率,流动,流动,黏聚,保水,合理;21. 流动性,黏聚性,保水性,流动性,黏聚性,保水性;22. 水泥强度,水灰比,骨料,$f_{cu}=Af_{ce}\left(\dfrac{C}{W}-B\right)$;23. 温度,湿度,自然养护,蒸汽养护,蒸压养护;24. 抗渗性,抗冻性,抗腐蚀性,抗碳化性,碱集料反应;25. 早期强度,后期强度;26. 流动性,混凝土强度,强度,水泥用量;27. 强度,耐久性,坍落度,骨料的种类及规格,最大水灰比,最小水泥用量;28. 标准差,概率度,施工质量及水平,强度保证率;29. 碱度,钢筋锈蚀;30. 2.4,0.4;31. 差(不良);32. 稠度;33. 保水性;34. 和易性;35. 流动性,保水性;36. 节约水泥,改善和易性。

二、单项选择题

1. D;2. B;3. B;4. A;5. D;6. A;7. C;8. D;9. B;10. B;11. D;12. C;13. B;14. C;15. B;16. B;17. A;18. B;19. B;20. B;21. D;22. B;23. B;24. C;25. A;26. D;27. A;28. C。

三、判断题

1. ×;2. ×;3. √;4. √;5. ×;6. √;7. ×;8. ×;9. √;10. √;11. √;12. √;13. √;14. √;15. √;16. √;17. √;18. √;19. √;20. √;21. √;22. ×;23. ×;24. ×;25. ×;26. ×;27. √;28. ×;29. ×;30. ×;31. √;32. √;33. √;34. ×;35. ×;36. √;37. ×。

四、简答题

1. 普通混凝土的主要组成材料有水泥、细骨料、粗骨料和水,另外还常加入适量的掺合料和外加剂。在混凝土中,水泥与水形成水泥浆,水泥浆包裹在骨料表面并填充其空隙。在混凝土硬化前,水泥浆起润滑作用,赋予拌合物一定的流动性、黏聚性,便于施工。在硬化后起到了将砂浆、石胶结为一个整体的作用,使混凝土具有一定的强度、耐久性等性能。砂、石在混凝土中起骨架作用,可以降低水泥用量、减小干缩、提高混凝土强度和耐久性。

2. 影响混凝土强度的主要因素有:

(1)水胶比;(2)矿物掺合料与外加剂;(3)温度和湿度;(4)骨料的品质;(5)龄期。

配制高强混凝土采取的措施为：

（1）选用高强度等级水泥；（2）降低水胶比；（3）掺用混凝土外加剂、掺合料；（4）采用湿热处理；（5）采用机械搅拌和振捣混凝土。

3. 混凝土耐久性能主要包括抗渗、抗冻、抗侵蚀、抗碳化、碱骨料反应。

混凝土没有一般意义上的耐久性，耐久性只有和所处的环境联系起来才有意义。

影响混凝土耐久性的关键因素是混凝土的密实度，而影响混凝土密实度的关键因素是水胶比。

混凝土材料耐久性指标高，在特定环境中混凝土结构不一定耐久。因为结构混凝土存在约束，所以存在开裂问题，而混凝土材料不存在约束，收缩大时可能试块更密实。混凝土材料是在标准养护中发展的，而结构混凝土处于自然环境中，由于养护条件的不同，因此面层质量存在很大差异；结构混凝土存在水化温升的问题，而试块不存在这个问题。因此混凝土材料和结构混凝土所处的环境和条件完全不同，所以对强度和耐久性就有不同的影响。

4. 由于夏季正午天气炎热，混凝土表面水分蒸发过快，造成混凝土产生急剧收缩。且由于掺用了缓凝减水剂，早期强度低，难以抵抗这种变形应力而表面易形成龟裂，属于塑性收缩裂缝。预防措施：在夏季施工时尽量选在晚上或傍晚，且浇注后要及时覆盖养护，增加环境湿度，在满足和易性的前提下尽量降低塌落度。若已出现塑性收缩裂缝，可于初凝后终凝前两次抹光，然后进行下一道工序并及时覆盖洒水养护。

5. 因砂粒径变细后，砂的总表面积增大，当水泥浆量不变时，包裹砂表面的水泥浆变薄，流动性变差，即坍落度变小。

6. 混凝土在干燥条件下，由于水化过程不能充分进行，混凝土内毛细孔隙的含量较高，因而收缩值较大；当在潮湿条件下养护时，水化较充分，毛细孔隙的数量相对较少，因而干缩值较小；混凝土在水中养护时，毛细孔隙内的水面不会弯曲，不会引起毛细压力，因而混凝土不会产生收缩，且凝胶表面吸附水，增大了凝胶颗粒间的距离，使得混凝土在水中几乎不产生收缩。但将水中养护的混凝土放置于空气中时，混凝土也会产生干缩，不过干缩值小于一直处于空气中养护的混凝土。

7. 夏季施工时，由于温度较高，会使水分蒸发而影响水泥正常水化，严重的会形成大量干缩裂纹，所以应注意保持足够湿度，可采取措施有：表面用草袋等物覆盖，并不断浇水，坍落度损失快，泵送剂中适当增加缓凝成分，控制拌合物入模温度，尽可能低于 30 ℃。

冬季施工时，由于温度较低，水化变慢，当低于 0 ℃时，会导致水结冰膨胀，不仅水化停止，还可能会由于膨胀使混凝土破坏。可采取的措施：表面用保温材料覆盖或加热。

8. 危害：水泥水化放出大量的热，聚集在混凝土内部，混凝土是热的不良导体，散热速度慢，造成混凝土内部膨胀和外部收缩互相制约，表面产生很大的应力，使混凝土产生开裂。措施：采用低热水泥，减少水泥用量，加强外部混凝土的保温措施，洒水散热。

9. 混凝土的强度随着水胶比的增大而减小，随意加水增大了水胶比，使混凝土强度下降，使混凝土的耐久性能得不到保证。成型后的洒水是为了使水泥水化反应能正常进行，以利于混凝土强度的正常增长。

10. 碱-骨料反应是指混凝土中所含的碱与骨料的活性成分，在混凝土硬化后在潮湿条件下发生的化学反应，反应生成物吸水膨胀，导致混凝土开裂。发生碱-骨料反应的必要条件是：（1）混凝土中必有相当数量的碱活性骨料；（2）混凝土中必须有相当数量的碱；

（3）混凝土工程的使用环境必须有足够的湿度。防止措施是：（1）控制水泥含碱量，低于 6%；（2）控制混凝土含碱量；（3）控制使用碱活性骨料；（4）掺用掺合料；（5）掺用引气剂；（6）尽量隔绝水。

11. 混凝土的优点：可塑性强，价格低廉，具有较高的力学性能，耐久性较好 。

缺点：抗拉强度低，延展性不高，自重大。

基本要求：满足与使用环境相适应的耐久性；满足设计的强度要求；满足施工规定所需要的工作性要求；满足业主或施工单位渴望的经济性要求。

12. 这个观点不对。因为和易性包括流动性、黏聚性和保水性三个方面的内容，预拌混凝土流动性大，但同时可能发生分层或离析的现象，因此不能从流动性好这单一方面判断预拌混凝土和易性的好坏。

13. 粉煤灰作为混凝土掺合料最重要的质量控制指标是：① 细度；② 需水量比。

粉煤灰的三大效应是：① 活性行为和胶凝作用（活性效应）；② 充填行为和致密作用（微集料效应）；③ 需水行为和减水作用（形态效应）。

许多人认为掺粉煤灰对混凝土不利的主要原因是：掺粉煤灰混凝土早期强度偏低，粉煤灰在拌合物中容易上浮及粉煤灰降低了混凝土的抗碳化性能等。

实际上，粉煤灰在混凝土中的使用可以通过以下措施改善以上不足：利用粉煤灰需水量小，降低水胶比，从而保证早期强度，而粉煤灰混凝土在 28 d 后的强度增长幅度较大，强度完全能满足要求。粉煤灰混凝土不需要太大的坍落度也能进行泵送，比如大掺量粉煤灰混凝土 ,坍落度在 100 mm 左右就能实现泵送，从而改善粉煤灰容易上浮的缺点，坍落度较大时应注意不要过分振捣；另外，在低水胶比下，注意早期的湿养护，粉煤灰混凝土抗碳化能力完全满足要求。

14. 泌水的主要原因是混凝土保水性差，骨料的级配不良，缺少 300 μm 以下的颗粒；减水剂掺加量过高；水胶比高，胶凝材料用量少都会导致混凝土泌水。

泌水的危害：顶部及靠近顶部的混凝土因水分大，形成疏松的水化物结构，对分层连续浇筑的桩、柱等产生不利影响；上升的水积存在骨料和水平钢筋的西方形成水囊，加剧水泥浆与骨料间过渡区的薄弱环节，明显影响硬化混凝土的强度和钢筋握裹力；同时泌水过程中形成的泌水通道使混凝土的抗渗性、抗冻性下降。

控制措施：适当增大砂率，掺入一定量的引气剂，掺加一定的硅灰或增加粉煤灰用量，控制减水剂用量。

15. （1）新拌砂浆应具有良好的和易性；（2）硬化砂浆应具有一定的强度、良好的黏结力等力学性能；（3）硬化砂浆应具有良好的耐久性；（4）砂浆的变形不易太大，其凝结时间应满足相关要求。

16. 砂浆的保水性主要与胶凝材料的品种和用量以及是否掺入微沫剂有关。要改善砂浆的保水性应提高胶凝材料的胶凝能力和用量，同时可以掺入适量的微沫剂。

17. 和易性好的砂浆表现在运输、施工中，不易分层、析水；易于在砖石基底铺成均匀的薄层，并与底面很好地黏结，达到既便于施工又能提高砌体质量的目的。

18. 砂浆的和易性包括流动性和保水性两方面的含义。砂浆的流动性是指砂浆在自重或外力作用下产生流动性的性质，也称为稠度。流动性用砂浆调度仪测定，以沉入量表示。砂浆的保水性是指新拌砂浆保持其内部水分不泌出流失的能力。砂浆的保水性用砂浆分层度仪测定,以分层度表示。

19. 干拌砂浆的特点是:集中生产,质量稳定;施工方便,现场只需加水搅拌,即可使用。

五、计算题

1. 分计筛余和累计筛余的计算结果见下表:

筛孔尺寸/mm	4.75	2.36	1.18	0.60	0.30	0.15	<0.15
筛余量/g	8	82	70	98	124	106	14
分计筛余/%	1.6	16.4	14.0	19.6	24.8	21.2	—
累计筛余/%	1.6	18.0	32.0	51.6	76.4	97.6	—

$$\mu_X = \frac{\beta_2 + \beta_3 + \beta_4 + \beta_5 + \beta_6 - 5\beta_1}{100 - \beta_1}$$

$$= \frac{18.0 + 32.0 + 51.6 + 76.4 + 97.6 - 5 \times 1.6}{100 - 1.6} = 2.7$$

该砂属于中砂。

2. 最小值和中间值之差为 20,大于中间值的 15%,故取中间值计算这组试件的立方体抗压强度:

$$\bar{f} = \left(\frac{100}{100 \times 100} \times 1\,000\right) \text{MPa} = 10.0 \text{ MPa}$$

换算为标准立方体抗压强度为

$f_{28} = 10 \text{ MPa} \times 0.95 = 9.5 \text{ MPa}$

故该混凝土试件的立方体抗压强度为 9.5 MPa。

3. $C' = C = 300 \text{ kg}$

$S' = S(1 + W_S) = 630 \text{ kg} \times (1 + 5\%) = 661.5 \text{ kg}$

$G' = G(1 + W_G) = 1\,320 \text{ kg} \times (1 + 3\%) = 1\,360 \text{ kg}$

$W' = W - S \times W_S - G \times W_G = (180 - 630 \times 5\% - 1\,320 \times 3\%) \text{ kg} = 108.9 \text{ kg}$

4. 混凝土柱的质量为 $m = 0.3 \times 0.3 \times 3.6 \times 2\,400 \text{ kg} = 777.6 \text{ kg}$

故水泥用量为 $m_c = m \times \dfrac{C}{C + S + G + W} = 777.6 \text{ kg} \times \dfrac{1}{1 + 2 + 3.72 + 0.57} = 106.7 \text{ kg}$

砂的用量为 $m_s = 2m_c = 2 \times 106.7 \text{ kg} = 213.4 \text{ kg}$

石子的用量为 $m_G = 3.12m_c = 3.72 \times 106.7 \text{ kg} = 396.9 \text{ kg}$

水的用量为 $m_W = 0.57m_c = 0.57 \times 106.7 \text{ kg} = 60.8 \text{ kg}$

5. ① $f_{cu,0} = f_{cu,k} + 1.645\sigma = (25 + 1.645 \times 2.5) \text{ MPa} = 29.1 \text{ MPa}$

② $f_{cu,0} = \alpha_a f_{ce}\left(\dfrac{c}{w} - \alpha_b\right)$,所以

$\dfrac{c}{w} = \dfrac{29.1}{0.53 \times 32.5 \times 1.05} + 0.20 = 1.809, \dfrac{w}{c} = 0.55$

③ $w = 185 \text{ kg}$

④ $c = \dfrac{w}{w/c} = \dfrac{185}{0.55} \text{ kg} = 336 \text{ kg}$

⑤ $\begin{cases} \dfrac{w}{\rho_w}+\dfrac{C}{\rho_c}+\dfrac{S}{\rho_{os}}+\dfrac{G}{\rho_{og}}+10=1\,000 \\ S_P=\dfrac{S}{S+G} \end{cases}$ $\begin{cases} 180+\dfrac{336}{3.0}+\dfrac{S}{2.6}+\dfrac{G}{2.7}+10=1\,000 \\ \dfrac{S}{S+G}=0.32 \end{cases}$

所以 $S=596$ kg,$G=1\,267$ kg。

6. 答:水泥用量为 C,则 $S=2.5C$,$G=4.0C$,$W=0.5C$

$C+2.5C+4.0C+0.5C=2\,400$ kg

所以 $C=300$ kg

$S=750$ kg

$G=1\,200$ kg

$W=150$ kg

7. $W=180$ kg

所以 $C=\dfrac{W}{W/C}=\dfrac{180}{0.6}$ kg$=300$ kg $S=2.4C=2.4\times300$ kg$=720$ kg

$G=4.1C=4.1\times300$ kg$=1\,230$ kg

则施工配合比为 $C'=C=300$ kg

$\qquad S'=S(1+3\%)=720$ kg$\times(1+3\%)=742$ kg

$\qquad G'=G(1+1\%)=1\,230$ kg$\times(1+1\%)=1\,242$ kg

$\qquad W'=W-S\times3\%-G\times1\%=(180-720\times3\%-1\,230\times1\%)$ kg

$\qquad\quad=146$ kg

8. ① 设 1 m^3 混凝土中水泥用量为 C,则砂 $S=2.1C$,石 $G=4C$,水 $W=0.59C$

$C+W+S+G=\rho_{oh}$

$C+0.59C+2.1C+4C=2\,450$ kg

所以 $C=318$ kg

则 $S=2.1C=2.1\times318$ kg$=668$ kg $G=4C=4\times318$ kg$=1\,272$ kg

$W=0.59C=0.59\times318$ kg$=188$ kg

② 配制此混凝土 100 m^3 需要水泥:(318×100) kg$=31\,800$ kg

砂:$(668\times100/1\,480)$ m^3$=45$ m^3

石:$(1\,272\times100/1\,550)$ m^3$=82$ m^3

9. ① C25 混凝土的配制强度 $f_{cu}=f_{cu,k}+1.645\sigma=(25+1.645\times5)$ MPa$=33.2$ MPa

② 确定水灰比:$f_{cu}=Af_{ce}(C/W-B)$

$33.2=0.47\times1.0\times42.5(C/W-0.29)$

$W/C=0.51$

③ 确定水泥用量:$C=W\times C/W=(185\times1/0.51)$ kg$=363$ kg

④ 确定砂石用量:$\rho_{oh}=C+W+S+G$ 即 $2\,450=363+185+S+G$

$\qquad\qquad S_P=S/(S+G)$ 即 $34\%=S/(S+G)$

$\qquad\qquad$ 解得:$S=647$ kg, $G=1\,255$ kg

初步配合比为 $C=363$ kg,$W=185$ kg,$S=647$ kg,$G=1\,255$ kg

10. $C' = C = 327$ kg

$S' = S \times (1+0.05) = 643$ kg $\times 1.05 = 675$ kg

$G' = G \times (1+0.025) = 1\,292$ kg $\times 1.025 = 1\,324$ kg

$W' = W - 5\% \times S - 2.5\% \times G = (189 - 5\% \times 643 - 2.5\% \times 1\,292)$ kg $= 125$ kg

习题四

一、填空题

1. 高(好)；2. 低(差)；3. 差(低)；4. 提高；5. 高；6. 时效；7. 冷加工强化；8. 利用率，安全可靠程度，容许应力；9. 化学腐蚀，电化学腐蚀；10. 疲劳破坏；11. 冷脆性，热脆性；12. 屈服强度，抗拉强度，塑性，韧性；13. 冲击韧性，小。

二、单项选择题

1. A；2. A；3. B；4. C；5. B；6. A；7. A；8. D；9. A；10. B。

三、判断题

1. ×；2. √；3. ×；4. ×；5. √；6. √；7. √；8. √；9. √；10. √；11. √；12. √；13. √。

四、简答题

1. 屈强比越小，反映钢材受力超过屈服点工作的可靠性越大，因而结构的安全性越高。但屈强比太小，则表示钢材不能被有效的利用。

2. 冷加工处理后，钢材屈服点提高，抗拉强度不变，塑性、韧性、弹性模量降低。冷加工的目的是节约钢材，同时钢材也得到调直和除锈，因而简化了施工工序。

时效处理后，钢材的屈服点进一步提高，抗拉强度也提高，塑性、韧性一步降低，弹性模量基本恢复。时效处理后也达到节约钢材的目的。

3. 对钢筋冷拉可提高其屈服强度，但塑性变形能力有所降低，因此工地上常对强度偏低而塑性偏大的低碳盘条钢筋进行冷拉。

4. 当含碳量小于0.8%时，钢材的基本组织由碳素体和珠光体组成，其间随着含碳量的提高，碳素体逐渐减少而珠光体逐渐增多，钢材则表现出强度、硬度逐渐提高而塑性、韧性逐渐降低。

当含碳量大于0.8%时，钢材的基本组织由珠光体和渗碳体组成，此后随着含碳量增加，珠光体逐渐减少而渗碳体相对增加，从而使钢材的硬度逐渐增大，而塑性和韧性逐渐减小，且强度下降。

5. 磷可显著提高钢的冷脆性，使钢在低温下的冲击韧性大为降低；磷还能使钢的冷弯性能降低。硫显著提高钢材的热脆性，大大降低钢的热加工性和可焊性，同时还会降低钢材的冲击韧性。

参 考 文 献

［1］ 李崇智,周文娟,王林.建筑材料［M］.北京：清华大学出版社,2014.
［2］ 宋少民,孙凌.土木工程材料［M］.2版.武汉：武汉理工大学出版社,2013.
［3］ 宋少民,王林.混凝土学［M］.武汉：武汉理工大学出版社,2022.
［4］ 李崇智,刘昊,高振国,等.现代预制混凝土工艺［M］.北京：中国电力出版社,2022.
［5］ 侯云芬.胶凝材料学［M］.北京：中国电力出版社,2020.
［6］ 苏达根.土木工程材料［M］.4版.北京：高等教育出版社,2021.
［7］ 张亚梅,张云升,孙道胜.土木工程材料［M］.6版.南京：东南大学出版社,2021.
［8］ 湖南大学.建筑材料［M］.2版.北京：中国建筑工业出版社,2022.
［9］ 冯晓云,童树庭,袁华.材料工程基础［M］.北京：化学工业出版社,2007.
［10］ 冯乃谦.高性能与超高性能混凝土技术［M］.北京：中国建筑工业出版社,2015.
［11］ 陈建奎.混凝土外加剂原理与应用［M］.2版.北京：中国计划出版社,2004.